辽宁省"十二五"普通高等教育本科省级规划教材

普通高校本科计算机专业特色教材精选·算法与程序设计

数据结构学习与实验指导
（C语言版）（第4版）

秦玉平 马靖善 王丽君 主编

清华大学出版社

北京

内 容 简 介

本书是与《数据结构(C语言版)》(第4版)(ISBN:978-7-302-58319-6)配套的学习与实验指导书。全书共8章,涵盖"数据结构"课程的主要内容,同时兼顾题目的广度和深度。每章包括内容概述、典型题解析、自测试题及其参考答案、实验题及其参考答案(除第1章外)、思考题及其参考答案和主教材习题解答。本书绝大部分的题目精选于各高校历年考研真题和具有丰富教学经验的教师在教学实践过程中设计、整理的题目。本书的算法通过C语言函数的形式实现,并在Visual C++ 6.0/2010环境下通过调试,无须修改即可调用。

本书适合作为计算机专业及相关专业"数据结构"课程的配套教材,也可供报考计算机专业研究生的考生作为复习"数据结构"课程的辅导教材。

图书在版编目(CIP)数据

数据结构学习与实验指导:C语言版/秦玉平,马靖善,王丽君主编. —4版. —北京:清华大学出版社,2021.8(2023.3重印)

普通高校本科计算机专业特色教材精选.算法与程序设计

ISBN 978-7-302-58572-5

Ⅰ.①数… Ⅱ.①秦… ②马… ③王… Ⅲ.①数据结构—高等学校—教材 ②C语言—程序设计—高等学校—教材 Ⅳ.①TP311.12②TP312.8

中国版本图书馆CIP数据核字(2021)第138417号

责任编辑:郭 赛
封面设计:傅瑞学
责任校对:刘玉霞
责任印制:杨 艳

出版发行:清华大学出版社
    网 址:http://www.tup.com.cn,http://www.wqbook.com
    地 址:北京清华大学学研大厦A座   邮 编:100084
    社 总 机:010-83470000   邮 购:010-62786544
    投稿与读者服务:010-62776969,c-service@tup.tsinghua.edu.cn
    质量反馈:010-62772015,zhiliang@tup.tsinghua.edu.cn
    课件下载:http://www.tup.com.cn,010-83470236
印 装 者:三河市龙大印装有限公司
经 销:全国新华书店
开 本:185mm×260mm 印 张:17.5   字 数:429千字
版 次:2012年5月第1版 2021年8月第4版 印 次:2023年3月第3次印刷
定 价:49.00元

产品编号:092035-03

前 言

"**数**据结构"是计算机专业及相关专业的一门核心课程,又是计算机专业硕士研究生入学考试的必考科目之一,但该课程概念多、知识涉及面广,其原理和算法都十分抽象。 为使学生能够尽快掌握"数据结构"课程的整体内容,我们编写了本书。

本次再版在保持前三版写作风格和特色的基础上,主要做了以下改进:

(1) 更新了部分例题、实验题和自测试题;

(2) 所有算法均在 Visual C++ 6.0/2010 环境下调试通过,并给出了详细注释;

(3) 在知识表述方面进行了反复推敲并做了相应修改。

本书是《数据结构(C 语言版)》(第 4 版)(ISBN: 978-7-302-58319-6)的配套教材。 全书共 8 章,涵盖"数据结构"课程的主要内容,同时兼顾题目的广度和深度。 每章包括内容概述、典型题解析、自测试题及其参考答案、实验题及其参考答案、思考题及其参考答案和主教材习题解答。 其中,内容概述给出了知识结构图、考核要点、重点难点和核心考点;典型题解析中的题目精选于各高校历年的考研真题和具有丰富教学经验的教师在教学实践过程中设计、整理的题目,并给出了较详细的解析;自测试题包括选择题、填空题、判断题、计算操作题和算法设计分析题,并提供了参考答案;实验题依据考核要点和实际应用而设计,题目多,覆盖面广,并提供了参考答案;思考题根据常见问题而设计,具有一定的扩展性和综合性,并给出了参考答案;主教材习题解答给出了主教材中习题的详细解答;附录中给出了 3 套模拟题及参考答案和 10 个课程设计题目。

本书的第 2 章、第 3 章、第 5 章和第 6 章由秦玉平编写;第 1 章、第 4 章和附录由马靖善编写;第 7 章由王丽君编写;第 8 章由张博编写。全书由秦玉平和王丽君审校,所有算法由秦玉平调试。

　　本书的算法都以 C 语言函数的形式实现，并在 Visual C++ 6.0/2010 环境下通过调试，无须修改即可调用。尽管本书是针对《数据结构（C语言版）》（第 4 版）而编写的，但也可以与其他数据结构教材配套使用，并可作为考研复习指导教材。

　　在本书的编写过程中，编者参考了大量有关数据结构的书籍和资料，在此对这些参考文献的作者表示感谢。

　　由于书中题目数量较大，加之编者水平有限，难免存在错误和不当之处，恳请广大读者批评指正，以便再版时改进。

　　本书受辽宁省"兴辽英才计划"教学名师项目（XLYC1906015）的资助。

　　本书的源代码和教学课件等配套资源均可在清华大学出版社官方网站下载。

编　者

2021 年 6 月

目 录

CONTENTS

第 **1** 章　概　　述

1.1　内容概述

　　本章首先介绍数据、数据元素、数据结构、数据类型、抽象数据类型等基本概念,然后介绍算法的定义、主要特征和算法评价方法。本章的知识结构如图 1.1 所示。

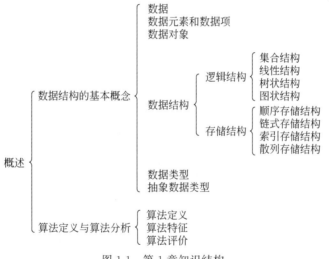

图 1.1　第 1 章知识结构

　　考核要求:理解相关基本概念和术语;掌握数据结构的逻辑结构、物理结构以及数据运算的含义及相互关系;掌握算法时间复杂度和空间复杂度的分析方法。

　　重点难点:本章的重点是数据结构的逻辑结构、物理结构以及数据运算的含义及相互关系,难点是算法的复杂度分析。

　　核心考点:数据结构的定义、算法的特征和算法的时间复杂度分析。

1.2 典型题解析

1.2.1 数据结构的基本概念

主要考查对数据、数据元素、数据项、数据结构、数据类型和抽象数据类型等基本概念的理解。

【例1.1】 数据结构是( )。

A. 一种数据类型

B. 数据的存储结构

C. 一组性质相同的数据元素的集合

D. 相互之间存在一种或多种特定关系的数据元素的集合

解析：数据结构由数据和结构两部分组成。其中，数据部分是指数据元素的集合；结构部分是指数据元素之间关系的集合。笼统地说，数据结构是指数据元素的集合及数据元素之间关系的集合。概括地讲，数据结构是指相互之间存在一种或多种特定关系的数据元素的集合。

答案：D

【例1.2】 下列说法中正确的是( )。

A. 数据是数据元素的基本单位

B. 数据元素是数据项中不可分割的最小标识单位

C. 数据可由若干个数据元素构成

D. 数据项可由若干个数据元素构成

解析：在计算机中表示数据时，都是以一个数据元素作为单位的，数据元素是描述数据的基本单位。用一条记录表示一个数据元素时，这条记录中一般还会包含多个描述记录属性的分项，称为数据项，数据项是描述数据的最小单位。由此可知，数据由数据元素构成，数据元素由数据项构成。

答案：C

【例1.3】 在数据结构中，数据的逻辑结构可以分为( )。

A. 内部结构和外部结构　　　　　B. 线性结构和非线性结构

C. 紧凑结构和非紧凑结构　　　　D. 动态结构和静态结构

解析：从逻辑上可以把数据结构分为线性结构和非线性结构，其中，非线性结构包括树状结构和图状结构两种。

答案：B

【例1.4】 数据元素及其关系在计算机存储器内的表示称为数据的( )。

A. 逻辑结构　　　B. 存储结构　　　C. 线性结构　　　D. 非线性结构

解析：数据结构依据抽象描述方式和机内存储形式可分为逻辑结构和物理结构两大类。物理结构又称存储结构，是数据结构在计算机内的存储表示，也称内存映像。逻辑结构是以抽象的数学模型描述数据结构中数据元素之间的逻辑关系。逻辑结构与数据的存储无关,即独立于计算机,而存储结构是依赖于计算机的。

答案:B

【例 1.5】　抽象数据类型的三个组成部分分别为(　　)。

A. 数据对象、数据关系和基本操作　　B. 数据元素、逻辑结构和存储结构

C. 数据项、数据元素和数据类型　　D. 数据元素、数据结构和数据类型

解析:抽象数据类型是指一个数学模型以及定义在该模型上的一组操作。与数据结构的形式定义相对应,抽象数据类型可用三元组(D,S,P)表示。其中,D 是数据对象,S 是 D 上的关系,P 是对 D 的基本操作集,即抽象数据类型由数据对象、数据关系和基本操作三部分组成。

答案:A

1.2.2　算法定义及算法分析

主要考查算法的定义、特征和评价算法性能的时间复杂度的计算。

【例 1.6】　下列说法中正确的是(　　)。

A. 算法的优劣与算法描述语言无关,但与所用的计算机有关

B. 程序一定是算法

C. 算法的时间复杂度只依赖于问题的规模

D. 健壮的算法不会因非法的数据输入而出现莫名其妙的状态

解析:评价一个算法优劣的重要依据是算法的时间复杂度和空间复杂度,与算法的描述语言和所用的计算机无关,故选项 A 不正确。算法具有有穷性,即一个算法必须在执行有穷步之后结束,且每一步都在有穷时间内完成,而程序是可以无限循环的,如操作系统的监控程序在计算机启动后会一直监测操作者的鼠标动作和输入的命令,这也是算法与程序的主要区别,故选项 B 不正确。一个算法的时间性能依赖于问题的规模,当问题的规模 n 趋向无穷大时,算法的执行时间 T(n)的数量级被称为算法的时间复杂度,但它不只是依赖于问题的规模,还取决于输入实例的初始状态,故选项 C 不正确。算法的健壮性是指当输入不合法的数据时,算法能做出相应的响应或进行适当的处理,避免因带着非法数据执行而导致莫名其妙的结果。

答案:D

【例 1.7】　下列关于算法的叙述中错误的是(　　)。

A. 算法最终必须由计算机程序实现

B. 为解决某个问题的算法和为该问题编写的程序的含义是相同的

C. 算法中的每条指令都必须有明确的含义

D. 一个算法应有一个或多个输入

解析:描述算法的工具有自然语言、框图、计算机语言程序、类计算机语言等,但算法最终由计算机程序实现。由此可知,为解决某个问题的算法和为该问题编写的程序的含义是相同的。根据算法特征,算法中的每条指令都必须有明确的含义;依据算法要实现的功能,一个算法应有零个或多个输入。

答案:D

【例1.8】　计算下列程序段的时间复杂度。

```
sum=1;
for(i=0;sum<n;i++)
    sum+=1;
```

解析：一个算法中所有语句的执行次数之和构成该算法的执行时间，记作 T(n)。一个算法的时间性能依赖于问题的规模，它是该算法所求解问题规模 n 的函数，记作 f(n)。当问题的规模 n 趋向无穷大时，算法执行时间 T(n) 的数量级被称为渐进时间复杂度，简称时间复杂度，记作 T(n)＝O(f(n))。由此可知，在分析时间复杂度时，可忽略执行次数与问题规模 n 无关的语句以及量级的系数。该程序段中，执行次数与问题规模有关的语句为"sum＋＝1；"，执行次数为 n－1，时间复杂度为 T(n)＝O(n－1)＝O(n)。

【例1.9】　计算下列程序段的时间复杂度。

```
x=1;
for(i=1;i<=n;i++)
    for(j=1;j<=i;j++)
        for(k=1;k<=j;k++)
            x+=2;
```

解析：该程序段中，执行次数与问题规模有关的语句为"x＋＝2；"，执行次数为

$$\sum_{i=1}^{n}\sum_{j=1}^{i}\sum_{k=1}^{j}1 = \sum_{i=1}^{n}\sum_{j=1}^{i}j = \sum_{i=1}^{n}i(i+1)/2$$
$$=(n(n+1)(2n+1)/6+n(n+1)/2)/2$$
$$=n(n+1)(n+2)/6$$

时间复杂度为 T(n)＝O(n(n+1)(n+2)/6)＝O(n^3)。

1.3　自测试题

1. 单项选择题

（1）（　　）是数据的物理结构。

　　A. 线性结构　　　　B. 树状结构　　　　C. 图状结构　　　　D. 索引结构

（2）按值可否分解，数据类型通常可分为两类，分别是（　　）。

　　A. 静态类型和动态类型　　　　　　　　B. 原子类型和表类型

　　C. 原子类型和结构类型　　　　　　　　D. 数组类型和指针类型

（3）若将数据结构形式定义为二元组(K,R)，其中，K 是数据元素的有限集合，则 R 是 K 上（　　）。

　　A. 操作的有限集合　　　　　　　　　　B. 映像的有限集合

　　C. 类型的有限集合　　　　　　　　　　D. 关系的有限集合

（4）一个算法（　　）。

　　A. 是程序　　　　　　　　　　　　　　B. 是具体问题求解步骤的描述

　　C. 要满足 5 个基本特性　　　　　　　　D. A 和 C

(5) 算法计算量的大小称为计算的(　　)。

　　A. 效率　　　　　　B. 复杂性　　　　　C. 现实性　　　　　D. 难度

(6) 若一个算法的时间复杂度用 T(n) 表示,则 n 的含义是(　　)。

　　A. 问题规模　　　B. 语句条数　　　　C. 循环层数　　　　D. 函数数量

(7) 算法分析的目的是(　　)。

　　A. 找出数据结构的合理性　　　　　　B. 研究算法中输入和输出的关系

　　C. 分析算法的效率,以求改进　　　　D. 分析算法的易懂性和文档性

(8) 算法分析的两个主要方面是(　　)。

　　A. 空间复杂度和时间复杂度　　　　　B. 正确性和简明性

　　C. 可读性和文档性　　　　　　　　　D. 数据复杂性和程度复杂性

(9) 下列选项中,渐进时间最小的是(　　)。

　　A. $n\log_2 n + 1000\log_2 n$　　　　　　　B. $n^{\log_2 n} - 1000\log_2 n$

　　C. $n^2 - 1000\log_2 n$　　　　　　　　　D. $2n\log_2 n - 1000\log_2 n$

(10) 下列程序段中,语句 s 的执行次数为(　　)。

```
for(i=1;i<n-1;i++)
  for(j=n;j>=i;j--)
        s
```

　　A. n^2　　　　　　　　　　　　　　　B. $\dfrac{(n+3)(n-2)}{2}$

　　C. $\dfrac{n(n+1)}{2}$　　　　　　　　　　D. $\dfrac{(n+1)(n+2)}{2}$

2. 正误判断题

(1) 数据元素是数据的最小单位。　　　　　　　　　　　　　　　　　(　　)

(2) 数据的逻辑结构是指数据的各数据项之间的逻辑关系。　　　　　　(　　)

(3) 数据的物理结构是指数据在计算机内的实际存储形式。　　　　　　(　　)

(4) 数据结构基本操作设置的最重要准则是实现应用程序与存储结构的独立。(　　)

(5) 数据的逻辑结构说明数据元素之间的顺序关系,它依赖于计算机的存储结构。

　　　　　　　　　　　　　　　　　　　　　　　　　　　　　　　(　　)

(6) 算法原地工作的含义是指不需要任何额外的辅助空间。　　　　　　(　　)

(7) 同一算法,实现语言的级别越高,执行效率就越快。　　　　　　　(　　)

(8) 算法的时间复杂度仅与问题的规模有关。　　　　　　　　　　　　(　　)

(9) 在相同的规模 n 下,时间复杂度为 O(n) 的算法在时间上总优于时间复杂度为 O(2ⁿ) 的算法。　　　　　　　　　　　　　　　　　　　　　　　　(　　)

(10) 数据结构包括数据的逻辑结构、存储结构和对数据进行的运算或操作这三方面内容。　　　　　　　　　　　　　　　　　　　　　　　　　　　　(　　)

3. 填空题

(1) 数据的物理结构包括　①　的表示和　②　的表示。

（2）对于给定的 n 个元素，可以构造出的逻辑结构有集合结构、＿＿③＿＿、＿＿④＿＿、图状结构或网状结构四种。

（3）数据的＿＿⑤＿＿是指以抽象的数学模型描述数据结构中数据元素之间的逻辑关系。

（4）一个数据结构在计算机中＿＿⑥＿＿称为存储结构。

（5）数据结构中评价算法的两个重要指标是＿＿⑦＿＿。

（6）当问题的规模 n 趋向无穷大时，算法执行时间 T(n) 的数量级被称为算法的＿＿⑧＿＿。

（7）一个算法具有 5 个特性：＿＿⑨＿＿、确定性、可行性、有零个或多个输入、有一个或多个输出。

（8）若一个算法中的语句频度之和为 $T(n)=3720n+4n\log_2 n$，则该算法的时间复杂度为＿＿⑩＿＿。

4. 计算题

（1）计算下列程序段的时间复杂度。

```
product=1;
for(i=1000;i>0;i--)
  for(j=i+1;j<1000;j++)
    product*=j;
```

（2）计算下列程序段的时间复杂度。

```
for(i=0;i<n;i++)
  for(j=1;j<m;j++)
    A[i][j]=0;
```

（3）设 n 是偶数，试计算下列程序段的时间复杂度。

```
m=0;
for(i=1;i<=n;i++)
  for(j=2*i;j<=n;j++)
    m++;
```

（4）计算下列程序段的时间复杂度。

```
for(i=0;i<n;i++)
  for(j=0;j<n;j++)
  { c[i][j]=0;
    for(k=0;k<n;k++)
      c[i][j]+=a[i][k]*b[k][j];
  }
```

1.4 思考题

(1) "数据结构"是一门研究什么内容的学科？

(2) 数据元素之间的关系在计算机中有几种表示方法？

(3) 数据类型和抽象数据类型是如何定义的？二者有何相同和不同之处？抽象数据类型的主要特点是什么？使用抽象数据类型的主要好处是什么？

(4) 对于一个数据结构，一般包括哪三个方面的讨论？

(5) 有实现同一功能的两个算法 A1 和 A2，其中 A1 的时间复杂度为 $T_1 = O(2^n)$，A2 的时间复杂度为 $T_2 = O(n^2)$，仅就时间复杂度而言，请具体分析这两个算法哪一个更好？

1.5 主教材习题解答

1. 单项选择题

(1) 计算机识别、存储和处理的对象统称为(　　)。

　　① 数据　　　　　　② 数据元素　　　　③ 数据结构　　　　④ 数据类型

解答：数据是指所有能输入计算机并能被计算机程序所处理的符号的总称。

答案：①

(2) 组成数据的基本单位是(　　)。

　　① 数据项　　　　　② 数据元素　　　　③ 数据类型　　　　④ 数据变量

解答：在计算机中表示数据时，都是以一个数据元素作为单位的，数据元素是描述数据的基本单位。

答案：②

(3) 计算机所处理的数据一般具有某种内在关系，这是指(　　)。

　　① 数据和数据之间存在某种关系

　　② 数据元素和数据元素之间存在某种关系

　　③ 数据项和数据项之间存在某种关系

　　④ 数据元素本身具有某种结构

解答：数据结构是计算机存储、组织数据的方式，它是指相互之间存在一种或多种特定关系的数据元素的集合。

答案：②

(4) (　　)不是数据的逻辑结构。

　　① 线性结构　　　② 树状结构　　　③ 散列结构　　　④ 图状结构

解答：数据的逻辑结构分为集合结构、线性结构、树状结构和图状结构。散列结构是存储结构，不是逻辑结构。

答案：③

(5) 顺序存储结构中，数据元素之间的关系通过(　　)表示。

　　① 线性结构　　　② 非线性结构　　　③ 存储位置　　　④ 指针

解答：顺序存储结构的特点是用存储地址相邻接表示数据元素在逻辑上的相邻关系。

答案：③

（6）算法与程序的主要区别在于算法的（　　）。

　　① 可行性　　　　　　② 有穷性　　　　　　③ 确定性　　　　　　④ 有输入和输出

解答：算法具有有穷性，即一个算法必须（对任何合法的输入值）在执行有穷步之后结束，且每一步都在有穷的时间内完成，这也是算法与程序的最主要区别。程序可以无限地循环，如操作系统的监控程序，它在计算机启动后就一直监测操作者的鼠标动作和输入的命令。

答案：②

（7）对一个算法的评价不包括（　　）。

　　① 健壮性和可读性　　　　　　　　② 正确性
　　③ 时间复杂度和空间复杂度　　　　④ 并行性

解答：对算法的评价包括正确性、可读性、健壮性、高效率和低存储。其中，效率和存储分别用时间复杂度和空间复杂度进行度量。

答案：④

（8）下列程序段各语句总的执行次数为（　　）。

```
y=5;x=1;
while(y<=10)
  if(x==5)
  { x=1;y+=x; }
  else x++;
```

　　① 10　　　　　　　　② 50　　　　　　　　③ 98　　　　　　　　④ 99

解答：变量 x 和 y 的值以及各语句的执行情况见表 1.1。

表 1.1　变量 x 和 y 的值以及各语句的执行情况

x=	1	2	3	4	5	1…	1…	1…	1…	1
y=			5			6…	7…	8…	9…	10
y≤10	1	1	1	1	1	1…	1…	1…	1…	1
x==5	1	1	1	1	1	1…	1…	1…	1…	1
x=1	0	0	0	0	1	0…	0…	0…	0…	0
y+=x	0	0	0	0	1	0…	0…	0…	0…	0
x++	1	1	1	1	0	1…	1…	1…	1…	1

　　y 每变换一个值，各语句总的执行次数为 16；另外，y=5、x=1 和 y=11 时的 y≤10 还要各执行 1 次。所以，语句总的执行次数为 16×6+3=99。

答案：④

（9）下列程序段各语句总的执行次数为（　　）。

```
x=0;
for(i=0;i<10;i++)
  for(j=0;j<=i;j++)
    x=x+1;
```

① 10　　　　　　　② 90　　　　　　　③ 208　　　　　　　④ 207

解答："x＝0"执行次数为 1；"i＝0"执行次数为 1；"i＜10"执行次数为 11；"i＋＋"执行次数为 10；"j＝0"执行次数为 10；"j≤i"执行次数为 2＋3＋4＋…＋11＝65；"j＋＋"执行次数为 1＋2＋3＋…＋10＝55；"x＝x＋1"执行次数为 1＋2＋3＋…＋10＝55。所以，语句总的执行次数为 1×2＋11＋10×2＋65＋55×2＝208。

答案：③

（10）下列程序段的时间复杂度为（　　）。

```
x=0;
for(i=1;i<=n;i++)
  for(j=1;j<=i;j++)
    x+=i;
```

① $O(1)$　　　　　② $O(n)$　　　　　③ $O(n^2)$　　　　　④ $O(n\log_2 n)$

解答：基本语句为"x＋＝i;"，执行次数为 $\sum_{i=1}^{n} i = n(n+1)/2$，所以时间复杂度为 $O(n^2)$。

答案：③

2. 判断下列时空性能的计算是否正确（其中 n 为问题规模，K 为常数）。

（1）$O(1)＝O(2)＝\cdots＝O(100)$　　　　　　　　　　　　　　　　　　（　　）

解答：$O(1),O(2),\cdots,O(100)$ 都是常量阶，数量级相同。

答案：√

（2）$O(1)＋O(2)＝O(1)$　　　　　　　　　　　　　　　　　　　　　　（　　）

解答：$O(1)＋O(2)$ 和 $O(1)$ 都是常量阶，数量级相同。

答案：√

（3）$O(1)＋O(n)＝O(n)$　　　　　　　　　　　　　　　　　　　　　　（　　）

解答：$O(1)＋O(n)$ 和 $O(n)$ 都是线性阶，数量级相同。

答案：√

（4）$O(1)×n＝O(n)$　　　　　　　　　　　　　　　　　　　　　　　　（　　）

解答：$O(1)×n$ 和 $O(n)$ 都是线性阶，数量级相同。

答案：√

（5）$O(1)×K＝O(n)$　　　　　　　　　　　　　　　　　　　　　　　　（　　）

解答：$O(1)×K$ 是常量阶，$O(n)$ 是线性阶，数量级不同。

答案：×

(6) $O(n) \times K = O(K \times n) = O(n)$ （   ）

解答：当 $k \neq 0$ 时，$O(n) \times K$、$O(K \times n)$ 和 $O(n)$ 都是线性阶，数量级相同；当 $k = 0$ 时，$O(n) \times K$ 和 $O(K \times n)$ 是常量阶，$O(n)$ 是线性阶，数量级不同。

答案：$\times$

(7) $O(n) \times O(n) = O(n^2)$ （   ）

解答：$O(n) \times O(n)$ 和 $O(n^2)$ 都是平方阶，数量级相同。

答案：$\checkmark$

(8) $O(n) + O(n) = O(n)$ （   ）

解答：$O(n) + O(n)$ 和 $O(n)$ 都是线性阶，数量级相同。

答案：$\checkmark$

(9) $O(n) + O(m) = \max(O(n), O(m))$（m 也是问题规模）   （   ）

解答：$O(n) + O(m)$ 和 $\max(O(n), O(m))$ 都是线性阶，数量级相同。

答案：$\checkmark$

(10) $O(K_P \times n^P + K_{p-1} \times n^{P-1} + \cdots + K_1 \times n^1 + K_0) = O(n^P)$（$K_i(0 \leqslant i \leqslant P)$ 也是常数）

                                                 （   ）

解答：当 $K_P \neq 0$ 时，$O(n^P)$ 和 $O(K_P \times n^P + K_{p-1} \times n^{P-1} + \cdots + K_1 \times n^1 + K_0)$ 都是 p 次方阶，数量级相同；当 $K_P = 0$ 时，$O(n^P)$ 是 p 次方阶，$O(K_P \times n^P + K_{p-1} \times n^{P-1} + \cdots + K_1 \times n^1 + K_0)$ 小于 p 次方阶，数量级不同。

答案：$\times$

3. 分析下列各种算法的时空性能。

(1) 计算 n 个实数的平均值，并找出其中的最大数和最小数。

```c
ave=0,max,min;
float calave(float a[],int n)
{ int i;
  max=min=a[0];
  for(i=0;i<n;i++)
  { ave+=a[i];
    if(max<a[i]) max=a[i];
    if(min>a[i]) min=a[i];
  }
  ave/=n;
}
```

解答：该算法中，执行次数与问题规模有关的语句为循环体中的 3 个语句，频度都为 n 次，时间复杂度为 $T(n) = O(3n) = O(n)$。该程序段使用的辅助空间与问题规模无关，空间复杂度为 $S(n) = O(1)$。

(2) 将一个（有 m 个字符）字符串在另一个（有 n 个字符）字符串中出现的字符删除。

```c
int found(char * t,char * c)
```

```
{ while( * t&& * t! = * c) t++;
  return * t;
}
void delchar(char * s,char * t)
{ char * p, * q;
  p=s;
  while( * p)
    if(found(t, * p))
    { q=p;
      while( * q) * q++= * (q+1);
    }
    else p++;
}
```

　　解答：算法的时间复杂度是由嵌套最深层语句的频度决定的。该算法的时间复杂度由"found(t, * p)"和" * q＋＋＝ * (q+1);"的频度决定。found(t, * p)的平均频度为 m×n/2 次, * q＋＋＝ * (q+1)的平均频度为 m×m/2 次。所以,平均时间复杂度为 O(m×n)。该程序段使用的辅助空间与问题规模无关,空间复杂度为 S(n)＝O(1)。

　　(3) 用递归法求 n!。

```
int fun(int n)
{ int s;
  if(n<=1) s=1;
  else s=n * fun(n-1);
  return s;
}
```

　　解答：设算法的时间复杂度为 T(n)。在算法中,"s＝1;"的时间复杂度为 O(1),"s＝n * fun(n－1);"的时间复杂度为 T(n－1)＋O(1),即

$$T(n) = \begin{cases} O(1) & n \leqslant 1 \\ T(n-1) + O(1) & n > 1 \end{cases}$$

由此可得

$$
\begin{aligned}
T(n) &= T(n-1) + O(1) \\
&= 2 \times O(1) + T(n-2) \\
&\quad \vdots \\
&= (n-1) \times O(1) + T(1) \\
&= n \times O(1) \\
&= O(n)
\end{aligned}
$$

　　算法中定义了一个辅助变量,但函数被调用 n 次,栈空间的大小为 n,所以 S(n)＝O(n)。

1.6 自测试题参考答案

1. 单项选择题

（1）D　　（2）C　　（3）D　　（4）B　　（5）B　　（6）A　　（7）C　　（8）A

（9）A　　（10）B

2. 正误判断题

（1）×　　（2）×　　（3）√　　（4）√　　（5）×　　（6）×　　（7）×　　（8）×

（9）√　　（10）√

3. 填空题

（1）①数据元素　　②数据元素间关系　　（2）③线性结构　　④树状结构

（3）⑤逻辑结构　　　　　　　　　　　　（4）⑥存储表示（又称映像）

（5）⑦时间复杂度和空间复杂度　　　　　（6）⑧时间复杂度

（7）⑨有穷性　　　　　　　　　　　　　（8）⑩ $O(n\log_2 n)$

4. 计算题

（1）**解答**：该程序段与问题的规模无关，时间复杂度为 $T(n)=O(1)$。

（2）**解答**：该程序段中，与问题规模有关的语句为"A[i][j]=0;"，频度为 $n(m-1)$，时间复杂度为 $T(n)=n(m-1)=O(n\times m)$。

（3）**解答**：该程序段中，与问题规模有关的语句为"m++;"，频度为 $n^2/4$，时间复杂度为 $T(n)=O(n^2)$。

（4）**解答**：该程序段中，与问题规模有关的语句为"c[i][j]=0;"和"c[i][j]+=a[i][k]*b[k][j];"，频度分别为 n^2 和 n^3，时间复杂度为 $T(n)=O(n^2+n^3)=O(n^3)$。

1.7 思考题参考答案

（1）**答**："数据结构"是一门研究计算机的操作对象、对象之间的关系以及施加于对象的操作等的学科。

（2）**答**：共有四种表示方法

① 顺序存储方式。

② 链式存储方式。

③ 索引存储方式。

④ 散列存储方式。

（3）**答**：数据类型是一个值的集合和定义在这个值集上的一组操作的总称。如C语言中的短整型，值的范围是 $-32768\sim32767$，其操作有加、减、乘、除、求余等。抽象数据类型（ADT）指一个数学模型及定义在该模型上的一组操作。"抽象"的意义在于数据类型的数学抽象特性。抽象数据类型的定义仅取决于它的逻辑特性，与其在计算机内部如何表示和实现无关。抽象数据类型和数据类型实质上是一个概念。此外，抽象数据类型的范围更广,它已不再局限于机器已定义和实现的数据类型,还包括用户在设计软件系统时自定义的数据类型。使用抽象数据类型定义的软件模块包含定义、表示和实现三部分,封装在一起,对用户透明(提供接口),用户不必了解实现细节。

(4) **答**:逻辑结构、存储结构、操作(运算)。

(5) **答**:对算法 A1 和 A2 的时间复杂度 T_1 和 T_2 取以 2 为底的对数,得 n 和 $2\log_2 n$。当 n>4 时,前者大于后者。因此,算法 A2 优于算法 A1。

第 **2** 章 线 性 表

CHAPTER

2.1　内容概述

本章主要介绍线性表的顺序存储结构和链式存储结构。首先介绍顺序表及其基本操作的实现,然后介绍链表及其基本操作的实现,包括单链表、双链表、单循环链表、双循环链表和静态链表。本章的知识结构如图 2.1 所示。

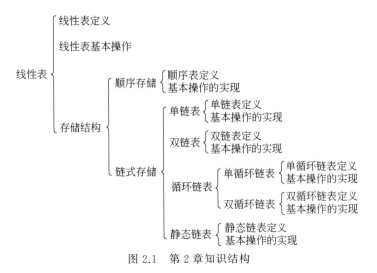

图 2.1　第 2 章知识结构

考核要求:掌握线性表的顺序存储结构和链式存储结构的优缺点;掌握顺序表及其基本操作的实现;掌握单链表及其基本操作的实现;掌握双链表及其基本操作的实现;掌握单循环链表及其基本操作的实现;掌握双循环链表及其基本操作的实现;了解静态链表及其基本操作的实现。

重点难点:本章的重点是顺序表和链表的优缺点及其基本操作的实现,难点是如何使用本章所学的知识设计有效算法以解决与线性表相关的应用问题。

核心考点:线性表的逻辑结构特征;顺序存储结构上的各种算法设计;

链式存储结构上的各种算法设计；顺序表与链表的优缺点比较。

2.2 典型题解析

主要考查线性表的顺序存储结构和链式存储结构的优缺点，以及插入、删除、查找、合并、分解、调整结点顺序等操作的实现，并能针对具体问题选择合适的存储结构，设计出有效的算法。

2.2.1 线性表的存储结构及优缺点

线性表的存储分为顺序存储和链式存储两种，用顺序存储结构存储的线性表称为顺序表，用链式存储结构存储的线性表称为链表。链式存储又分为单链表、双链表、循环链表和静态链表。线性表的顺序存储结构的优点主要是可以随机存取表中的任意一个元素，缺点主要是在进行插入和删除操作时需要移动大量数据元素。线性表的链式存储的优点主要是进行插入和删除操作时不需要移动数据元素，缺点主要是不能进行随机存取操作。

【例 2.1】 下列关于线性表的叙述中错误的是( )。

A. 线性表采用顺序存储，必须占用一片连续的存储单元

B. 线性表采用顺序存储，以便于进行插入和删除操作

C. 线性表采用链式存储，不必占用一片连续的存储单元

D. 线性表采用链式存储，以便于进行插入和删除操作

解析： 线性表的顺序存储结构的特点是把线性表中的数据元素按其逻辑顺序依次存储在一组地址连续的存储单元中。采用顺序存储的线性表可以随机存取表中的任意一个元素，但进行插入和删除操作时需要移动数据元素。线性表的链式存储结构的特点是用一组任意的存储单元存储线性表的数据元素，这组存储单元既可以是连续的，也可以是不连续的。在链表中进行插入和删除元素不需要移动数据元素，只需要修改指针即可，但对链表中的数据元素只能进行顺序存取。

答案： B

【例 2.2】 对于只在表的首尾两端进行插入操作的线性表，宜采用的存储结构为( )。

A. 顺序表 　　　　　　　　　　 B. 用头指针表示的单循环链表

C. 用尾指针表示的单循环链表 　　 D. 单链表

解析： 若要使插入和删除操作节省时间，就要考虑定位和移动数据元素这两个方面。在顺序表的表尾插入元素时，不用移动数据元素，时间复杂度为 $O(1)$，在表首插入元素时，需要移动所有的数据元素，时间复杂度为 $O(n)$；在用头指针表示的单循环链表的表首插入元素时，不用定位插入位置，时间复杂度为 $O(1)$，在表尾插入元素时，需要将指针从第一个结点顺序移动到最后一个结点，然后再进行插入操作，时间复杂度为 $O(n)$；在用尾指针表示的单循环链表的表首和表尾插入元素时，直接进行插入操作即可，时间复杂度都为 $O(1)$；在单链表的表首插入元素时，直接插入即可，时间复杂度为 $O(1)$，在表尾插入元素时，需要将指针从第一个结点顺序移动到最后一个结点，然后再进行插入操作，时

间复杂度为 O(n)。

答案：C

【例 2.3】　链表不具有的特点是(　　)。

A. 插入、删除操作不需要移动元素　　　B. 可随机访问任一元素

C. 不必事先估计存储空间　　　　　　　D. 所需空间与线性表的长度呈正比

解析：链式存储结构克服了顺序存储结构的三个弱点。其一，插入、删除操作不需要移动元素，只需要修改指针；其二，不需要预先分配空间，可根据需要动态申请空间；其三，表容量只受可用内存空间的限制。其缺点是指针增加了空间开销，当空间不允许时，就无法克服顺序存储的缺点。

答案：B

【例 2.4】　若某线性表中最常用的操作是取第 i 个元素和查找第 i 个元素的前驱，则最节省时间的存储方式是(　　)。

A. 顺序表　　　　　B. 单链表　　　　　C. 双链表　　　　　D. 单循环链表

解析：采用顺序存储的线性表可以随机存取表中的任意一个元素，在顺序表中取第 i 个元素和查找第 i 个元素的前驱的时间复杂度都为 O(1)。对链表中的数据元素只能进行顺序存取，在单链表、双链表、单循环链表中取第 i 个元素和查找第 i 个元素的前驱的时间复杂度都为 O(n)。

答案：A

【例 2.5】　下列关于静态链表的叙述中错误的是(　　)。

A. 所谓静态链表就是不能做插入和删除操作的链表

B. 存取静态链表中第 i 个元素的时间同 i 的值呈正比

C. 静态链表用一组连续的存储单元存储线性表中的数据元素

D. 静态链表的插入和删除不需要移动元素

解析：静态链表用一组连续的存储单元存储线性表中的数据元素，但逻辑上相邻的元素其物理位置不一定相邻，若链表中第 i 个结点的下标为 k，则下标为 k 的结点中的游标值就是第 i+1 个结点的下标。存取静态链表中元素需要顺序查找，存取时间与其逻辑位置呈正比。在插入和删除操作时不需要移动元素，仅需要修改指针(游标)即可。

答案：A

2.2.2　线性表的插入和删除操作

【例 2.6】　在图 2.2 所示的单链表 L 中，若在指针 p 所指的结点之后插入数据域值相继为 a 和 b 的两个结点，则可依次用_____和_____两个语句实现该操作。

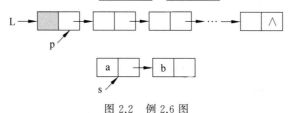

图 2.2　例 2.6 图

解析：首先将 p 指向的结点的后继变为数据域值为 b 的结点的后继，即"s－>next－>next＝p－>next;"，然后将 s 指向的结点变为 p 指向的结点的后继，即"p－>next＝s;"。

【例 2.7】 在双链表存储结构中，删除 p 所指结点的操作是(　　)。

A. p－>prior－>next＝p－>next; p－>next－>prior＝p－>prior;

B. p－>prior＝p－>prior－>prior; p－>prior－>next＝p;

C. p－>next－>prior＝p; p－>next＝p－>next－>next

D. p－>next＝p－>prior－>prior; p－>prior＝p－>next－>next;

解析：删除 p 指向的结点，p 指向的结点的后继变为 p 指向的结点的前驱结点的后继，即 p－>prior－>next＝p－>next，p 指向的结点的前驱变为 p 指向的结点的后继结点的前驱，即 p－>next－>prior＝p－>prior。

答案：A

【例 2.8】 已知长度为 n 的线性表 A 采用顺序存储结构，编写时间复杂度为 O(n)、空间复杂度为 O(1)的算法，删除线性表中所有值为 item 的数据元素。

解析：在顺序存储的线性表上删除元素，通常涉及一系列元素的移动（删除第 i 个元素，第 i＋1 至第 n 个元素要依次前移）。本题要求删除线性表中所有值为 item 的数据元素，并未要求元素之间的相对位置不变。因此，设置头尾两个指针（i＝0，j＝n－1），先从头向尾找值为 item 的数据元素，再从尾向头找值不为 item 的数据元素，然后直接将右端元素左移至值为 item 的数据元素的位置。循环此过程，直到 i 大于或等于 j 为止。

```
typedef int ElemType;        /*数据元素类型*/
typedef struct
{ ElemType *data;            /*存储空间基地址*/
  int length;                /*顺序表长度(即已存入的元素个数)*/
  int listsize;              /*当前存储空间容量(即能存入的元素个数)*/
}SeqList;
void Delete(SeqList *L,ElemType item)
{ int i=0,j=L->length-1;
  while(i<j)
  { while(i<j&&L->data[i]!=item) i++;    /*从头向尾找值为 item 的数据元素*/
    if(i<j) while(i<j&&L->data[j]==item) /*从尾向头找值不为 item 的数据元素*/
    {j--;L->length--;}
    if(i<j)
    { L->data[i++]=L->data[j--];L->length--;}    /*移动*/
  }
  if(i==j&&L->data[i]==item) L->length--;
}
```

【例 2.9】 试编写在带头结点的单链表中删除第一个最小值结点的高效算法。

解析：在单链表中删除结点，为使结点删除后不出现"断链"，应知道被删结点的前驱，而"最小值结点"只能在遍历整个链表后才知道。所以算法应首先遍历链表，求得最小值结点及其前驱,遍历结束后再执行删除操作。

```
typedef int ElemType;   /* 数据元素类型 */
typedef struct node
{ ElemType data;        /* 数据域 */
  struct node * next;   /* 指针域 */
}slink;
void DeleteMin(slink * L)
{ slink * p, * q, * pre;
  p=L->next;            /* p 指向待处理的结点,假设链表非空 */
  pre=L;                /* pre 指向最小值结点的前驱 */
  q=p;                  /* q 指向最小值结点,初始假设第一个元素结点是最小值结点 */
  while(p->next! =NULL)
   { if(p->next->data<q->data) {pre=p;q=p->next;}   /* 查找最小值结点 */
     p=p->next;         /* 指针后移 */
   }
  pre->next=q->next;    /* 从链表上删除最小值结点 */
  free(q);              /* 释放最小值结点空间 */
}
```

【例 2.10】　已知两个带头结点的单链表 A 和 B,试编写一个算法,从单链表 A 中删除自第 i 个元素起的共 len 个元素,然后将单链表 A 插入单链表 B 的第 j 个元素之前。

解析:在单链表 A 中删除自第 i 个元素起的共 len 个元素,应从第 1 个元素开始计数,计到第 i 个元素时开始数 len 个元素,然后将第 i-1 个元素的后继指针指向第 i+len 个结点,就实现了在链表 A 中删除自第 i 个元素起的 len 个元素。这时应继续查到链表 A 的尾结点,得到删除元素后的链表 A。再查找链表 B 的第 j-1 个元素,将链表 A 插入其后。另外,算法中应判断 i、len 和 j 的合法性。

```
void DelandIns(slink * A,slink * B,int i,int len,int j)   /* slink 的定义见例 2.9 */
{ int k;
  slink * p, * q, * u;
  if(i<1||len<1||j<1)              /* 参数不合理,退出 */
  { printf("parameter error\n");exit(0);}
  p=A;                             /* p 为链表 A 的工作指针,p 指向第 i-1 个元素 */
  k=0;                             /* 计数 */
  while(p->next! =NULL&&k<i-1)     /* 查找第 i 个结点 */
  { k++;p=p->next; }
  if(p->next==NULL)               /* 参数 i 不合理,退出 */
  { printf("error\n");exit(0);}
  q=p->next;                       /* q 为工作指针,链表 A 第一个被删结点 */
  k=0;
  while(q! =NULL&&k<len)
  { k++;u=q;q=q->next;free(u); }   /* 删除结点,后移指针 */
  if(k<len)                        /* 参数 len 不合理,退出 */
```

```
{ printf("error\n");exit(0);}
  p->next=q;                        /* 链表 A 删除了 len 个元素 */
  if(A->next! =NULL)
  { while(p->next! =NULL) p=p->next;   /* 查找链表 A 的尾结点 */
    q=B;                            /* q 为链表 B 的工作指针 */
    k=0;                            /* 计数 */
    while(q->next! =NULL&&k<j-1)    /* 查找第 j 个结点 */
    { k++;q=q->next;}               /* 查找成功时,q 指向第 j-1 个结点 */
    if(q->next==NULL)               /* 参数 j 不合理,退出 */
    { printf("error");exit(0);}
    p->next=q->next;                /* 将链表 A 链入链表 B */
    q->next=A->next;   /* 将链表 A 的第一个元素结点链在链表 B 的第 j-1 个结点之后 */
  }
  free(A);                          /* 释放链表 A 的表头结点 */
}
```

2.2.3 线性表的元素顺序调整操作

【例 2.11】 已知 Ls 是带头结点的单链表,说明下列算法完成的功能。

```
void Fun(slink * Ls )            /* slink 的定义见例 2.9 */
{ slink * p, * q;
  q=Ls->next;
  if(q&&q->next)
  { Ls->next=q->next;
    p=q;
    while(p->next)  p=p->next;
    p->next=q;
    q->next=NULL;
  }
}
```

解析：该算法的执行过程是首先让 q 指向 Ls 的第一个结点,然后让 Ls 的指针域指向第二个结点,再让 p 指向 Ls 的最后一个结点,最后将 q 指向的结点插到 p 指向的结点的后面。由此可知,该算法的功能是把第一个结点移到最后一个结点之后,其他结点次序不变。

【例 2.12】 以下函数的功能是对不带头结点的单链表 L 进行就地逆置,用 L 返回逆置后的链表的头指针,试在空缺处填入适当的语句。

```
slink * Reverse(slink * L)       /* slink 的定义见例 2.9 */
{ slink * p=NULL, * q=L;
  while(q! =NULL)
  {  (1)  ;q->next=p;p=q;  (2)  ; }
     (3)  ;
  return L;
}
```

　　解析：本题采用前插法进行逆置，即从单链表的第 1 个结点开始依次取每个结点，把它插到第 1 个结点的前面。用 p 指向第 1 个结点，q 指向待插入的结点，L 指向待插入结点的后继结点。由此可知，第一个空是暂存待插入结点的后继结点，即 L＝L—＞next；第二个空是 q 指向待逆置结点，即 q＝L；第三个空是将头指针赋给 L，即 L＝p。

　　【例 2.13】 已知非空单链表 L，编写一个算法，将链表中数据域值最小的结点移到链表的最前面。要求：不得额外申请新的链结点。

　　解析：首先查找最小值结点，然后该将结点从链表上摘下，再将其插到链表的最前面。

```
void MovMin(slink * L)            /* slink 的定义见例 2.9 */
{ slink * p, * q, * pre;
  p=L->next;                      /* p 是链表的工作指针 */
  pre=L;                          /* pre 指向链表中数据域最小值结点的前驱 */
  q=p;                            /* q 指向数据域最小值结点，初始假设是第一个结点 */
  while(p->next!=NULL)
  { if(p->next->data<q->data)
    { pre=p;q=p->next; }          /* 找到新的最小值结点 */
    p=p->next;
  }
  if(q! =L->next)                 /* 若最小值是第一元素结点，则不需要再操作 */
  { pre->next=q->next;            /* 将最小值结点从链表上摘下 */
    q->next=L->next;              /* 将 q 结点插到链表的最前面 */
    L->next=q;
  }
}
```

　　【例 2.14】　已知 L 是一个带头结点的双循环链表，编写算法，交换第 i 个结点和它的前驱结点的顺序。

　　解析：先找到双循环链表的第 i 个结点，与前驱交换涉及 4 个结点（第 i 个结点，第 i－1 个结点，第 i－2 个结点和第 i＋1 个结点）的 6 个指针域。

```
typedef int ElemType;             /* 数据元素类型 */
typedef struct node
{ ElemType data;
  struct node * next, * prior;    /* 指向前驱和后继结点的指针域 */
}dlink;
void Exchange(dlink * L,int i)
{ dlink * p, * q;
  int j=0;
  p=L;
  while(p->next! =L&&j<i)
  { j++;p=p->next; }              /* p 指向第 i 个结点 */
  q=p->prior;                     /* q 指向第 i-1 个结点 */
  q->prior->next=p;               /* q 的前驱的后继为 p */
```

```
    p->prior=q->prior;              /*p的前驱为q的前驱*/
    q->next=p->next;                /*q的后继为p的后继*/
    q->prior=p;                     /*q的前驱为p*/
    p->next->prior=q;               /*p的后继的前驱为q*/
    p->next=q;                      /*p的后继为q*/
}
```

【例 2.15】　设线性表 A＝(a₁,a₂,a₃,…,aₙ)以带头结点的单链表作为存储结构，设计一个算法对 A 进行调整，将所有位序为奇数的结点调整到所有位序为偶数的结点之后。

解析：先将链表按位序拆分成两个链表，一个是位序为奇数的链表，另一个是位序为偶数的链表，然后将位序为奇数的链表链接到位序为偶数的链表之后即可。

```
void Fun(slink * A)                       /*slink 的定义见例 2.9*/
{ slink * B, * l1, * l2, * p;
  int i=1;                                /*i 存放位序*/
  B=(slink *)malloc(sizeof(slink));       /*创建位序为奇数的单链表的头结点*/
  p=A->next; l1=A; l2=B;
  while(p)
  { if(i%2==0) { l1->next=p;l1=p; }       /*将位序为偶数的结点保留在链表 A*/
    else {l2->next=p;l2=p; }              /*将位序为奇数的结点插入链表 B*/
    p=p->next;
    i++;
  }
  l2->next=NULL;                          /*将单链表 B 的尾结点的指针域置为空*/
  l1->next=B->next;                       /*将单链表 B 链接到单链表 A 之后*/
}
```

2.2.4　线性表的查找操作

【例 2.16】　已知线性表(a₁,a₂,…,aₙ)采用单链表存储，头指针为 H，每个结点中存放线性表中的一个元素，现查找第一个元素值等于 X 的结点。分别写出下面三种情况的查找语句，要求时间尽量少。

（1）线性表中元素无序。

（2）线性表中元素递增有序。

（3）线性表中元素递减有序。

解析：这三种情况的查找语句的区别是查找条件。无序时的查找条件是元素值不等于 X；递增有序时的查找条件是元素值小于 X；递减有序时的查找条件是元素值大于 X。

设单链表带头结点，工作指针 p 初始化为 p＝H－＞next，三种情况的查找语句如下。

（1）线性表中的元素无序。

```
while(p!=NULL&&p->data!=X) p=p->next;
if(p==NULL) return NULL;                   /*查找失败*/
else return p;                            /*查找成功*/
```

（2）线性表中的元素递增有序。

```
while(p!=NULL&&p->data<X) p=p->next;
if(p==NULL||p->data>X) return NULL;     /*查找失败*/
else return p;                          /*查找成功*/
```

（3）线性表中的元素递减有序。

```
while(p!=NULL&&p->data>X) p=p->next;
if(p==NULL||p->data<X) return NULL;     /*查找失败*/
else return p;                          /*查找成功*/
```

【例 2.17】　设有一个由正整数组成的无序单链表，编写完成下列功能的算法。
（1）找出最小值结点，且打印该数值。
（2）若该数值是奇数，则将其与直接后继结点的数值交换。
（3）若该数值是偶数，则将其直接后继结点删除。

解析：在无序的单链表上查找最小值结点需要遍历整个链表。初始假设第一个结点是最小值结点，当找到最小值结点后，判断数据域的值是否是奇数。若是奇数，则与其后继结点的值交换，即仅交换数据域的值，用三个赋值语句即可交换。若与后继结点交换位置，则需要交换指针，这时应知道最小值结点的前驱。至于删除后继结点，通过修改最小值结点的指针域即可。

```
void  MinValue(slink * la)          /*slink 的定义见例 2.9*/
{ slink * p, * pre, * u;
  ElemType t;
  p=la->next;                       /*la 是头结点的指针,p 为工作指针*/
  pre=p;                            /*pre 指向最小值结点,初始假设首结点值最小*/
  while(p->next!=NULL)              /*p->next 是待比较的当前结点*/
  { if(p->next->data<pre->data) pre=p->next;
    p=p->next;                      /*指针后移*/
  }
  printf("min=%d\n",pre->data);
  if(pre->next!=NULL)
   if(pre->data%2!=0)               /*结点值是奇数*/
   { t=pre->data;pre->data=pre->next->data;pre->next->data=t;}   /*交换*/
   else                             /*结点值是偶数*/
   { u=pre->next;pre->next=u->next;free(u);}  /*删除后继结点*/
}
```

【例 2.18】　已知 La 和 Lb 是两个带头结点的单链表，每个链表中的结点值互不相同且递增有序。设计一个算法，将所有在 Lb 中存在而在 La 中不存在的结点插入 La，并使之仍然有序。

解析：对 Lb 中的每个元素，在 La 中查找，若在 La 中不存在，则插入 La 的相应位置，否则将其删除。由于两个表都是递增有序表，因此在 La 中查找时无须每次都从头开始，从当前位置开始即可。

```
void Unin(slink * La, slink * Lb)   /* slink 的定义见例 2.9 */
{ slink * pre=La, * q;
  slink * pa=La->next;
  slink * pb=Lb->next;
  free(Lb);
  while(pa&&pb)
  { if(pa->data<pb->data)
    { pre=pa;pa=pa->next; }
    else if(pa->data>pb->data)       /* 在 La 中不存在,插入 La */
        { pre->next=pb; pre=pb;pb=pb->next;pre->next=pa; }
        else                         /* 在 La 中存在,删除 */
        { q=pb; pb=pb->next; free(q); }
  }
  if(pb)   pre->next=pb;             /* 若 Lb 中还有剩余结点,则连接到 La 的后面 */
}
```

2.2.5   线性表的分解和合并操作

【例 2.19】   已知 L1 和 L2 是两个带头结点的单循环链表,数据结点个数分别为 m 和 n,设计一个算法,用最快的速度将 L1 和 L2 合并成一个带头结点的单循环链表。

解析：单循环链表 L1 和 L2 的数据结点个数分别为 m 和 n,当将二者合并成一个单循环链表时,需要将一个循环链表的结点(从第一个数据结点到最后一个结点)插入另一个循环链表的第一个数据结点前,但题目要求用最快的速度将两个表合并,因此应在结点个数少的链表中查找其尾结点。

```
slink * Link(slink * L1,slink * L2,int m,int n)   /* slink 的定义见例 2.9 */
{ slink * p;
  if(m<0||n<0) {printf("error\n");exit(0);}
  if(m<=n)                           /* L1 的长度小于或等于 L2 的长度 */
  { if(m==0) return(L2);             /* L1 为空表 */
    else
    { p=L1;
      while(p->next!=L1) p=p->next;  /* 查找最后数据结点 */
      p->next=L2->next;    /* 将单循环链表 L1 的数据结点插入 L2 的第一个数据结点前 */
      L2->next=L1->next;
      free(L1);                      /* 释放无用头结点 */
      return L2;
    }
  }
  else                               /* L2 的长度小于 L1 的长度 */
  { if(n==0) return(L1);             /* L2 为空表 */
    else
    { p=L2;
      while(p->next!=L2) p=p->next;  /* 查找最后数据结点 */
```

```
p->next=L1->next;   /*将 L2 的数据结点插入单循环链表 L1 的第一个数据结点前*/
L1->next=L2->next;
free(L2);                          /*释放无用头结点*/
return(L1);
    }
  }
}
```

【例 2.20】　已知 L 为不带头结点的单链表，其每个结点数据域存放一个字符，该字符可能是英文字母字符、数字字符或其他字符。编写算法，建立 3 个以带头结点的单循环链表表示的线性表，使每个表中只含有同一类字符（要求用最少的时间和最少的空间）。

解析：将一个结点数据域为字符的单链表分解成含有字母字符、数字字符和其他字符的 3 个单循环链表，首先需要分别建立用于存储这三类字符的单循环链表的头结点，然后从原链表的第一个结点开始，根据结点数据域中字符的种类分别插入对应的链表。注意：不要因结点插入新建链表而使原链表断链。另外，题目并未要求链表有序，插入操作可以采用"前插法"，使每次插入的结点均成为所插入链表的第一个数据结点。

```
slink * la, * ld, * lo;                       /* slink 的定义见例 2.9 */
void Class(slink * L)
{ slink * r;
  la=(slink *)malloc(sizeof(slink));          /*存放字母字符链表的头结点*/
  ld=(slink *)malloc(sizeof(slink));          /*存放数字字符链表的头结点*/
  lo=(slink *)malloc(sizeof(slink));          /*存放其他字符链表的头结点*/
  la->next=la;ld->next=ld;lo->next=lo;        /*置 3 个循环链表为空表*/
  while(L!=NULL)
  { r=L;L=r->next;                            /* L 指向待处理结点的后继*/
    if(r->data>='a'&&r->data<='z'|| r->data>='A'&& r->data<='Z')
    { r->next=la->next; la->next=r;}          /*插入字母字符链表*/
    else if(r->data>='0'&& r->data<='9')
       { r->next=ld->next;ld->next=r;}        /*插入数字字符链表*/
       else {r->next=lo->next;lo->next=r;}    /*插入其他字符链表*/
  }
}
```

2.3　自测试题

1. 单项选择题

(1)（　　）是顺序存储结构的优点。

　　A. 存储密度大　　　　　　　　　　B. 插入运算方便

　　C. 删除运算方便　　　　　　　　　D. 可方便地用于各种逻辑结构的存储表示

(2) 若某线性表中最常用的操作是在最后一个元素之后插入一个元素和删除第一个元素，则最节省运算时间的存储方式是（　　）。

  A. 单链表　　　　　　　　　　　　　B. 仅有头指针的单循环链表

  C. 双链表　　　　　　　　　　　　　D. 仅有尾指针的单循环链表

（3）若某表最常用的操作是删除第一个结点或删除最后一个结点，则最节省运算时间的存储方式是（　　）。

  A. 单链表　　　　　　　　　　　　　B. 双链表

  C. 单循环链表　　　　　　　　　　　D. 带头结点的双循环链表

（4）若长度为 n 的线性表采用顺序存储结构，则在其第 i(1≤i≤n+1)个位置插入一个新元素的算法的时间复杂度为（　　）。

  A. O(0)　　　　　B. O(1)　　　　　C. O(n)　　　　　D. O(n^2)

（5）在头指针为 head 且表长大于 1 的单循环链表中，指针 p 指向表中的某个结点，若 p－>next－>next==head，则（　　）。

  A. p 指向头结点　　　　　　　　　　B. p 指向尾结点

  C. p 指向结点的直接后继是头结点　　D. p 指向结点的直接后继是尾结点

（6）当线性表(a_1,a_2,…,a_n)以链接方式存储时，访问第 i 位置元素的时间复杂度为（　　）。

  A. O(i)　　　　　B. O(1)　　　　　C. O(n)　　　　　D. O(i−1)

（7）循环链表 h 的尾结点 p 的特点是（　　）。

  A. p－>next==h　　　　　　　　　　B. p－>next==h－>next

  C. p==h　　　　　　　　　　　　　D. p==h－>next

（8）在一个以 h 为头指针的非空单链表中，指针 p 指向链尾的条件是（　　）。

  A. p－>next==h　　　　　　　　　　B. p－>next==NULL

  C. p－>next－>next==h　　　　　　D. p－>data==−1

（9）在双循环链表的结点 p 之后插入结点 s 的操作是（　　）。

  A. p－>next=s; s－>prior=p; p－>next－>prior=s; s－>next=p－>next;

  B. p－>next－>prior=s; p－>next=s; s－>prior=p; s－>next=p－>next;

  C. s－>prior=p; s－>next=p－>next; p－>next=s; p－>next－>prior=s;

  D. s－>prior=p; s－>next=p－>next; p－>next－>prior=s; p－>next=s;

（10）对于一个头指针为 head 的带头结点的单链表，判定该表为空表的条件是（　　）。

  A. head==NULL　　　　　　　　　　B. head－>next==NULL

  C. head－>next==head　　　　　　　D. head!=NULL

2. 正误判断题

（1）顺序存储结构的主要缺点是不利于插入和删除操作。　　　　　　　　　　（　　）

（2）当线性表采用链表存储时，结点之间的存储空间可以是不连续的。　　　　（　　）

（3）顺序存储方式插入和删除时效率太低，因此它不如链式存储方式好。　　　（　　）

（4）对任何数据结构，链式存储结构一定优于顺序存储结构。　　　　　　　　（　　）

（5）线性表的特点是每个元素都有一个前驱和一个后继。　　　　　　　　　　（　　）

（6）循环链表不是线性表。　　　　　　　　　　　　　　　　　　　　　　　（　　）

（7）线性表只能用顺序存储结构实现。　　　　　　　　　　　　　　　　　　（　　）

（8）为了很方便地插入和删除数据，可以使用双链表存储数据。　　　　　　　（　　）

（9）顺序存储方式的优点是存储密度大，且插入、删除运算效率高。　　　　　（　　）

（10）在进行线性表的插入、删除操作时，链式存储结构比顺序存储结构效率高。（　　）

3. 填空题

（1）设单链表的结点结构为（data，next），next 为指针域，已知指针 p 指向单链表中 data 为 x 的结点，指针 q 指向 data 为 y 的新结点，若将 q 指向的结点插到 p 指向的结点之后，则需要执行的语句为：　①　；　②　；。

（2）设顺序表的长度为 n，则在第 i 个元素前插入一个元素需要向后移动　③　个元素，删除第 i 个元素需要向前移动　④　个元素。

（3）设单链表的长度为 n，则在指针 p 指向的结点后插入一个新结点的时间复杂度为　⑤　，在值为 x 的结点后插入一个新结点的时间复杂度为　⑥　。

（4）在双链表中，每个结点有两个指针域，一个指向　⑦　，另一个指向　⑧　。

（5）对于双链表，在两个结点之间插入一个新结点需要修改的指针共有　⑨　个，删除一个结点需要修改的指针共有　⑩　个。

（6）已知用带头结点的单链表存储有序整数集合的元素。下列算法的功能是比较两个有序整数集是否相等，相等则返回 1，不相等则返回 0。请在空缺处填入合适的内容，使其成为完整的算法。

```
int Fun(slink * ha,slink * hb)    /* slink 的定义见例 2.9 */
{ slink * pa, * pb;
  pa=ha->next;
  pb=hb->next;
  while(    ⑪    )
  { pa=pa->next;
      ⑫    ;
  }
  if(    ⑬    ) return 1;
  else return 0;
}
```

（7）假设某个不设头指针的无头结点的单循环链表的长度大于 1，s 为指向链表中某个结点的指针。下列算法的功能是删除 s 指向的结点并返回 s 所指结点的前驱。请在空缺处填入合适的内容，使其成为完整的算法。

```
slink * Fun(slink * s)                /* slink 的定义见例 2.9 */
{slink * pre, * p;
  pre=s;
  p=s->next;
  while(    ⑭    )
  { pre=p;    ⑮    ; }
  pre->next=    ⑯    ;
  free(p);
```

```
    return pre;
}
```

(8) 下列程序段的功能是删除不带头结点的单循环链表中第一个 data 域值等于 x 的结点。请在空缺处填入合适的内容，使其成为完整的算法。

```
slink * Delete(slink * head, int x)   /* slink 的定义见例 2.9 */
{ slink * p, * q;                      /* p 指向当前处理的结点，q 指向 p 的前驱结点 */
  if(!head) return head;               /* 链表为空 */
  if(head->next==head)                 /* 链表只有一个结点 */
  { if(head->data==x)
    { free(head);head=NULL;}
    return head;
  }
  p=head; q=head;
  while(q->next!=head) q=  ⑰  ;
  while(p->next!=head)
  { if(p->data==x)
    {   ⑱   ;
      if(p==head) head=  ⑲  ;
      free(p);return head;
    }
    else { q=p;  ⑳  ;}
  }
  if(p->next==head&&p->data==x)
  { q->next=p->next;free(p);}
  return head;
}
```

4. 算法设计题

(1) 已知 L 是一个带头结点的单链表，结点有数据域 data 和指针域 next，编写算法，判断链表 L 是否是非递减有序，若是则返回 1，否则返回 0。

(2) 在一个递增有序的线性表中有数值相同的元素存在。若存储方式为带头结点的单链表，设计算法删除数值相同的元素，使表中没有重复的元素。

(3) L 为一个带头结点的单循环链表，设计一个算法，删除 L 中数据域 data 的值大于 c 的所有结点，并由这些结点组建成一个新的带头结点的单循环链表，其头指针作为函数的返回值。

(4) 假设以带头结点的单链表表示有序表，编写算法，输入 n 个整数构造一个元素值互不相同的递增有序链表（相同的整数只取一个）。

(5) 已知线性表的存储结构为顺序表，数据元素为整型。设计一个算法，删除线性表中所有值为负数的元素。

2.4　实验题

（1）编写算法，将一个递增顺序表 A 和一个递减顺序表 B 合并成一个递增顺序表 C。

（2）将单链表 L 中所有值为 x 的结点删除。

（3）将单链表 L 中所有值为偶数的结点放在所有值为奇数的结点的前面。

要求：分别用带头结点和不带头结点的单链表实现。

（4）编写算法，判断一个双链表 SL 是否对称。

（5）编写算法，将一个双链表 SL 中的所有负数放在所有非负数之前（假设数据域值为整型）。

（6）在带头结点的单循环链表 L 中，结点的数据元素为整型。给定两个整数 a、b（a<b），编写算法，将链表中所有值大于 a 且小于 b 的结点删除。

（7）已知一个带头结点的单链表中的每个结点存放一个整数，并且结点数不少于 2。请设计算法，判断该链表从第 2 个结点开始的每个元素值是否等于其序号的平方减去其前驱的值，若相等则返回 1，否则返回 0.

（8）编写算法，将带头结点的双循环链表 h 逆置。

（9）假设线性表采用顺序存储结构，表中的元素值为整型。设计一个算法，删除值相同的元素，使表中没有重复的元素。

（10）假设学生成绩按学号增序存储在带头结点的单链表中，类型定义如下。

```
typedef struct Node
 { int id;                    /*学号*/
   int data;                  /*成绩*/
   struct Node * next;
 }slink;
```

若 A、B 是两个存储学生成绩的单链表，设计一个算法，对于 id 相同的结点，若在 A 中的成绩小于 60 且在 B 中的成绩也小于 60，则将 A 中的成绩用 B 中的成绩替换；若在 A 中的成绩小于 60 且在 B 中的成绩大于或等于 60，则将 A 中的成绩用 60 替换。

2.5　思考题

（1）线性表分为顺序表和链表两种存储结构，试问：

① 如果有 n 个线性表同时并存，并且在处理过程中各表的长度会动态变化，线性表的总数也会动态变化，则在此情况下应选用哪种存储结构？为什么？

② 若线性表的元素个数基本稳定，且很少进行插入和删除操作，但要求以最快的速度存取线性表中的元素，那么应采用哪种存储结构？为什么？

（2）线性表的顺序存储结构具有三个弱点：其一，在进行插入和删除操作时需要移动元素；其二，由于难以估计，因此必须预先分配较大的空间，往往使存储空间不能得到充分利用；其三，表的容量难以扩充。线性表的链式存储结构是否一定能够克服上述三个弱点,试讨论之。

（3）在线性表的链式存储结构中,说明头指针与头结点之间的根本区别,以及头结点与首元结点的关系。

（4）在单链表和双链表中,能否从当前结点出发访问任意一个结点?

（5）如何通过修改链的方法把一个单链表变成一个与原来连接方向相反的单链表?

2.6 主教材习题解答

1. 单项选择题

（1）（ ）不是线性表的特性。

　　① 除第一个元素外,每个元素都有前驱

　　② 除最后一个元素外,每个元素都有后继

　　③ 线性表是数据的有限序列

　　④ 线性表的长度为 n(n≠0)

解答：线性表是 $n(n \geqslant 0)$ 个数据元素 $a_1, a_2, \cdots, a_n$ 组成的有限序列,记为

$$L = (a_1, a_2, \cdots, a_n)$$

其中,L 是线性表的名称。数据元素的个数 n 称为线性表的长度,若 n＝0,则称为空表。若线性表非空,则 $a_i(1 \leqslant i \leqslant n)$ 称为线性表的第 i 个元素,i 称为 a_i 的位序。$a_1, a_2, \cdots, a_{i-1}$ 称为 $a_i(1 < i \leqslant n)$ 的前驱,其中,a_{i-1} 称为 a_i 的直接前驱;$a_{i+1}, a_{i+2}, \cdots, a_n$ 称为 $a_i(1 \leqslant i < n)$ 的后继,其中,a_{i+1} 称为 a_i 的直接后继。

答案：④

（2）（ ）不是顺序表的特点。

　　① 逻辑上相邻的元素一定存储在相邻的存储单元中

　　② 插入一个元素,平均要移动半个表长的数据元素

　　③ 用动态一维数组存储顺序表最合适

　　④ 在顺序表中查找一个元素与表中元素的分布没有关系

解答：把线性表中的数据元素按其逻辑顺序依次存储在一组地址连续的存储单元中,即把逻辑上邻接的数据元素存储在物理地址上也邻接的存储单元中,这种存储结构称为顺序存储结构,用顺序存储结构存储的线性表称为顺序表。在长度为 n 的顺序表中插入一个数据元素所需移动数据元素的平均次数为

$$\frac{1}{n+1} \sum_{i=1}^{n+1} (n-i+1) = \frac{1}{n+1} \times \frac{n(n+1)}{2} = \frac{n}{2}$$

即插入一个元素,平均要移动表长一半的数据元素。由于顺序表所需的最大存储空间有时无法预测,因此使用动态分配的一维数组表示顺序表。在顺序表中查找一个元素与表中元素的分布有关系,参见例 2.16。

答案：④

（3）在一个单链表中,已知 q 所指向的结点是 p 所指向的结点的前驱结点,若在 q 和 p 之间插入 s 所指向的结点,则应执行（ ）。

① s—>next＝p—>next;p—>next＝s;

② p—>next＝s—>next;s—>next＝p;

③ q—>next＝s;s—>next＝p;

④ p—>next＝s;s—>next＝q;

解答：q 的后继是 s,即 q—>next＝s,s 的后继是 p,即 s—>next＝p。这两个操作没有先后顺序。

答案：③

（4）链表不具有的特点是(　　)。

① 可以随机访问任何一个元素　　② 插入和删除元素不需要移动元素

③ 不必事先估计存储空间　　　　④ 所需存储空间与链表长度呈正比

解答：链式存储结构的特点是用一组任意的存储单元存储线性表的数据元素,这组存储单元既可以是连续的,也可以是不连续的,用链式存储结构存储的线性表称为链表。在链表中插入和删除元素不需要移动数据,只需修改指针即可。链式存储结构不必事先估计存储空间,插入时开辟存储空间,删除时释放存储空间。由于存储单元不一定连续,所以不能随机存取表中的元素。链表所需的存储空间与数据元素个数呈正比,即与链表长度呈正比。

答案：①

（5）若某链表中最常用的操作是在最后一个元素之后插入一个元素和删除最后一个元素,则最节省时间的结构为(　　)。

① 单链表　　　② 双链表　　　③ 单循环链表　　　④ 双循环链表

解答：在链表的最后一个元素之后插入一个元素,需要将指针定位在最后一个元素;删除链表的最后一个元素,需要将指针定位在倒数第二个元素。在 4 个选项中,能将指针快速定位在后两个元素的结构是双循环链表。

答案：④

（6）在非空双循环链表中 q 所指结点前插入一个由 p 所指结点的过程依次为(　　)。

① p—>next＝q;p—>prior＝q—>prior;q—>prior＝p;q—>next＝p;

② p—>next＝q;p—>prior＝q—>prior;q—>prior＝p;q—>prior—>next＝p;

③ p—>next＝q;p—>prior＝q—>prior;q—>prior＝p; p—>prior—>next＝p;

④ p—>next＝q;p—>prior＝q—>prior;q—>prior＝p;p—>next—>prior＝p;

解答：在 q 所指结点前插入一个由 p 所指结点,首先需要处理 p 所指结点的两个指针域,即 p—>next＝q 和 p—>prior＝q—>prior;然后处理 q 所指结点的前驱域和 p 所指结点的前驱结点的后继域,即 q—>prior＝p 和 p—>prior—>next＝p。

答案：③

（7）若线性表采用链式存储,则表中各元素的存储地址(　　)。

① 必须是连续的　　　　　　② 部分地址是连续的

③ 一定不是连续的　　　　　④ 不一定是连续的

解答：链式存储结构的特点是用一组任意的存储单元存储线性表的数据元素,这组存储单元既可以是连续的,也可以是不连续的。

答案: ④

(8) 在线性表的下列存储结构中,读取元素花费时间最少的是(　　)。

① 单链表　　　　② 双链表　　　　③ 循环链表　　　　④ 顺序表

解答: 顺序表是随机存取,时间复杂度为 O(1);链表是顺序存取,时间复杂度为 O(n)。

答案: ④

(9) 在单链表中插入一个数据结点的平均时间复杂度为(　　)。

① O(1)　　　　② O(n)　　　　③ O($\log_2$n)　　　　④ O(n^2)

解答: 在单链表上插入一个数据结点,时间主要耗费在查找插入位置上。在长度为 n 的单链表的第 i 个结点后插入一个数据元素的平均查找次数为

$$\frac{1}{n}\sum_{i=1}^{n}i=\frac{1}{n}\times\frac{n(n+1)}{2}=\frac{n+1}{2}.$$

平均时间复杂度为 O(n)。

答案: ②

(10) 在顺序表中删除一个数据结点的平均时间复杂度为(　　)。

① O(1)　　　　② O(n)　　　　③ O($\log_2$n)　　　　④ O(n^2)

解答: 在顺序表上删除一个数据结点,时间主要耗费在数据移动操作上。在长度为 n 的顺序表中删除一个数据元素所需移动的数据元素的平均次数为

$$\frac{1}{n}\sum_{i=1}^{n}(n-i)=\frac{1}{n}\times\frac{n(n-1)}{2}=\frac{n-1}{2}$$

平均时间复杂度为 O(n)。

答案: ②

2. 正误判断题

(1) 单循环链表中从任何结点出发均可以访问链表中的所有结点。　　　(　　)

解答: 单循环链表是一个指向后继的有向环,从任意结点出发均可以访问链表中的所有结点。

答案: √

(2) 双循环链表中从任意结点出发均可以访问该结点的直接前驱和直接后继。(　　)

解答: 双循环链表是两个有向环,一个是指向后继的有向环,另一个是指向前驱的有向环。从任意结点出发都可以访问该结点的直接前驱和直接后继。

答案: √

(3) 链表中结点数据域部分所占的存储空间越多,存储密度就越大。　　　(　　)

解答: 存储密度＝结点数据本身所占的存储量/结点结构所占的存储总量

由此可知,链表中结点数据域所占的存储空间越多,存储密度就越大。

答案: √

(4) 带头结点的单链表和不带头结点的单链表在查找、删除、求长度等操作上无区别。

(　　)

解答：头结点是为了操作的统一、方便而设立的，放在第一个元素结点之前，其数据域一般无意义(在有些情况下也可存放链表的长度、用作监视哨等)，有了头结点后，在第一个元素结点前插入结点和删除第一个结点的操作与对其他结点的操作就统一了，而且无论链表是否为空，头指针均不为空。

答案：×

(5) 单链表中指针 p 所指向的结点存在后继结点的条件是 p!＝NULL。　　(　　)

解答：单链表中指针 p 所指向的结点存在后继结点的条件是 p—＞next!＝NULL。

答案：×

(6) 线性表中每个结点都有前驱和后继。　　(　　)

解答：线性表中，第一个结点没有前驱，最后一个结点没有后继。

答案：×

(7) 静态链表要求逻辑上相邻的元素在物理位置上也相邻。　　(　　)

解答：静态链表是一个一维数组，数组的一个元素表示一个结点，每个结点由两部分组成，一部用来存放数据信息，称为数据域；另一部分用来存放其后继结点在数组中的相对位置(下标)。逻辑上相邻的元素在物理位置上不一定相邻。

答案：×

(8) 头结点就是链表中的第一个结点。　　(　　)

解答：在带头结点的链表中，第一个结点是头结点；在不带头结点的链表中，第一个结点是元素结点。

答案：×

(9) 头指针一定要指向头结点。　　(　　)

解答：若链表有头结点，则头指针指向头结点；若链表没有头结点，则头指针指向第一个元素结点(链表不空)或指向空(链表为空)。

答案：×

(10) 顺序表可以对存储在其中的数据进行排序操作，链表也能进行排序操作。(　　)

解答：可通过插入和删除操作对链表进行排序。

答案：√

3. 算法阅读填空题

(1) 下列函数的功能是实现带头结点的单链表逆置。

```
typedef int ElemType;      /*数据元素类型*/
typedef struct node
{ ElemType data;           /*数据域*/
  struct node * next;      /*指针域*/
}slink;
void Turn(slink * L)
{ slink * p, * q;
  p=L->next;
  L->next=NULL;
```

```
    while(    ①    )
    { q=p;
      p=p->next;
      q->next=L->next;
      L->next=    ②    ;
    }
}
```

解答：采用的方法是前插法。首先将头结点摘下，并将其指针域置为空，然后从第一个元素结点开始，直到最后一个结点为止，依次插入头结点的后面。p 用于扫描链表，q 用于指向待插入的结点。

答案：① p!=NULL   ② q

（2）下列函数的功能是实现带头结点的单链表的结点值按升序排序。

```
typedef int ElemType;       /* 数据元素类型 */
typedef struct node
{ ElemType data;            /* 数据域 */
  struct node * next;      /* 指针域 */
}slink;
void Sort(slink * l1)
{ slink * p, * q, * r, * s;
  p=l1;
  while(p->next!=NULL)
  { q=p->next;
    r=p;
    while(    ①    )
    { if(q->next->data<r->next->data)
        r=q;
      ②    ;
    }
    if(    ③    )
    { s=r->next;
      r->next=s->next;
      s->next=p->next;
      p->next=s;
    }
    ④    ;
  }
}
```

解答：采用的排序方法是选择排序法。p 用于指向有序表中的最后一个结点，q 和 r 用于查找最小值结点，s 用于指向找到的最小值结点。

答案：①q->next!=NULL   ②q=q->next   ③r!=p   ④p=p->next

（3）已知 h 是一个带头结点的双链表，每个结点有 4 个成员：指向前驱结点的指针

prior、指向后继结点的指针 next、存放数据的成员 data 和访问频度 freq。所有结点的 freq 初始值均为 0。每当在双链表上进行一次 Locate(h,x)操作时,将元素值为 x 的结点的 freq 值增 1,并使此链表中的结点保持按访问频度递减的顺序排列,以便使访问频度较高的结点总是靠近表头。

```
typedef int ElemType;              /* 数据元素类型 */
typedef struct node
{ ElemType data;
  struct node * next, * prior;    /* 指向前驱、后继结点的指针域 */
  int freq;                        /* 访问频度 */
}dlink;
int Locate(dlink * h,ElemType x)
{ dlink * p=h->next, * q;
  while(p!=NULL&&   ①   ) p=p->next;
  if(p==NULL) return 0;
  else
  { p->freq++;
    q=p->prior;
    while(q!=h&&   ②   )
    { p->prior=q->prior;
      p->prior->next=p;
      q->next=p->next;
      if(   ③   )
        q->next->prior=q;
      p->next=q;
      q->prior=p;
        ④   ;
    }
  }
  return 1;
}
```

解答：先查找 data 域为 x 的结点,找到后将其 freq 域的值增 1,然后通过删除和插入结点操作调整结点顺序,使链表中的结点保持按访问频度递减的顺序排列。

答案：①p—>data!＝x　②q—>freq＜p—>freq　③q—>next!＝NULL　④q＝p—>prior

(4) 已知长度为 len 的线性表 L 采用顺序存储结构。下列算法的功能是删除线性表 L 中所有值为 item 的数据元素。

```
typedef int ElemType;       /* 数据元素类型 */
typedef struct
{ ElemType * data;          /* 存储空间基地址 */
  int length;               /* 顺序表长度(已存入的元素个数) */
  int listsize;             /* 当前存储空间容量(能存入的元素个数) */
```

```
}sqlist;
void DelNode(sqlist * L,ElemType item)
{ int k=0,i=0;
  while(i<L->length)
  { if(L->data[i]==item)
      ___①___ ;
    else
      L->data[i-k]=L->data[i];
    ___②___ ;
  }
  L->length=L->length-k;
}
```

解答：从头向尾扫描顺序表，i 是扫描顺序表的下标变量，k 记录已扫描的元素中值为 item 的元素个数。若当前元素值为 item，则 k 的值加 1，否则将当前元素向前移动 k 个位置。

答案：① k++ ② i++

4. 算法设计题

（1）设 A 和 B 是两个非递减的顺序表。编写算法，使用 A 和 B 中都存在的元素组成新的由大到小排列的顺序表 C，并分析算法的时间复杂度。

解答：从尾向头遍历顺序表 A，对于 A 中的每个元素，在顺序表 B 中查找，若存在，则存入顺序表 C。

```
void Merge(SeqList * A, SeqList * B, SeqList * C)    /* SeqList 的定义见例 2.8 */
{ int i=A->length-1,j,k=0;
  while(i>= 0)
  { j=0;
    while(j<B->length&&A->data[i]!=B->data[j]) j++;   /* 在 B 中查找 */
    if(A->data[i]==B->data[j])                        /* 存在 */
      C->data[k++]=A->data[i];                        /* 存入 C */
    i--;
  }
  C->lenght=k;
}
```

时间复杂度为 $O(m \times n)$。

（2）编写算法，删除单链表 L 中 p 所指向结点的直接前驱结点。

解答：先找到 p 所指向结点的前驱结点的前驱结点，然后删除 p 所指向结点的前驱结点。

```
int DelPrior(slink * L,slink * p)  /* slink 的定义见例 2.9 */
{ slink * q1, * q2;
  if(p==L||p==L->next||p==NULL)  /* p 的前驱结点不存在 */
    return 0;
```

```
else
{ q1=L;q2=L->next;
  while(q2->next!=p)              /*查找 p 所指向结点的前驱结点的前驱结点*/
  { q1=q2;q2=q2->next; }
  q1->next=p;                     /*删除 p 所指向结点的前驱结点*/
  free(q2);
  return 1;
}
}
```

(3) 编写算法,删除顺序表 A 中元素值在 x 到 y(x≤y)之间的所有元素。

解答:从头向尾遍历顺序表 A,把值不在 x 和 y 之间的元素依次移到顺序表的前面。

```
void Delete(SeqList * L,ElemType x,ElemType y)   /*SeqList 的定义见例 2.8*/
{ int k=0,i=0;
  while(i<L->length)
  { if(L->data[i]>=x&&L->data[i]<=y) k++;        /*元素值在 x 和 y 之间*/
    else L->data[i-k]=L->data[i];                /*元素值不在 x 和 y 之间*/
    i++;
  }
  L->length-=k;                                  /*保存元素个数*/
}
```

(4) 编写算法,在不带头结点的单链表上实现插入和删除一个元素的操作。

① 在单链表 head 的第 i 个结点之后插入一个新结点。

解答:在不带头结点的单链表中插入一个结点,表头的操作和其他位置的操作是不同的,表头的插入情况需要单独处理。

```
slink * InsNode(slink * head,int i,ElemType x)   /*slink 的定义见例 2.9*/
{ slink * s, * p, * q;
  int j=0;
  if(i<0) printf("position not exist\n");        /*参数 i 不合理*/
  else
  { s=(slink *)malloc(sizeof(slink));            /*创建新结点*/
    s->data=x;
    if(i==0)
    { s->next=head; head=s; }                    /*在第 1 个结点前插入*/
    else
    { q=head;
      while(j<i&&q!=NULL)                         /*查找插入位置*/
      { j++; p=q; q=q->next; }
      if(j<i) printf("position not exist\n");     /*参数 i 不合理*/
      else
      { p->next=s; s->next=q; }                   /*插入*/
    }
```

```
    }
    return head;
}
```

② 删除单链表 head 的第 i 个结点。

解答：在不带头结点的单链表中删除一个结点，删除表头结点的操作和删除其他结点的操作是不同的，删除表头结点的情况需要单独处理。

```
slink * DelNode(slink * head,int i)                 / * slink 的定义见例 2.9 * /
{ slink * p, * s;
  int j;
  if(i<1) printf("position not exist\n");           / * 参数 i 不合理 * /
  else
  { if(i==1)
    { if(head!=NULL)
      { s=head; head=s->next; free(s);}             / * 删除第 1 个结点 * /
    }
    else
    { s=head->next; p=head; j=2;
      while(j<i&&s!=NULL)                            / * 查找删除位置 * /
      { j++;p=s;s=s->next;}
      if(j<i) printf("position not exist\n");        / * 参数 i 不合理 * /
      else
      { p->next=s->next; free(s);}                    / * 删除 * /
    }
  }
  return head;
}
```

（5）编写算法，在不带头结点的双链表上实现插入和删除一个元素操作。

① 在双链表 head 的第 i 个结点之后插入一个新结点。

解答：在不带头结点的双链表中插入一个结点，表头的操作和其他位置的操作是不同的，表头的插入情况需要单独处理。

```
dlink * InsNode(dlink * head,int i, ElemType x)/ * dlink 的定义见例 2.14 * /
{ dlink * s, * p, * q;
  int j=0;
  if(i<0) printf("position not exist\n");           / * 参数 i 不合理 * /
  else
  { s=(dlink *)malloc(sizeof(dlink));               / * 创建新结点 * /
    s->data=x;
    if(i==0)
    { s->next=head;head->prior=s;head=s;}           / * 在第 1 个结点前插入 * /
    else
    { q=head;
```

```
    while(j<i&&q!=NULL)                    /*查找插入位置*/
    { j++;p=q;q=q->next;}
    if(j<i) printf("position not exist\n");  /*参数 i 不合理*/
    else
    { s->next=q;                           /*插入*/
      s->prior=p;
      if(p->next!=NULL) q->prior=s;
      p->next=s;
    }
  }
}
  return head;
}
```

② 删除双链表 head 的第 i 个结点。

解答：在不带头结点的双链表中删除一个结点，删除表头结点的操作和删除其他结点的操作是不同的，删除表头结点的情况需要单独处理。

```
dlink * DelNode(dlink * head,int i)        /*dlink 的定义见例 2.14*/
{ dlink * p, * s;
  int j;
  if(i<1) printf("position not exist\n");   /*参数 i 不合理*/
  else
  { if(i==1)
    { if(head!=NULL)
      { s=head;head=s->next;free(s);}       /*删除第 1 个结点*/
    }
    else
    { s=head->next;p=head;j=2;
      while(j<i&&s!=NULL)                    /*查找删除位置*/
      { j++;p=s;s=s->next;}
      if(j<i) printf("position not exist\n"); /*参数 i 不合理*/
      else
      { p->next=s->next;                     /*删除*/
        if(s->next!=NULL)
          s->next->prior=p;
        free(s);
      }
    }
  }
  return head;
}
```

（6）编写算法，将带头结点的单链表 A 分解成两个具有相同结构的链表 B、C。其中，B 中的结点是 A 中值小于 0 的结点，C 中的结点是 A 中值大于 0 的结点（链表 A 的元素类型为整型，要求链表 B、C 利用链表 A 的结点）。

解答：先将 A 中值为 0 的结点删除，然后将值大于 0 的结点链入 C，将值小于 0 的结点保留在 A 中，最终的 A 就是所求的 B。

```
slink * Split(slink * A)                    /* slink 的定义见例 2.9 */
{ slink * C, * pb, * p, * q, * pc;
  p=A->next; q=A;
  while(p!=NULL)                            /* 删除 A 中值为 0 的结点 */
  { while(p!=NULL&&p->data!=0)
    {q=p;p=p->next;}
    if(p)
    { q->next=p->next; free(p); p=q->next;}
  }
  C=(slink *)malloc(sizeof(slink));         /* 创建 C 的头结点 */
  p=A->next;pb=A;pc=C;
  while(p!=NULL)                            /* 从 A 的第 1 个结点开始判断 */
  { while(p!=NULL&&p->data<0)
    { pb->next=p;pb=pb->next;p=p->next;}    /* 若结点值小于 0,则保留在 A 中 */
    if(p!=NULL)
    { pc->next=p;pc=pc->next;p=p->next;}    /* 若结点值大于 0,则链入 C */
  }
  pb->next=NULL;                            /* B 的尾结点的指针域置为空 */
  pc->next=NULL;                            /* C 的尾结点的指针域置为空 */
  return C;
}
```

（7）编写算法，在一个带头结点的单链表的第 i 个结点之前插入另一个带头结点的单链表。要求链表中的结点仍使用原来链表的结点，不另开辟存储空间。

解答：先在插入链表中找到第 i−1 个结点，然后将被插入链表的结点依次复制到它的后面。

```
void InsLink(slink * L1,int i,slink * L2)   /* slink 的定义见例 2.9 */
{ slink *p, * q, * k, * s;
  int j;
  if(L2->next==NULL) return 0;              /* L2 为空链表 */
  if(i<1) return 0;                         /* 参数 i 不合理 */
  p=L1;j=0;
  while(p!=NULL&&j<i-1)
  { p=p->next;j++;}                         /* 查找 L1 的第 i-1 个结点,由 p 指向它 */
  if(p==NULL) return 0;                     /* i 值超过链表长度+1 */
  s=p->next;                                /* s 指向 L1 的第 i 个结点 */
  q=L2->next;
  while(q)                                  /* 复制 L2 到 p 的后面 */
  { k=(slink *)malloc(sizeof(slink));
```

```
    k->data=q->data;
    p->next=k;
    p=p->next;
    q=q->next;
  }
  p->next=s;
}
```

(8) 编写算法,将一个带头结点的单链表中的结点按值由大到小的顺序重新连接成一个单链表。

解答:使用直接插入排序法。首先生成升序排序的链表的头结点,然后依次将给定链表中的结点插入升序排序的链表。

```
slink * Sort(slink * L1)                    /* slink 的定义见例 2.9 */
{ slink * L2, * p, * q, * s, * k;
  L2=(slink *)malloc(sizeof(slink));        /* 生成升序排序的链表的头结点 */
  L2->next=NULL;
  p=L1->next;
  while(p)                                   /* 采用直接插入排序法 */
  { s=L2;q=L2->next;
    while(q&&q->data<p->data)               /* 查找插入位置 */
    { s=q;q=q->next; }
    k=(slink *)malloc(sizeof(slink));       /* 生成新结点 */
    k->data=p->data;                        /* 插入结点 */
    k->next=q;
    s->next=k;
    p=p->next;
  }
  return L2;
}
```

(9) 已知 3 个非递减排列的单链表 A、B 和 C(可能存在两个以上值相同的结点),编写算法,对链表 A 进行如下操作:将这 3 个表中均包含的数据元素结点保留在链表中,并且没有值相同的结点,同时释放其他结点。

解答:先将单链表 A 中重复的结点删除,然后对单链表 A 的每个结点,判断其是否在单链表 B 或 C 中,若不在则删除,否则保留。最后的单链表 A 即为所求。

```
void Public(slink * A,slink * B,slink * C)  /* slink 的定义见例 2.9 */
{ slink * pa, * pb, * pc, * q, * r;
  pa=A->next;
  while(pa->next!=NULL)                      /* 在 A 中删除值相同的结点 */
  { q=pa->next;
    if(pa->data==q->data)
    { pa->next=q->next; free(q); }
    pa=pa->next;
```

```
    }
    pa->next=NULL;
    pa=A->next;
    r=A;r->next=NULL;
    pb=B->next;pc=C->next;
    while(pa!=NULL)              /*对A中的每个结点,分别在B和C中查找与其值相同的结点*/
    { while(pb!=NULL&&pa->data>pb->data)
        pb=pb->next;
      while(pc!=NULL&&pa->data>pc->data)
        pc=pc->next;
      if(pa->data==pb->data&&pa->data==pc->data)   /*若在B和C中同时存在则保留*/
      { r->next=pa; r=pa; pa=pa->next; r->next=NULL; }
      else
      { q=pa; pa=pa->next; free(q); }               /*删除*/
    }
}
```

（10）已知L是一个带头结点的单链表,其结点含有next、prior和data三个域。其中,data为数据域,next为指针域,其值为后继结点的地址,prior也为指针域,值均为空（NULL）。编写算法,将此链表改为双循环链表。

解答：从头向尾遍历链表,用一个指针指向当前结点,用另一个指针指向其前驱结点,依次将当前结点的prior域修改为其前驱结点的指针,最后将尾结点的next域置为头结点的指针,将头结点的prior域置为尾结点的指针。

```
void LinkPrior(dlink * L)                    /*dlink的定义见例2.14*/
{ dlink * p, * pre;
  pre=L;p=L->next;
  while(p!=NULL)   /*从第1个结点开始,用前驱结点指针更新其prior域值*/
  { p->prior=pre;
    pre=p;
    p=p->next;
  }
  pre->next=L;                               /*尾结点的next域指向头结点*/
  L->prior=pre;                              /*头结点的prior域指向尾结点*/
}
```

2.7　自测试题参考答案

1. 单项选择题

（1）A　　（2）D　　（3）D　　（4）C　　（5）D　　（6）C　　（7）A　　（8）B
（9）D　　（10）B

2. 正误判断题

(1) √　(2) √　(3) ×　(4) ×　(5) ×　(6) ×　(7) ×　(8) √

(9) ×　(10) √

3. 填空题

(1) ①q->next=p->next　　②p->next=q

(2) ③n-i+1　　④n-i

(3) ⑤O(1)　　⑥O(n)

(4) ⑦前驱　　⑧后继

(5) ⑨4　　⑩2

(6) ⑪pa&&pb&&pa->data==pb->data

⑫pb=pb->next

⑬pa==NULL&&pb==NULL

(7) ⑭p!=s　　⑮p=p->next　　⑯p->next

(8) ⑰q->next　⑱q->next=p->next　⑲p->next　⑳p=p->next

4. 算法设计题

(1)

```
int Fun(slink * L)                  /* slink 的定义见例 2.9 */
{ slink * pre, * p;                 /* p 是工作指针,pre 指向 p 的前驱 */
  pre=L->next;
  if(pre!=NULL)
    while(pre->next!=NULL)
    { p=pre->next;
      if(p->data>=pre->data) pre=p; /* 当前结点值不小于其前驱结点值,继续比较 */
      else return 0;                /* 当前结点值小于其前驱结点值,退出 */
    }
  return 1;
}
```

(2)

```
void DelSame(slink * la)            /* slink 的定义见例 2.9 */
{ slink * pre, * p, * u;
  pre=la->next;                     /* pre 是 p 所指向的前驱结点的指针 */
  p=pre->next;                      /* p 是工作指针,设链表中至少有一个结点 */
  while(p!=NULL)
  if(p->data==pre->data)            /* 处理相同元素值的结点 */
  { u=p;p=p->next;free(u); }        /* 释放相同元素值的结点 */
  else
  { pre->next=p;pre=p;p=p->next; }  /* 处理前驱,后继元素值不同 */
  pre->next=p;
}
```

（3）

```
slink * Fun(slink * L, int c)              /* slink 的定义见例 2.9 */
{ slink * Lc, * p, * pre;
  pre=L;
  p=L->next;
  Lc=(slink *)malloc(sizeof(slink));       /* 创建值大于 c 的单循环链表的头结点 */
  Lc->next=Lc;
  while(p!=L)
    if(p->data>c)                          /* 值大于 c,插入单循环链表 Lc */
    { pre->next=p->next;
      p->next=Lc->next;
      Lc->next=p;
      p=pre->next;
    }
    else
    { pre=p; p=p->next; }                   /* 值不大于 c,保留在原单循环链表中 */
  return Lc;
}
```

（4）

```
slink * CreSortLink(int n)                  /* slink 的定义见例 2.9 */
{ slink * p, * q, * L, * k;
  int i,x;
  L=p=(slink *)malloc(sizeof(slink));       /* 创建头结点 */
  L->next=NULL;
  for(i=1;i<=n;i++)
  { scanf("%d",&x);
    p=L->next;q=L;
    while(p&&p->data<x){q=p;p=p->next;}     /* 查找 */
    if((p&&p->data>x)||p==NULL)             /* 不存在,插入 */
    { k=(slink *)malloc(sizeof(slink));
      k->data=x;
      k->next=p;
      q->next=k;
    }
  }
  return L;
}
```

（5）

```
void DelNegaive(SeqList * L)                /* SeqList 的定义见例 2.8 */
{ int i,j;
  for(i=j=0;i<L->length;i++)
```

```
    if(L->data[i]>=0)                      /* 非负数 */
    { if(i!=j) L->data[j]=L->data[i];      /* 前移 */
      j++;
    }
  L->length=j;
}
```

2.8　实验题参考答案

（1）

```
void Merge(SeqList * A,SeqList * B,SeqList * C)   /* SeqList 的定义见例 2.8 */
{ int i=0,j=B->length-1,k=0;
  while(i<A->length&&j>=0)
    if(A->data[i]<B->data[j])   /* 将 A->data[i]插入 C 的尾部 */
      C->data[k++]=A->data[i++];
    else                        /* 将 B->data[j]插入 C 的尾部 */
      C->data[k++]=B->data[j--];
  while(i<A->length)            /* B 中的元素已插完,将 A 的剩余部分插入 C 的尾部 */
    C->data[k++]=A->data[i++];
  while(j>=0)                   /* A 中的元素已插完,将 B 的剩余部分插入 C 的尾部 */
    C->data[k++]=B->data[j--];
  C->length=k;
}
```

（2）

```
void Deletex(slink * L,int x)    /* slink 的定义见例 2.9 */
{ slink * p,* q;
  q=L->next;                     /* p 是工作指针,用于遍历单链表 */
  p=L;                           /* q 是工作指针,指向 p 所指向结点的前驱 */
  while(q)
    if(q->data==x)               /* p 指向的结点的值为 x,删除 */
    { p->next=q->next; q=q->next; }
    else                         /* p 指向的结点的值不为 x,指针后移 */
    { p=q; q=q->next; }
}
```

（3）

① 带头结点。

```
slink * Adjust(slink * L)         /* slink 的定义见例 2.9 */
{ slink * B,* l1,* l2,* p;
  B=(slink *)malloc(sizeof(slink));
  l1=L;l2=B;p=L->next;            /* p 是工作指针,用于遍历单链表 */
```

```
    while(p)
    { if(p->data%2==0)                              /* 在 L 中保留值为偶数的结点 */
      { l1->next=p;l1=p; }
      else                                          /* 将值为奇数的结点插入 B */
      { l2->next=p;l2=p; }
      p=p->next;
    }
    l2->next=NULL;                                  /* 将 B 的尾结点的指针域置为空 */
    l1->next=B->next;                               /* 将 B 连接到 L 的后面 */
    return L;
}
```

② 不带头结点。

```
slink * Adjust(slink * L)                           /* slink 的定义见例 2.9 */
{ slink * B, * l1, * l2, * p;
  B=l1=l2=NULL;
  p=L;                                              /* p 是工作指针,用于遍历单链表 */
  while(p)
  { if(p->data%2==0)                                /* 在 L 中保留值为偶数的结点 */
      if(l1==NULL) {l1=p;L=p; }
      else {l1->next=p;l1=p; }
    else                                            /* 将值为奇数的结点插入 B */
      if(l2==NULL) {l2=p;B=p; }
      else {l2->next=p;l2=p; }
    p=p->next;
  }
  l2->next=NULL;                                    /* 将 B 的尾结点的指针域置为空 */
  l1->next=B;                                       /* 将 B 连接到 L 的后面 */
  return L;
}
```

（4）

```
int Judge(dlink * SL)                               /* dlink 的定义见例 2.14 */
{ dlink * p, * q;
  p=SL->next;                                       /* p 是工作指针,初始指向第一个结点 */
  for(q=SL;q->next!=NULL;q=q->next);                /* q 是工作指针,初始指向尾结点 */
  while(p!=q&&q->next!=p)
    if(p->data==q->data)                            /* 对称元素值相等,继续比较 */
    { p=p->next;q=q->prior; }
    else break;                                     /* 对称元素值不等,结束比较 */
  if(p==q||q->next==p) return 1;                    /* p 和 q 相遇,对称 */
  else return 0;                                    /* p 和 q 没有相遇,不对称 */
}
```

（5）

```
void Move(dlink * SL)                      /* dlink 的定义见例 2.14 */
{ ElemType temp; dlink * p, * q;
  p=SL->next;                              /* p 指向第一个结点 */
  for(q=SL;q->next!=NULL;q=q->next);       /* q 指向尾结点 */
  while(p!=q)
  { while(p!=q&&p->data<0) p=p->next;      /* 从头向尾查找非负数 */
    while(p!=q&&q->data>=0) q=q->prior;    /* 从尾向头查找负数 */
    if(p!=q)                               /* 若 p 与 q 未相遇,则交换 */
    { temp=p->data;
      p->data=q->data;
      q->data=temp;
    }
  }
}
```

（6）

```
void Delete(slink * L,int a,int b)    /* slink 的定义见例 2.9 */
{ slink * p, * q, * u;
  q=L->next;                          /* p 为工作指针,用于遍历单循环链表 */
  p=L;                                /* q 为工作指针,指向 p 的前驱 */
  while(q!=L)
  { if(q->data>a&&q->data<b)          /* 结点值在 a 和 b 之间,删除 */
    { p->next=q->next;u=q;q=q->next;free(u);}
    else                             /* 指针后移 */
    { p=q;q=q->next;}
  }
}
```

（7）

```
int Judge(slink * la)                 /* slink 的定义见例 2.9 */
{ int i;
  slink * p, * pre;
  p=la->next->next;                   /* p 是工作指针,初始指向链表的第 2 个结点 */
  pre=la->next;                       /* pre 是 p 所指结点的前驱指针 */
  i=2;                                /* i 是 la 链表中结点的序号,初始值为 2 */
  while(p!=NULL)
    if(p->data==i*i-pre->data){i++;pre=p;p=p->next;}/* 结点值之间的关系符合要求 */
    else  break;                      /* 当前结点的值不等于其序号的平方减去前驱的值 */
  if(p!=NULL) return 0;               /* 未查找到表尾就结束 */
  else  return 1;                     /* 成功返回 */
}
```

（8）

```
void Turn(dlink * h)                    /* dlink 的定义见例 2.14 */
{ dlink * p, * q;
  ElemType t;
  p=h->next;                            /* p 是工作指针,初始指向第 1 个结点 */
  q=h->prior;                           /* q 是工作指针,初始指向尾结点 */
  while(p!=q&&p->prior!=q)
  { t=p->data;p->data=q->data;q->data=t;   /* 交换对称元素值 */
    p=p->next;q=q->prior;               /* p 后移,q 前移 */
  }
}
```

（9）

```
void DelSame(SeqList * L)               /* SeqList 的定义见例 2.8 */
{ int i,j,k;
  k=0;                                  /* k 记录不同元素的个数,初始值为 0 */
  for(i=0;i<L->length;i++)
  { for(j=0;j<k&&L->data[i]!=L->data[j];j++);   /* 在前 k 个元素中查找 */
    if(j==k)                            /* 未找到,保留 */
    { if(k!=i) L->data[k]=L->data[i];
      k++;                              /* 不同元素数增 1 */
    }
  }
  L->length=k;
}
```

（10）

```
void UpData(slink * A,slink * B)
{ slink * p, * q;
  p=A->next;                            /* p 是工作指针,用于遍历链表 A */
  q=B->next;                            /* q 是工作指针,用于遍历链表 B */
  while(p&&q)
  { if(p->id<q->id)
      p=p->next;
    else if(p->id>q->id) q=q->next;
        else                           /* 找到 id 相同的结点 */
        { if(p->data<60)
            if(q->data<60)
              p->data=q->data;         /* 在 A 和 B 中的成绩都小于 60,A 中的成绩用 B 中
                                           的成绩替换 */
            else p->data=60;           /* 在 A 中的成绩小于 60,在 B 中的成绩大于或等于
                                           60,A 中的成绩用 60 替换 */
          p=p->next;
```

```
            q=q->next;
        }
    }
}
```

2.9　思考题参考答案

（1）**答**：①选择链式存储结构，它可动态申请内存空间，不受表长度（表中元素个数）的影响，插入、删除操作的时间复杂度为 O(1)。②选择顺序存储结构。顺序表可以随机存取，时间复杂度为 O(1)。

（2）**答**：链式存储结构通常克服了顺序存储结构的三个弱点。首先，插入、删除操作不需要移动元素，只需要修改指针，时间复杂度为 O(1)；其次，不需要预先分配空间，可根据需要动态申请空间；其三，表容量只受可用内存空间的限制；其缺点是指针域增加了空间开销，当空间不允许时，就无法克服顺序存储的缺点。

（3）**答**：在线性表的链式存储结构中，头指针是指链表的指针，若链表有头结点，则是链表的头结点的指针，头指针具有标识作用，故常用头指针冠以链表的名字。头结点是为了操作的统一、方便而设立的，放在第一个元素结点之前，其数据域一般无意义（有些情况下可存放链表的长度、用作监视哨等）。有了头结点后，在第一个元素结点前插入结点和删除第一个结点的操作与对其他结点的操作就统一了，而且无论链表是否为空，头指针均不为空。首元结点也就是第一个元素结点，它是头结点后边的第一个结点。

（4）**答**：在单链表中不能从当前结点（若当前结点不是第一个结点）出发访问任何一个结点，链表只能从头指针开始访问到链表中的每个结点。在双链表中求前驱和后继都比较容易，从当前结点向前到第一个结点，向后到最后一个结点，可以访问任何一个结点。

（5）**答**：设该链表带头结点，将头结点摘下，并将其指针域置为空。然后从第一个元素结点开始，直到最后一个结点为止，依次插入头结点的后面，就实现了链表的逆置。

第 **3** 章 特殊线性表

3.1 内容概述

本章首先介绍栈的定义、特点、存储结构及其基本操作的实现,然后介绍队列的定义、特点、存储结构及其基本操作的实现,之后介绍串的定义、存储结构及其基本操作的实现,最后介绍两种串模式匹配算法。本章的知识结构如图 3.1 所示。

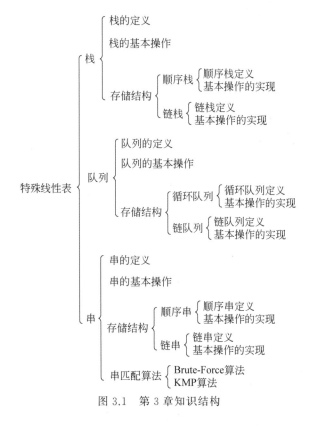

图 3.1 第 3 章知识结构

考核要求:掌握栈的特点及其基本操作的实现;掌握队列的特点及其

基本操作的实现；掌握串的特点及其基本操作的实现；掌握 Brute-Force 和 KMP 两种串模式匹配算法。

重点难点：本章的重点是栈、队列和串的特点，栈、队列和串的存储结构及基本操作的实现，串的两种模式匹配算法。本章的难点是如何使用栈和队列处理实际问题，循环队列中对边界条件的处理以及串的模式匹配算法。

核心考点：栈和队列的特点，栈和队列的存储结构及其基本操作的实现，利用栈和队列设计解决具体问题的算法，串的概念、各种运算及串的模式匹配算法。

3.2　典型题解析

3.2.1　栈的特点及基本操作

栈的特点是后进先出。栈的基本操作主要是进栈和出栈，进栈时要判断栈是否为满，出栈时要判断栈是否为空。

【例 3.1】　一个栈的输入序列为 12345，则下列序列中不可能是栈的输出序列的是（　　）。

A. 23415　　　　　B. 54132　　　　　C. 23145　　　　　D. 15432

解析：输入序列为 12345，输出序列不可能是 54132，理由是输出序列的第一个元素是 5，输出的序列一定是 54321。得到 23415 的过程如下：1、2 入栈，2 出栈，得到部分输出序列 2；3 入栈并出栈，得到部分输出序列 23；4 入栈并出栈，得到部分输出序列 234；1 出栈，得到部分输出序列 2341；5 入栈并出栈，得最终结果为 23415。得到 23145 的过程如下：1、2 入栈，2 出栈，得到部分输出序列 2；3 入栈并出栈，得到部分输出序列 23；1 出栈，得到部分输出序列 231；4 入栈并出栈，得到部分输出序列 2314；5 入栈并出栈，得最终结果为 23415。得到 15432 的过程如下：1 入栈并出栈，得到部分输出序列 1；2、3、4、5 依次入栈，然后出栈，得最终结果为 15432。

答案：B

【例 3.2】　若一个栈的输入序列为 1，2，3，$\cdots$，n，且输出序列的第一个元素是 i，则第 j 个输出元素是（　　）。

A. $i-j+1$　　　　B. $i-j$　　　　C. $j-i+1$　　　　D. 不确定

解析：对输入序列 1，2，3，$\cdots$，n，若第一个输出的元素是 n，即 $i=n$，则第 j 个输出的元素是 $n-j+1$，否则不能确定其他元素的输出顺序。例如：输入序列为 123，若第一个输出元素是 1，则可能的输出序列有 123 和 132。

答案：D

【例 3.3】　若栈采用顺序存储方式存储，现两个栈共享空间 V[0..m−1]，top[i] 代表第 i 个栈（i=1,2）的栈顶指针，栈 1 的底在 v[0]，栈 2 的底在 V[m−1]，则栈满的条件是（　　）。

A. $|top[2]-top[1]|==0$　　　　　　B. $top[1]+1==top[2]$

C. $top[1]+top[2]==m$　　　　　　　D. $top[1]==top[2]$

解析：栈 1 和栈 2 共享内存中的一片连续空间，两个栈顶指针 top[1] 和 top[2] 向共享空间的中心延伸，仅当两个栈顶指针值之差的绝对值等于 1 时为栈满。

答案：B

【例 3.4】　两个不同的合法输入序列能否得到相同的输出元素序列？ 如能得到，请举例说明。

解析：可以得到相同的输出元素序列。例如，输入元素为 A、B、C，则两个输入序列 ABC 和 BAC 均可得到输出元素序列 ABC。对于合法序列 ABC，使用 S×S×S× 操作序列；对于合法序列 BAC，使用 SS××S× 操作序列（其中，S 表示入栈，× 表示出栈）。

【例 3.5】　假设以 I 和 O 分别表示入栈和出栈操作。栈的初态和终态均为空，入栈和出栈的操作序列可表示为仅由 I 和 O 组成的序列，称可以操作的序列为合法序列，否则称为非法序列。

（1）下列所示的序列中合法的有（　　　）。

A. IOIIOIOO　　　B. IOOIOIIO　　　C. IIIOIOIO　　　D. IIIOOIOO

（2）通过对（1）的分析，写出一个算法，判定所给的操作序列是否合法。若合法，则返回 1，否则返回 0（假设被判定的操作序列已存入一维数组中）。

解析：在入栈和出栈序列（即由 'I' 和 'O' 组成的字符串）的任一位置，入栈次数（'I' 的个数）都必须大于或等于出栈次数（即 'O' 的个数），否则视为非法序列。整个序列的入栈次数必须等于出栈次数，否则视为非法序列。

（1）A 和 D 是合法序列，B 和 C 是非法序列。

（2）设被判定的操作序列已存入一维数组 A。

```
int Judge(char A[])
{ int i=0;                        /* i 为数组 A 的下标 */
  int j=0,k=0;                    /* j 和 k 分别为字母 I 和 O 的个数 */
  while(A[i]!='\0')
  { switch(A[i])
    { case 'I': j++; break;       /* 入栈次数增 1 */
      case 'O': k++; if(k>j) return 0;/* 出栈次数大于入栈次数 */
    }
    i++;
  }
  if(j!=k) return 0;             /* 整个入栈次数不等于出栈次数 */
  else return 1;
}
```

【例 3.6】　若借助栈由输入序列 $1, 2, \cdots, n$ 得到输出序列为 $P_1, P_2, \cdots, P_n$（它是输入序列的一个排列），试问是否存在 $i < j < k$，使得 $P_j < P_k < P_i$ 成立。

解析：如果 $i < j$，则对于 $P_i < P_j$ 的情况，说明 P_i 在 P_j 入栈前已先出栈。而对于 $P_i > P_j$ 的情况，则说明要将 P_j 压到 P_i 之上，也就是在 P_j 出栈之后 P_i 才能出栈。这就说明，对于 $i < j < k$，不可能出现 $P_j < P_k < P_i$ 的输出序列。例如，对于输入序列 123，不可能出现输出序列 312。

【例 3.7】 设整数序列 $a_1, a_2, \cdots, a_n$，给出求解最大值的递归程序。

解析：利用递归法求解数组 a 中 n 个元素的最大值的计算公式为

$$\max(a,n) = \begin{cases} a[0] & n=1 \\ a[n-1] > \max(a,n-1)? \ a[n-1]:\max(a,n-1) & n>1 \end{cases}$$

$n=1$ 为递归结束条件。

```c
int MaxValue(int a[],int n)
{ int max;
  if(n==1) max=a[0];
  else if(a[n-1]>MaxValue(a,n-1)) max=a[n-1];
      else max=MaxValue(a,n-1);
  return max;
}
```

3.2.2 队列的特点及基本操作

队列的特点是先进先出，考查方式通常是入队时队头指针的修改以及出队时队尾指针的修改。队列的基本操作主要考查入队和出队，出队时要判断队列是否为空，入队时要判断队列是否已满。另外，考查综合利用栈和队列实现某些具体操作的能力。

【例 3.8】 若用一个大小为 m 的数组实现循环队列，队头指针 front 指向队头元素，队尾指针 rear 指向队尾元素的下一个位置，则当前队列中的元素个数是（   ）。

A．$(\text{rear}-\text{front}+m)\%m$　　　　　B．$\text{rear}-\text{front}+1$

C．$\text{rear}-\text{front}-1$　　　　　　　　D．$\text{rear}-\text{front}$

解析：根据循环队列的特点，有以下几种情况：

$$\text{队列中元素个数} = \begin{cases} 0 & \text{front}=\text{rear} \\ \text{rear}-\text{front} & \text{rear}>\text{front} \\ \text{rear}-\text{front}+m & \text{rear}<\text{front} \end{cases}$$

归纳起来，循环队列中元素个数的计算公式为

$$(\text{rear}-\text{front}+m)\%m$$

答案：A

【例 3.9】 用一个大小为 6 的数组实现循环队列，队头指针 front 指向队头元素，队尾指针 rear 指向队尾元素的下一个位置，当前 rear 和 front 的值分别为 0 和 3。从队列中删除两个元素，再加入两个元素后，rear 和 front 的值分别为（   ）。

A．1 和 5　　　　　B．2 和 5　　　　　C．4 和 2　　　　　D．5 和 1

解析：元素出队时，front 的计算公式为 $\text{front}=(\text{front}+1)\%6$，出队两个元素，front 的值为 5。元素入队时，rear 的计算公式为 $\text{rear}=(\text{rear}+1)\%6$，入队两个元素，rear 的值为 2。

答案：B

【例 3.10】 若用不带头结点的单链表存储队列，其队头指针指向队头结点，其队尾指针指向队尾结点，则在进行删除操作时（   ）。

A. 仅修改队头指针　　　　　　　　B. 仅修改队尾指针

C. 队头、队尾指针都要修改　　　　D. 队头、队尾指针都可能要修改

解析：当队列中有两个或两个以上的结点时,删除操作只修改队头指针;当队列中只有一个结点时,删除操作既要修改队头指针,又要修改队尾指针。

答案：D

【**例 3.11**】　设栈 S 和队列 Q 的初始状态都为空,元素 e1、e2、e3、e4、e5 和 e6 依次通过栈 S,一个元素出栈后即进入队列 Q,若 6 个元素的出队序列是 e2、e4、e3、e6、e5、e1,则栈 S 的容量至少应该是(　　　)。

A. 6　　　　　　　B. 4　　　　　　　C. 3　　　　　　　D. 2

解析：出队序列就是出栈序列,得到出栈序列 e2、e4、e3、e6、e5、e1 的过程是：e1、e2 依次进栈,栈中有 2 个元素,e2 出栈,栈中有 1 个元素;e3、e4 依次进栈,栈中有 3 个元素,e4 出栈,e3 出栈,栈中有 1 个元素;e5、e6 依次进栈,栈中有 3 个元素,e6 出栈,e5 出栈,栈中有 1 个元素;e1 出栈,栈空。由此可知,栈中最多有 3 个元素,所以栈 S 的容量至少应该是 3。

答案：C

【**例 3.12**】　已知栈和队列的基本操作如下。

InitStack(&s)：初始化空栈 s。

Push(&s,x)：元素 x 入 s 栈。

Pop(&s)：s 栈顶元素出栈,并返回栈顶元素。

EmptyStack(&s)：判 s 栈是否为空,空则返回 1,否则返回 0。

EnQueue(q,x)：元素 x 入队列。

OutQueue(q)：队头元素出队列,并返回队头元素。

EmptyQueue(q)：判队列为空。

简述算法 Fun 的功能。

```
void Fun(CirQueue * q)
{ SeqStack s;
  InitStack(&s);
  while(!EmptyQueue(q))
    Push(&s,OutQueue(q));
  while(!EmptyStack(&s))
    EnQueue(q,Pop(&s));
}
```

解析：函数 Fun 中第一个循环完成的功能是将队列中的全部元素出队并入栈,第二个循环完成的功能是将栈中的全部元素出栈并入队列。由于栈的特点是后进先出,因此队列中元素的顺序与原顺序相反。由此可知,函数 Fun 的功能是将队列中的元素逆置存放。

【**例 3.13**】　已知栈和队列的基本操作如下。

InitStack(&s)：初始化空栈 s。

Push(&s,x)：元素 x 入 s 栈。

Pop(&s)：s 栈顶元素出栈,并返回栈顶元素。

EmptyStack(&s)：判 s 栈是否为空,空则返回 1,否则返回 0。

InitQueue(&q)：初始化空队列 q。

EnQueue(q,x)：元素 x 入队列。

OutQueue(q)：队头元素出队列,并返回队头元素。

EmptyQueue(q)：判队列为空。

设栈 s＝(1,2,3,4,5,6,7),其中 7 为栈顶元素,写出调用下列函数 Fun 后的 s。

```
void Fun(SeqStack * s)
{ CirQueue q; SeqStack t; int i=0;
  InitQueue(&q);
  InitStack(&t);
  while(!EmptyStack(s))
    if((i=! i)!=0) Push(&t,Pop(s));
    else EnQueue(&q, Pop(s));
  while(!EmptyStack(&t))
    Push(s,Pop(&t));
  while(!EmptyQueue(&q))
    Push(s,OutQueue(&q));
}
```

解析：函数 Fun 中第一个循环完成的功能是将栈 s 中的 7、5、3、1 出栈后入栈 t,6、4、2 出栈后入队列 q;第二个循环的完成功能是将栈 t 中的 1、3、5、7 出栈后入栈 s;第三个循环的完成功能是将队列 q 中的 6、4、2 出队后入栈 s。由此可知,调用函数 Fun 后 s＝(1,3,5,7,6,4,2)。

【例 3.14】 如果用一维数组 q[0..m−1]表示循环队列,该队列只有一个队列头指针 front(指向队头元素),不设队列尾指针 rear,而是设置计数器 count,用来记录队列中结点的个数。编写实现队列的三个基本运算的算法：判空、入队和出队。

解析：队空时,count 的值为 0。队满时,count 的值为 m。队尾指针为(front＋count)％m。入队时,要判断队列是否为满。出队时,要判断队列是否为空。

```
typedef int ElemType;
typedef struct
{ ElemType q[m];
  int front,count;            /* front 是队头指针,count 是队列中的元素个数 */
}CirQueue;                     /* 循环队列类型 */
```

① 判空。

```
int EmptyQueue(CirQueue * Q)
{ if(Q->count==0) return 1;
  else return 0;
}
```

② 入队。

```
int EnQueue(CirQueue * Q,ElemType x)
{ if(Q->count==m) { printf("队满\n");return 0;}          /*队满*/
  Q->q[(Q->front+Q->count)%m]=x;                         /*入队*/
  Q->count++;                                            /*元素个数加 1*/
  return 1;
}
```

③ 出队。

```
int OutQueue(CirQueue * Q,ElemType * e)
{ if(Q->count==0) {printf("队空\n");return 0;}            /*队空*/
  * e=Q->q[Q->front];                                    /*保存队头元素*/
  Q->front=(Q->front+1)%m;                               /*修改队头指针*/
  Q->count--;                                            /*元素个数加 1*/
  return 1;
}
```

【例 3.15】 试用一个指针 p 和某种链表结构实现一个队列。设结点结构为(data，next)，给出入队 EnQueue 和出队 OutQueue 的过程，要求它们的时间复杂度都是 O(1)。

解析：用只设尾指针的单循环链表实现队列。在出队算法中，首先要判断队列是否为空。另外，出队后要判断是否因出队而成为空队列，否则可能导致因出队将尾指针删除而成为"悬挂变量"。

```
typedef int ElemType;
typedef struct node
{ ElemType data;
  struct node * next;
}slink;
```

① 入队。

```
slink * EnQueue(slink * p,ElemType x)     /*p 指向队尾结点*/
{ slink * s;
  s=(slink *)malloc(sizeof(slink));       /*申请新结点*/
  s->data=x;
  s->next=p->next; p->next=s;             /*将 s 结点入队*/
  p=s;                                    /*指针 p 移至新的队尾*/
  return p;
}
```

② 出队。

```
slink * OutQueue(slink * p, ElemType * e) /* p 指向队尾结点*/
{ slink * s;
  if(p->next==p) return NULL;             /*带头结点的空循环队列*/
```

```
    s=p->next->next;                        /*找到队头元素*/
    p->next->next=s->next;                  /*删除队头元素*/
    *e=s->data;                             /*返回出队元素*/
    if(p==s) p=p->next;                     /*队列中只有一个结点,出队后成为空队列*/
    free(s);
    return p;
}
```

3.2.3 串的有关概念及基本操作

串的特点是数据元素是字符,考查内容主要包括三个方面:一是串的有关概念,如串、子串、空串和空格串等;二是根据要求对字符串进行处理,如调整字符位置,将数字串转换成对应的数值等;三是串的模式匹配算法,如计算串的 next 值和 nextval 值,在串中查找或处理满足给定条件的子串等。

【例 3.16】 下列关于串的叙述中不正确的是( )。

A. 串是字符的有限序列

B. 空串是由空格构成的串

C. 模式匹配是串的一种重要运算

D. 串既可以采用顺序存储,也可以采用链式存储

解析:串又称字符串,是由零个或多个字符组成的有限序列。串中的字符个数称为串长,含有 0 个字符的串称为空串。由空格构成的串是空格串,其长度为空格的个数。串有顺序存储和链式存储两种存储结构,分别称为顺序串和链串。模式匹配是串的一种重要运算。

答案:B

【例 3.17】 若串 S="structure",则其子串的数目是( )。

A. 9   B. 46   C. 45   D. 10

解析:子串是由串中任意个连续的字符组成的子序列,并规定空串是任意串的子串,任意串是其自身的子串。若字符串长度为 n(n>0),则长度为 n 的子串有 1 个,长度为 n−1 的子串有 2 个,长度为 n−2 的子串有 3 个,……,长度为 1 的子串有 n 个。由此可知,长度为 n 的字符串的子串数为 n(n+1)/2+1。

答案:B

【例 3.18】 设字符串 S="aabaabaabaac",P="aabaac"。

(1) 给出 S 和 P 的 next 值和 nextval 值。

(2) 若 S 作为主串,P 作为模式串,试给出利用 Brute-Force 算法和 KMP 算法的匹配过程。

解析:next 的计算方法如下。

```
#define INITSIZE 100                  /*为串分配的存储空间的初始量*/
typedef struct
{ char *ch;                           /*串存放的起始地址*/
    int length;                       /*串长*/
    int strsize;                      /*当前为串分配的存储空间*/
```

```
}SeqStr;
void GetNext(SeqStr * t,int next[])    /*由模式串 t 求出 next 值*/
{ int j,k;
  j=0;k=-1;next[0]=-1;
  while(j<t->length)
    if(k==-1||t->ch[j]==t->ch[k])
    { j++;k++;next[j]=k; }
    else k=next[k];
}
```

由 next 计算 nextval 的方法如下。

如果 $t->ch[j]==t->ch[k]$，则 nextval[j]=nextval[k]，否则 nextval[j]=k。

S 的 next 和 nextval 值如下。

j	0	1	2	3	4	5	6	7	8	9	10	11
S 串	a	a	b	a	a	b	a	a	b	a	a	c
next[j]	−1	0	1	0	1	2	3	4	5	6	7	8
nextval[j]	−1	−1	1	−1	−1	1	−1	−1	1	−1	−1	8

P 的 next 和 nextval 值如下。

j	0	1	2	3	4	5
P 串	a	a	b	a	a	c
next[j]	−1	0	1	0	1	2
nextval[j]	−1	−1	1	−1	−1	2

利用 Brute-Force 算法的匹配过程如下。

第一趟匹配：aabaabaabaac
　　　　　　aabaac(i=6,j=6)

第二趟匹配：aabaabaabaac
　　　　　　aa(i=3,j=2)

第三趟匹配：aabaabaabaac
　　　　　　a(i=3,j=1)

第四趟匹配：aabaabaabaac
　　　　　　aabaac(i=9,j=6)

第五趟匹配：aabaabaabaac
　　　　　　aa(i=6,j=2)

第六趟匹配：aabaabaabaac
　　　　　　a(i=6,j=1)

第七趟匹配：aabaabaabaac
（成功）　　　aabaac(i=13,j=7)

利用 KMP 算法的匹配过程如下。

第一趟匹配：aabaabaabaac
　　　　　　aabaac(i=6,j=6)

第二趟匹配：aabaabaabaac
　　　　　　(aa)baac

第三趟匹配：aabaabaabaac
（成功）　　　(aa)baac

【**例 3.19**】 已知串处理函数如下。

StrLen(char * s)：返回串 s 的长度。

Index(char * st,char * t)：返回串 t 在串 st 中首次出现的下标值,若不存在,则返回-1。

简述下列函数 Fun 的功能。

```
int Fun(char * s,char * t,int pos[])
{ int i,j,k,ls,lt;
  ls=StrLen(s);
  lt=StrLen(t);
  if(ls==0||lt==0) return -1;
  k=0; i=0;
  do
  { j=Index(s+i,t);
    if(j>=0)
    { pos[k++]=i+j;
      i+=j+lt;
    }
  }while(i+lt<=ls&&j>=0);
  return  k;
}
```

解析：函数 Index(s+i,t)的功能是返回串 t 在串 s+i 中首次出现的下标值,函数 Fun 中循环语句的功能是查找串 t 在串 s 中每次出现的下标值,并按递增顺序存放到数组 pos 中,用 k 记录串 t 在串 s 中出现的次数。所以函数 Fun 的功能是统计串 t 在串 s 中出现的次数,并将每次在 s 中出现的下标值按增序存放到数组 pos 中。

【**例 3.20**】 输入一个字符串,其中有数字和非数字字符。编写算法,将其中的所有数字子串转换为其对应的数值并依次存放到一维数组 a 中,同时统计数字子串的个数并输出这些数。例如,对于字符串"ak123x456&179?302gef4563",将 123 放入 a[0],456 放入 a[1],179 放入 a[2],302 放入 a[3],4563 放入 a[4],数字子串的个数为 5。

解析：从左到右扫描字符串,初次遇到数字字符时作为一个整数的开始,然后进行转换,即将连续出现的数字字符转换为一个整数,直到非数字字符为止。一个整数转换完成后存入数组,再准备下一个整数,如此下去,直至整个字符串扫描结束。

```
int Count(char s[],int a[])
{ int i=0,num,k=0;                    /* num 暂存转换结果,k 存放数字子串的个数 */
  while(s[i]!='\0')
  { if(s[i]>='0'&&s[i]<='9')
    { num=0;                          /* 初始化 */
      while(s[i]>='0'&&s[i]<='9')     /* 转换 */
      { num=num * 10+s[i]-'0';
        i++;
      }
```

```
        a[k++]=num;                  /*转换结果存入数组*/
      }
    else i++;
  }
  return k;
}
```

【例 3.21】 以顺序存储结构表示串,设计算法,求串 S 中出现的第一个最长重复子串及其位置,并分析算法的时间复杂度。

解析:设以字符数组 s 表示串,重复子串的含义是由一个或多个连续相同的字符组成的子串,其长度用 max 表示,初始长度为 0,将每个局部重复子串的长度与 max 相比,若比 max 大,则更新 max,并用 index 记住其开始位置。

```
int LongStr(char s[],int * index)    /*通过形参带回最长重复子串的开始位置*/
{ int max=0,n;
  int length=1,i=0,start=0;
  * index=0;
  n=strlen(s);
  while(i<n-1)
    if(s[i]==s[i+1]) {i++;length++;}
    else
    { if(max<length) { max=length; * index=start;}
      i++;start=i;length=1;
    }
  return max;                        /*返回最长重复子串的长度*/
}
```

每个字符与其后继比较一次,算法的时间复杂度为 O(n)。

【例 3.22】 S＝"$S_1S_2 \cdots S_n$"是一个长为 n 的字符串,存放在一维数组中。编写算法,将 S 中所有下标为偶数的字符按其原来下标从大到小的顺序放在 S 的后半部分,所有下标为奇数的字符按其原来下标从小到大的顺序放在 S 的前半部分。

例如:若 S＝"ABCDEFGHIJKL",则改造后的 S 为"ACEGIKLJHFDB"。

解析:从头向尾扫描字符串,下标为奇数的字符直接放在数组前面,下标为偶数的字符入栈,扫描结束后,再将栈中的字符出栈并送入数组。

```
void MovStr(char * s)
{ char stk[81];                     /*stk 是字符栈*/
  int i=0,j=0,k=0;                  /*i 是遍历字符串的下标变量,k 是字符栈指针*/
  while(s[i])                       /*改造字符串*/
  { if((i+1)%2==1) s[j++]=s[i];
    else stk[k++]=s[i];
    i++;
  }
  k--;
```

```
    while(k>=0) s[j++]=stk[k--];        /*将下标为偶数的字符逆序填入原字符数组*/
}
```

3.3 自测试题

1. 单项选择题

(1) 栈和队列的共同点是（　　）。

  A. 都是先进先出   B. 都是先进后出

  C. 只允许在端点处插入和删除元素 D. 没有共同点

(2) 一个栈的输入序列为 1,2,3,…,n,若输出序列的第一个元素是 n,则输出的第 i (1≤i≤n)个元素是（　　）。

  A. 不确定   B. n−i+1   C. i   D. n−i

(3) 若 6 个元素 6、5、4、3、2、1 顺序进栈,则（　　）不是合法的出栈序列。

  A. 543612   B. 453126   C. 346521   D. 234156

(4) 若一个栈以向量 V[1..n]存储,初始栈顶指针 top 为 n+1,则 x 进栈的正确操作是（　　）。

  A. top=top+1;V[top]=x   B. V[top]=x;top=top+1

  C. top=top−1;V[top]=x   D. V[top]=x;top=top−1

(5) 假设以数组 A[m]存放循环队列的元素,其头尾指针分别为 front 和 rear,则当前队列中的元素个数为（　　）。

  A.（rear−front+m）%m   B. rear−front+1

  C.（front−rear+m）%m   D.（rear−front）%m

(6) 设计一个判别表达式中左右括号是否配对出现的算法时,采用（　　）数据结构最佳。

  A. 线性表的顺序存储结构   B. 队列

  C. 线性表的链式存储结构   D. 栈

(7) 串的长度是指（　　）。

  A. 串中所含不同字母的个数   B. 串中所含字符的个数

  C. 串中所含不同字符的个数   D. 串中所含非空格字符的个数

(8) 串"ababaaababaa"的 next 数组值为（　　）。

  A. −101234567888   B. −101010000101

  C. −100123112345   D. −101201211234

(9) 字符串"ababaabab"的 nextval 数组值为（　　）。

  A. −1,0,−1,0,−1,4,0,−1,0   B. −1,0,−1,0,−1,1,0,−1,0

  C. −1,0,−1,0,−1,−1,−1,0,0   D. −1,0,−1,0,−1,0,−1,0,0

(10) 设 S 为一个长度为 n 的字符串,其中的字符各不相同,则 S 中互异的非平凡子串(非空且不同于 S 本身)的个数为（　　）。

  A. 2n−1   B. n^2 C. n(n+1)/2   D. n(n+1)/2−1

2. 正误判断题

（1）栈是限定仅在表尾进行插入和删除操作的线性表。　　　　　（　　）

（2）引入循环队列的目的是避免假溢出时大量移动数据元素。　　（　　）

（3）区分循环队列的满与空,有牺牲一个存储单元和设标记两种方法。（　　）

（4）若一个栈的输入序列为 1、2、3,则 312 是不可能的栈输出序列。（　　）

（5）表达式求值是队列应用的一个典型例子。　　　　　　　　　（　　）

（6）任何一个递归过程都可以转换成非递归过程。　　　　　　　（　　）

（7）循环队列也存在空间溢出问题。　　　　　　　　　　　　　（　　）

（8）栈和队列都是线性表,只是在插入和删除时受到了一些限制。（　　）

（9）KMP 算法的特点是在模式匹配时指示主串的指针不会变小。（　　）

（10）串是一种数据对象和操作都特殊的线性表。　　　　　　　（　　）

3. 填空题

（1）用 S 表示入栈操作,X 表示出栈操作。若元素入栈的顺序为 1234,为了得到 1342 的出栈顺序,则相应的 S 和 X 的操作串为　①　。

（2）用 data[0..n−1]表示一个顺序栈,栈顶指针是 top,则将值为 x 的元素入栈的操作是　②　。

（3）用下标从 0 开始的 N 元数组实现循环队列时,为实现下标变量 M 加 1 后在数组有效下标范围内循环,可采用的表达式是 M=　③　。

（4）设循环队列存放在向量 sq.data[0..M]中,若用牺牲一个单元的办法区分队满和队空(设队首指针为 sq.front,队尾指针为 sq.rear),则队满的条件为　④　。

（5）设目标串长度为 n,模式串长度为 m,则串匹配的 KMP 算法的时间复杂度为　⑤　。

（6）模式串 P="abaabcac"的 next 数组值为　⑥　。

（7）字符串"ababaaab"的 nextval 数组值为　⑦　。

（8）设 T 和 P 是两个给定的串,在 T 中寻找等于 P 的子串的过程称为　⑧　。

（9）如果希望循环队列中的向量单元都能得到利用,则可设置一个标志 tag,每当尾指针和头指针的值相同时,以 tag 的值为 0 或 1 区分队列的状态是"空"还是"满"。请为下列函数填空,使其分别实现与此结构相对应的入队列和出队列的算法。

```
#define MAXSIZE 100   /*队列空间的初始分配量*/
typedef int ElemType;/*数据元素类型*/
typedef struct
{ ElemType *data;     /*基地址*/
  int front;          /*队头指针*/
  int rear;           /*队尾指针*/
}CirQueue;
int tag;              /*当尾指针和头指针值相同时,若 tag=1 则队满;若 tag=0 则队空*/
int EnQueue(CirQueue *q,ElemType x)
{ if(  ⑨  ) return 0;
```

```
    q->data[q->rear]=x;
    q->rear=(q->rear+1)%MAXSIZE;
        ⑩     ;
    return 1;
}
int OutQueue(CirQueue * q, ElemType * x)
{ if(   ⑪   ) return 0;
  * x=q->data[q->front];
    q->front=    ⑫    ;
        ⑬     ;
    return 1;
}
```

（10）下列函数的功能是判断字符串 s 是否对称，若对称则返回 1，否则返回 0。例如，Judge("abba")返回 1，Judge("abab")返回 0。

```
int Judge(    ⑭    )
{ int i=0,j=0;
  while(s[j])   ⑮   ;
  for(j--;i<j&&s[i]==s[j];i++,j--);
  return(   ⑯   );
}
```

4. 算法设计题

（1）设表达式以字符形式已存入数组 E，'♯' 为表达式的结束符，试写出判断表达式中括号 '(' 和 ')' 是否配对的算法（算法中可调用栈操作的基本算法）。

（2）如果允许在循环队列的两端都可以进行插入和删除操作，请写出循环队列的类型定义，并写出从队尾删除和从队头插入的算法。

（3）设计一个算法，将一个整型数字串转换为其对应的数值。

3.4 实验题

（1）编写算法，利用栈将一维整型数组 a 中大于 0 的元素存放在数组的前面，小于或等于 0 的元素存放在数组的后面。

（2）编写算法，利用栈计算算术表达式 4+2×3−9/5 的值。

（3）已知 q 是一个非空队列，s 是一个空栈，编写算法，将队列 q 的内容逆置。该队列存储在一个一维数组中。

（4）编写算法，将一个链队列拆分成两个链队列，其中一个链队列的值都为偶数，另一个链队列的值都为奇数。假设链队列中数据域的值为整型数。

（5）编写算法，查找顺序串 t 在顺序串 s 中出现的次数。

（6）编写算法，删除链串 s 中的所有子串 t。

（7）线性表中的元素存放在数组 A[0..n−1]中，元素是整型数。试写出求 A 中最大元素和最小元素的递归算法。

（8）请利用两个栈 S1 和 S2 模拟一个队列，已知栈的三个运算定义如下。

Push(S,x)：元素 x 入 S 栈。

Pop(S,x)：S 栈顶元素出栈，赋给变量 x。

EmptyStack(S)：判 S 栈是否为空。

编写利用栈的运算实现队列的入队、出队和判队空三个运算。

（9）设 s、t 为两个字符串，分别放在两个一维数组中，其长度分别为 m 和 n。编写算法，判断 t 是否为 s 的子串。如果是，则输出子串所在的位置（第一个字符在 s 中的位序），否则输出 0。

（10）两个整数序列 A＝$(a_1,a_2,a_3,\cdots,a_m)$ 和 B＝$(b_1,b_2,b_3,\cdots,b_n)$ 已经存入两个单链表中，设计一个算法，判断序列 B 是否是序列 A 的子序列。

3.5 思考题

（1）链栈中是否可以不设头结点？

（2）何谓队列的假溢出现象？解决的方法有哪些？

（3）简述串属于线性表的理由。

（4）两个字符串 S1 和 S2 的长度分别为 m 和 n，求这两个字符串最大共同子串的算法的时间复杂度为 T(m,n)。请估算最优的 T(m,n)，并简要说明理由。

（5）设主串 S＝"xxyxxyxxxyxyx"，模式串 T＝"xxyxy"。请问：如何用最少的比较次数找到 T 在 S 中出现的位置？相应的比较次数是多少？

3.6 主教材习题解答

1. 单项选择题

（1）在一个链队列中，假设 front 和 rear 分别为队头指针和队尾指针，则 s 结点入队列的操作是（　　　）。

　　　　① front－>next=s;front=s;　　　　② rear－>next=s;rear=s;

　　　　③ front=front－>next;　　　　　　④ front=rear－>next;

解答：队列是一种特殊的线性表，它只允许在一端进行插入操作，在另一端进行删除操作。允许插入的一端称为队尾，允许删除的一端称为队头，新插入的结点只能添加到队尾，要删除的结点只能是排在队头的结点。在队尾指针为 rear 的链队列中插入 s 所指向结点的操作是

```
rear->next=s;rear=s;
```

答案：②

（2）在具有 n 个单元的顺序存储的循环队列中，假设 front 和 rear 分别为队头指针（下标）和队尾指针（下标），则判断队列为空的条件是（　　　）。

① front＝＝rear＋1　　　　　　② front＋1＝＝rear

③ front＝＝rear　　　　　　　④ front＝＝0&&rear＝＝0

解答：当循环队列呈空状态时,有 front＝＝rear。为了区分循环队列的空满状态,解决的方法之一是少用一个元素空间,规定当(rear＋1)％n＝＝front 时为循环队列满,即当队尾指针指向队头元素的上一个位置时就认为队列已满。

答案：③

（3）串是由（　　　）。

① 一些符号构成的序列　　　　② 一些字母构成的序列

③ 一个以上的字符构成的序列　　④ 任意有限个字符构成的序列

解答：串又称字符串,是一种特殊的线性表,其特殊性体现在表中的每个数据元素都是一个字符,即串是由 0 个或多个字符组成的有限序列。

答案：④

（4）设输入序列为1234,借助一个栈可以得到的输出序列是（　　　）。

① 1342　　　　② 3142　　　　③ 4312　　　　④ 4123

解答：输入序列为1234,输出序列不能是3142,理由是输出序列的第一个元素是 3,一定是 1、2、3 依次入栈后 3 出栈,输出的第二个元素一定不是 1。输出序列不可能是4312,也不可能是4123,理由是输出序列的第一个元素是 4,输出的序列一定是 4321。得到 1342 的过程如下：1 入栈并出栈,得到部分输出序列 1;2、3 入栈,3 出栈,得到部分输出序列 13;4 入栈并出栈,得到部分输出序列 134;2 出栈,得到最终结果 1342。

答案：①

（5）设输入序列为BASURN,则借助一个栈得不到的输出序列是（　　　）。

① BUSANR　　② RNSABU　　③ URSANB　　④ ARUNSB

解答：输入序列为BASURN,输出序列不可能是 RNSABU,理由是输出序列的第一个元素是 R,一定是 BASUR 依次入栈,在输出序列中,U 一定在 S 的前面。得到 BUSANR 的过程如下：B 入栈,B 出栈,得到部分输出序列 B;A、S、U 入栈并出栈,得到部分输出序列 BUSA;R、N 入栈并出栈,得到最终结果 BUSANR。得到 URSANB 的过程如下：B、A、S、U 入栈,U 出栈,得到部分输出序列 U;R 入栈并出栈,得到部分输出序列 UR;S、A 出栈,得到部分输出序列 URSA;N 入栈并出栈,得到部分输出序列 URSAN;B 出栈,得到最终结果 URSANB。得到 ARUNSB 的过程如下：B、A 入栈,A 出栈,得到部分输出序列 A;S、U、R 入栈,R、U 出栈,得到部分输出序列 ARU;N 入栈并出栈,得到部分输出序列 ARUN;S、B 出栈,得到最终结果 ARUNSB。

答案：②

（6）在一个具有 n 个单元的顺序栈中,假设以地址低端作为栈底,以 top 作为栈顶指针,则当做退栈处理时,top 变化为（　　　）。

① top 不变　　② top＋＝n　　③ top－－　　④ top＋＋

解答：由于是顺序栈,且以地址低端作为栈底,因此当做退栈处理时,top 应指向当前栈顶元素的前一个元素,即 top－－。

答案：③

(7) 若循环队列的队头指针为 front,队尾指针为 rear,则队长的计算公式为(　　)。

　　① rear－front　　　② front－rear　　　③ rear－front＋1　　　④ 以上都不正确

解答:在具有 n 个单元的顺序存储的循环队列中,假设 front 和 rear 分别为队首指针和队尾指针,则循环队列长度的计算公式为(rear＋n－front)％n。

答案:④

(8) 栈和队列都是(　　)。

　　① 顺序存储的线性表

　　② 链式存储的线性表

　　③ 限制插入、删除位置的线性表

　　④ 限制插入、删除位置的非线性表

解答:栈是一种特殊的线性表,它只允许在一端进行插入和删除操作。允许插入和删除的一端称为栈顶,另一端称为栈底。队列也是一种特殊的线性表,它只允许在一端进行插入操作,在另一端进行删除操作。允许插入的一端称为队尾,允许删除的一端称为队头,新插入的结点只能添加到队尾,要删除的结点只能是排在队头的结点。

答案:③

(9) 某线性表中最常用的操作是在最后一个元素之后插入一个元素及删除第一个元素,采用(　　)存储方式最节省操作时间。

　　① 单链表　　　　　② 队列　　　　　③ 双链表　　　　　④ 栈

解答:由题意可知,该线性表的插入操作在尾部,删除操作在头部,即先进先出,这正是队列的特点,所以采用队列存储方式最节省操作时间。

答案:②

(10) Equal("aaab","aaabc")的结果为(　　)。

　　① 1　　　　　　　② 0　　　　　　　③ －1　　　　　　　④ 错误

解答:Equal()的功能是判断两个字符串是否相等,若相等则返回1,否则返回0。两个字符串相等的充要条件是两个字符串的长度相等,且各个对应位置上的字符都相同。"aaab" 和"aaabc"的长度不相等,返回值为 0。

答案:②

2. 正误判断题

(1) 因为栈是一种线性表,所以线性表的所有操作都适用于栈。　　　　　　(　　)

解答:栈是一种特殊的线性表,它只允许在同一端进行插入和删除操作。

答案:×

(2) 队列是特殊的线性表,在队列的两端可以进行同样的操作。　　　　　　(　　)

解答:队列是一种特殊的线性表,它只允许在一端进行插入操作,在另一端进行删除操作。允许插入的一端称为队尾,允许删除的一端称为队头,新插入的结点只能添加到队尾,要删除的结点只能是排在队头的结点。

答案:×

(3) 如果两个串中含有相同的字符,则这两个串相等。　　　　　　　　　　(　　)

解答:若两个串的长度相等,并且各个对应位置上的字符都相同,则称这两个串相等。若两个串中仅含有相同的字符,则这两个串不一定相等。例如:"ab"和"ba"含有相同的字符,但这两个串不相等。

答案: ×

(4) 栈是一种结构,既可以用顺序表表示,又可以用链表表示。 （ ）

解答: 栈是一种特殊的线性表,它也有线性表的顺序存储和链式存储两种存储结构,分别称为顺序栈和链栈。

答案: √

(5) 队列这种结构是不允许在中间插入和删除数据的。 （ ）

解答: 队列是一种特殊的线性表,它只允许在一端进行插入操作,在另一端进行删除操作,不允许在中间插入和删除数据。

答案: √

(6) 循环队列只能用顺序表实现。 （ ）

解答: 使用循环队列的目的是避免顺序队列的假溢出现象,所以循环队列只能用顺序表实现。

答案: √

(7) 顺序栈的"栈满"与"上溢"是没有区别的,"栈空"与"下溢"是有区别的。 （ ）

解答: 栈满时,若有元素入栈,则将产生上溢。栈空时,若进行出栈操作,则将产生下溢。由此可知,"栈满"与"上溢"有区别,"栈空"与"下溢"也有区别。

答案: ×

(8) 顺序队列的"假溢出"现象是可以解决的。 （ ）

解答: 顺序队列的"假溢出"现象可以利用循环队列或移动元素的方式解决。

答案: √

(9) 空串与空格串是一样的。 （ ）

解答: 空串中没有字符,其长度为 0;空格串中含有空格字符,其长度为空格的个数。

答案: ×

(10) 链串的存储密度会影响串的操作实现。 （ ）

解答: 链串的结点越大,存储密度就越大,但这会给一些操作(如插入、删除、替换等)带来不便,可能会引起大量的字符移动。链串的结点越小(结点大小为 1 时),操作处理越方便,但存储密度会下降。

答案: √

3. 计算操作题

(1) 有一个字符串序列为 3＊y－a/y,写出利用栈把原序列改为字符串序列 3y－＊ay/ 的操作步骤。可用 p 代表扫描该字符串过程中顺序存取一个字符进栈的操作,用 s 代表从栈中取出一个字符加入新字符串尾的出栈操作。例如:将 abc 改为 bca 的操作步骤为 ppspss。

解答: 利用栈把字符串序列 3＊y－a/y 改为字符串序列 3y－＊ay/的操作步骤为 pspppspsspsppss。

(2) 设有编号为 1、2、3、4、5 的五辆列车顺序进入一个栈式结构的站台,已知最先开出车站的前两辆车的编号依次为 3 和 4,请写出这五辆列车开出车站的所有可能的顺序。

解答:这五辆列车开出车站的顺序有 3 种:34521,34251,34215。

(3) 设 A 是一个栈,栈中的 n 个元素依次为 $A_1,A_2,\cdots,A_n$,栈顶元素为 A_n。B 是一个循环队列,队列中的 n 个元素依次为 $B_1,B_2,\cdots,B_n$,队头元素为 B_1。A 和 B 均采用顺序存储结构存储且存储空间足够大,现要将栈中的全部元素移到队列中,使得队列中的元素与栈中的元素交替排列,即 B 中的元素为 $B_1,A_1,B_2,A_2,\cdots,B_n,A_n$。请写出具体的操作步骤,要求只允许使用一个辅助存储空间。

解答:具体操作步骤如下。

① 先将栈中的所有元素依次入队,此时栈空,队列为 $B_1,B_2,\cdots,B_n,A_n,A_{n-1},\cdots,A_1$。

② 将 $B_1,B_2,\cdots,B_n$ 依次出队、入队,此时队列为 $A_n,A_{n-1},\cdots,A_1$,$B_1,B_2,\cdots,B_n$。

③ 将 $A_n,A_{n-1},\cdots,A_1$ 依次出队、入栈,此时栈为 $A_1,A_2,\cdots,A_n$(A_1 为栈顶),队列为 $B_1,B_2,\cdots,B_n$。

④ 依次使 B_i 出队、入队,A_i 出栈、入队,此时队列为 $B_1,A_1,B_2,A_2,\cdots,B_n,A_n$。

(4) 已知一个模式串为"abcaabca",按照 KMP 算法求其 next[j]值。

解答:串"abcaabca"的 next[j]值为

j	0	1	2	3	4	5	6	7
模式	a	b	c	a	a	b	c	a
next[j]	−1	0	0	0	1	1	2	3

4. 算法设计题

(1) 写出 Ackermann 函数的递归算法。Ackermann 函数的定义如下:

$$Ack(m,n)=\begin{cases} n+1 & m=0 \\ Ack(m-1,1) & m\neq 0,n=0 \\ Ack(m-1,Ack(m,n-1)) & m\neq 0,n\neq 0 \end{cases}$$

解答:

```
int Ack(int m,int n)
{ if(m==0) return (n+1);
  else if(n==0) return(Ack(m-1,1));
      else return(Ack(m-1,Ack(m,n-1)));
}
```

(2) 已知压栈函数 push(s,x),弹栈函数 pop(s,e),初始化栈函数 initstack(s),判栈空函数 empty(s)。编写算法,将任意一个十进制整数转换为任意(二至九)进制数并输出。

解答:利用辗转相除法将余数依次入栈,再依次出栈并输出。

```
void Conversion(int m, int n)
{ int e;sqstack S;
```

```
initstack(&S);                          /*初始化空栈*/
while(m!=0)
{ push(&S,m%n); m=m/n; }                /*余数进栈,更新被除数*/
  while(!empty(&S))
  { pop(&S,&e); printf("%d",e);         /*依次出栈并输出*/
  }
}
```

（3）已知顺序栈的类型定义为

```
#define MAXSIZE 100                     /*栈初始空间大小*/
typedef int ElemType;
typedef struct
{ ElemType *base;                       /*栈底指针*/
  ElemType *top;                        /*栈顶指针*/
}qstack;                                /*栈的类型*/
```

请设计栈空和栈满的条件,并依此分别编写压栈和弹栈的算法。

解答：栈空的条件为 $S->top==S->base$；栈满的条件为 $S->top==S->base+MAXSIZE$。

① 压栈算法。

```
int Push(qstack *S, ElemType x)
{ if(S->top==S->base+MAXSIZE)  return 0;   /*栈满*/
  *(S->top)=x;                          /*x存入栈顶位置*/
  S->top++;                             /*修改栈顶指针*/
  return 1;
}
```

② 弹栈算法。

```
int Pop(qstack *S, ElemType *e)
{ if(S->top==S->base) return 0;        /*栈空*/
  S->top--;                            /*修改栈顶指针*/
  *e=*(S->top);                        /*保存栈顶元素值*/
  return 1;
}
```

（4）编写算法,用链栈实现带头结点的单链表的逆置操作。

解答：先初始化一个空的链栈,然后将单链表的结点依次入栈,最终的链栈就是单链表的逆置。

```
typedef int ElemType;
typedef struct node
{ ElemType data;                        /*数据域*/
  struct node *next;                    /*指针域*/
}LinkStack,slink;                       /*链栈的结点类型与单链表的结点类型相同*/
```

```
void Turn(slink * head)
{ LinkStack * S;
  slink * p;
  S=InitStack();                    /*初始化空栈*/
  p=head->next;
  while(p!=NULL)                     /*链表中的元素依次进栈*/
  { Push(S,p->data); p=p->next;}
  head->next=S->next;               /*链表的头结点指针域指向栈顶结点*/
  free(S);                          /*释放链栈的头结点*/
}
```

（5）已知一个整数队列，编写算法，将所有值为 x 的整数出队列，其他数据保持原来的先后顺序关系。

解答：先初始化一个新的空队列，然后将原队列中的元素依次出队，若出队的元素值不为 x，则入新队列。

```
typedef int ElemType;             /*数据元素类型*/
typedef struct node
{ ElemType data;                  /*数据域*/
  struct node * next;             /*指针域*/
}qlink;                           /*结点类型定义*/
typedef struct
{ qlink * front;                  /*队头指针*/
  qlink * rear;                   /*队尾指针*/
}LinkQueue;                       /*链队列类型*/
LinkQueue Delete(LinkQueue * Q,int x)
{ LinkQueue Q1;
  int e;
  InitQueue(&Q1);                 /*初始化一个空队列*/
  while(!EmptyQueue(Q))
  { OutQueue(Q,&e);               /*原队列元素出队*/
    if(e!=x) EnQueue(&Q1,e);      /*值不为 x 的元素入新队列*/
  }
  return Q1;
}
```

（6）有一个按整数值升序排列的有序链队列，编写算法，将一个整数 x 进行入队列操作，使操作后的队列仍然保持原来的有序属性。

解答：先初始化一个新的空队列，然后将原队列中的元素依次出队，若出队元素不是第一个大于或等于 x 的元素，则入新队列，否则 x 先入新队列，出队元素再入新队列。

```
typedef int ElemType;             /*数据元素类型*/
typedef struct node
{ ElemType data;                  /*数据域*/
  struct node * next;             /*指针域*/
```

```
}qlink;                              /* 结点类型定义 */
typedef struct
{ qlink * front;                     /* 队头指针 */
  qlink * rear;                      /* 队尾指针 */
}LinkQueue;                          /* 链队列类型 */
LinkQueue Insert(LinkQueue * Q,int x)
{ LinkQueue Q1;
  int e,flag=0;                      /* flag 用于标识 x 是否入队列 */
  InitQueue(&Q1);                    /* 初始化一个空队列 */
  while(!EmptyQueue(Q))
  { OutQueue(Q, &e);                 /* 原队列元素出队 */
    if(x>e) EnQueue(&Q1,e);          /* 值小于 x 的元素入新队列 */
    else if(flag==0)                 /* x 还没有入队列 */
        { EnQueue(&Q1,x); EnQueue(&Q1,e);flag=1; }
                                     /* x 先入新队列,出队元素再入新队列 */
        else EnQueue(&Q1,e);         /* 值不小于 x 的元素入新队列 */
  }
  return Q1;
}
```

（7）编写算法，统计字符串 s 中含有子串 t 的个数。要求：分别用顺序串和链串
实现。

解答：从 s 的第一个字符开始查找，可使用 Brute-Force 算法，也可使用 KMP 算法。
找到后计数器加1，再从子串后的第一个字符开始继续查找 t，如此重复，直到查找失败。

① 用顺序串实现。

```
typedef struct
{ char * ch;                         /* 串存放的起始地址 */
  int length;                        /* 串长 */
  int strsize;                       /* 当前为串分配的存储空间大小 */
}SeqStr;
int Seek(SeqStr * s,SeqStr * t,int pos)     /* Brute-Force算法 */
{ int i,j;
  if(pos<1||pos>s->length||pos>s->length-t->length+1) return 0;
  i=pos-1; j=0;
  while(i<s->length&&j<t->length)
    if(s->ch[i]==t->ch[j])
    { i++;j++;}                      /* 继续匹配下一个字符 */
    else
    { i=i-j+1;j=0;}                  /* 主串、子串指针回溯,重新开始下一次匹配 */
  if(j>=t->length)
    return i-t->length+1;            /* 返回主串中已匹配子串的第一个字符的位序 */
  else
    return 0;                        /* 匹配不成功 */
```

```
}
int Count(SeqStr * s,SeqStr * t)
{ int i,n=0,k;
  for(i=1;i<=s->length;i++)
  { k=Seek(s,t,i);                  /* 从 s 的第 i 个位置开始查找 t */
    if(k)                           /* 找到 */
    { n++;i=k+t->length-1;}         /* 计数器加 1,确定下一次查找的起始位置 */
  }
  return n;
}
```

② 用链串实现。

```
typedef struct node
{ char ch;
  struct node * next;
}LinkStr;
int Length(LinkStr * s)
{ LinkStr * p;int n=0;
  p=s->next;
  while(p!=NULL)
  { n++;p=p->next; }
  return n;
}
int Seek(LinkStr * s,LinkStr * t,int pos)
{ int i; LinkStr * p, * q, * r;
  if(pos<1) return 0;
  for(i=0,r=s;r&&i<pos;i++,r=r->next);
  if(!r) return 0;                  /* pos 值超过链串的长度 */
  while(r)
  { p=r; q=t->next;
    while(p&&q&&q->ch==p->ch)
    { p=p->next; q=q->next;}        /* 若当前字符相同,则继续比较下一个字符 */
    if(!q) return i;                /* 匹配成功,返回第一个字符在主串中的位序 */
    i++; r=r->next;                 /* 匹配不成功,继续进行下一趟匹配 */
  }
  return 0;                         /* 匹配不成功,返回 0 */
}
int Count(LinkStr * s, LinkStr * t)
{ int i,n=0,k;
  for(i=1;Length(s)-i+1>=Length(t);i++)
  { k=Seek(s,t,i);                  /* 从 s 的第 i 个位置开始查找 t */
    if(k)                           /* 找到 */
    { n++;i=k+Length(t)-1;}         /* 计数器加 1,确定下一次查找的起始位置 */
  }
```

```
    return n;
    }
```

（8）编写算法，将链串中最先出现的子串"ab"改为"xyz"。

解答：从头开始查找结点和其后继结点值分别为 a 和 b 的结点，找到后用 x 替换 a，用 z 替换 b，再在值为 x 的结点后插入一个值为 y 的新结点。

```
typedef struct node
{ char ch;
  struct node * next;
}LinkStr;
void Replace(LinkStr * s)
{ LinkStr * p=s->next, * q;
  int find=0;                          /* 用于标识是否找到"ab",未找到为 0,找到为 1 */
  while(p->next!=NULL&&find==0)
  { if(p->ch=='a'&&p->next->ch=='b')       /* 找到 */
    { p->ch='x';p->next->ch='z';   /* 用 x 替换 a,用 z 替换 b */
      q=(LinkStr * )malloc(sizeof(LinkStr));
                                 /* 在值为 x 的结点后插入值为 y 的新结点 */
      q->ch='y';
      q->next=p->next;
      p->next=q;
      find=1;                          /* 置找到标记 */
    }
    else p=p->next;
  }
}
```

（9）有两个栈共享一个空间 V，编写对任意一个栈进行压栈和弹栈的算法。要求：只有整个空间满时才产生溢出。

解答：两栈共享存储空间，将两栈栈底设在存储区的两端，初始时，s1 栈顶指针为 —1，s2 栈顶指针为 MAXSIZE。栈顶指针指向栈顶元素，两个栈顶指针相邻时为栈满。

```
#define MAXSIZE   100              /* 两栈共享的顺序存储空间大小 */
typedef int ElemType;             /* 数据元素类型 */
typedef struct
{ ElemType stack[MAXSIZE];        /* 栈空间 */
  int top[2];                     /* top[0]和 top[1]为两个栈顶指针 */
}DouStack;
DouStack s;                       /* 定义栈 */
```

① 入栈算法（入栈成功则返回 1，否则返回 0）。

```
int Push(int i, ElemType x)/* i 为栈号,0 表示左边的栈 s1,1 表示右边的栈 s2,x 是入栈元素 */
{ if(i<0||i>1) { printf("参数 i 不合理\n");exit(0);}     /* 参数 i 不合理,退出 */
  if(s.top[1]-s.top[0]==1) { printf("栈满\n"); return 0;}  /* 栈满 */
```

```
    switch(i)
    { case 0: s.stack[++s.top[0]]=x; return 1;              /*入左边栈*/
      case 1: s.stack[--s.top[1]]=x; return 1;              /*入右边栈*/
    }
}
```

② 退栈算法(退栈成功则返回退栈元素,否则返回－1)。

```
ElemType Pop(int i)                     /*i为栈号,0表示左边的栈 s1,1 表示右边的栈 s2*/
{ if(i<0||i>1){ printf("参数 i 不合理\n");exit(0);}         /*参数 i 不合理,退出*/
  switch(i)
  { case 0: if(s.top[0]==-1)
              { printf("左边的栈空\n");return -1;}           /*左边栈空*/
              else return (s.stack[s.top[0]--]);            /*左边出栈*/
    case 1: if(s.top[1]==MAXSIZE)
              { printf("右边的栈空\n"); return -1;}           /*右边栈空*/
              else return(s.stack[s.top[1]++]);             /*右边出栈*/
  }
}
```

(10) 设计一个算法,利用元素的移动解决队列的"假溢出"问题。具体做法是:当队列产生假溢出时,入队列和出队列操作均使队中所有元素依次向队头方向移动一个位置。

解答:假设队列容量为 MAXSIZE,队头指针 fron 指向对头元素,队尾指针 rear 指向队尾元素的下一个位置,则队满的条件为 rear＝＝MAXSIZE 且 front＝＝0,队假满的条件为 rear＝＝MAXSIZE 且 front≠0,队空的条件为 front＝＝rear。

```
#define MAXSIZE 100
typedef int ElemType;
typedef struct
{ ElemType * base;
  int front;
  int rear;
}SeQueue;
```

① 入队列操作。

```
int EnQueue(SeQueue * q,ElemType x)
{ int i;
  if(q->rear==MAXSIZE)
    if(q->front==0) return 0;              /*队满*/
    else
    { for(i=q->front;i<=q->rear-1;i++)  /*前移*/
      q->base[i-1]=q->base[i];
      q->front--;
      q->base[q->rear-1]=x;
    }
```

```
    else
     q->base[q->rear++]=x;
     return 1;
    }
```

② 出队列操作。

```
int OutQueue(SeQueue * q,ElemType * e)
{ int i;
  if(q->front==q->rear) return 0;          /* 队空 */
  * e=q->base[q->front];
  for(i=q->front+1;i<=q->rear-1;i++)    /* 前移 */
    q->base[i-1]=q->base[i];
  q->rear--;
  return 1;
}
```

3.7 自测试题参考答案

1. 单项选择题

(1) C　　(2) B　　(3) C　　(4) C　　(5) A　　(6) D　　(7) B　　(8) C

(9) A　　(10) D

2. 正误判断题

(1) √　　(2) √　　(3) √　　(4) √　　(5) ×　　(6) √　　(7) √　　(8) √

(9) √　　(10) √

3. 填空题

(1) ① S×SS×S××　　　　　　　(2) ② data[top++]=x;

(3) ③ (M+1)% N　　　　　　　(4) ④ (sq.rear+1)%(M+1)==sq.front

(5) ⑤ O(m+n)　　　　　　　　(6) ⑥ −1 0 0 1 1 2 0 1

(7) ⑦ −1 0 −1 0 −1 3 1 0　　(8) ⑧ 模式匹配

(9) ⑨ q—>rear==q—>front&&tag==1

　　　⑩ if(q—>rear==q—>front) tag=1

　　　⑪ q—>rear==q—>front&&tag==0

　　　⑫ (q—>front+1)%MAXSIZE　　⑬ if(q—>rear==q—>front) tag=0

(10) ⑭ char s[]　　　　⑮ j++　　　　⑯ i>=j

4. 算法设计题

(1) 判断表达式中的括号是否匹配，可以通过栈实现。左括号时入栈，右括号时出栈。出栈时，若栈顶元素是左括号，则新读入的右括号与栈顶的左括号就可以消去。如此下去，输入表达式结束时，栈为空时正确，否则括号不匹配。

```
int Judge(char E[])
{ char s[81];                      /* s 是一维字符数组,容量足够大,用作存放左括号的栈 */
  int top=0;                       /* top 用作栈顶指针 */
  int i=0;                         /* 字符数组 E 的工作指针 */
  s[top++]='#';                    /* '#'先入栈,用于和表达式结束符号'#'相匹配 */
  while(E[i]!='\0')
    switch(E[i])
    { case '(': s[top++]='('; i++; break ;
      case ')': if(s[top-1]=='(') { top--; i++; break;}
              else { printf("不匹配\n");return 0;}
      case '#': if(s[top-1]=='#') { printf("匹配\n");return 1;}
              else { printf("不匹配\n");return 0;}
      default : i++;                /* 其他字符不做处理 */
    }
}
```

(2) 用一维数组实现循环队列,设队头指针 front 和队尾指针 rear,约定 front 指向队头元素,rear 指向队尾元素的后一位置。规定:front＝＝rear 时为队空,(rear＋1)％m ＝＝ front 时为队满。

① 类型定义。

```
#define M 100                      /* 队列可能达到的最大长度 */
typedef int ElemType;              /* 数据元素类型 */
typedef struct
{ ElemType data[M];                /* 存放数据的数组 */
  int front,rear;                  /* 队头指针和队尾指针 */
}CirQueue;
```

② 从队尾删除算法。

```
int OutQueue(CirQueue * Q,ElemType * e)
{ if(Q->front==Q->rear)   return 0;   /* 队空 */
  Q->rear=(Q->rear-1+M)%M;           /* 修改队尾指针 */
  * e=Q->data[Q->rear];              /* 带回出队元素 */
  return 1;
}
```

③ 在队头插入算法。

```
int EnQueue(CirQueue * Q, ElemType x)
{ if(Q->rear==(Q->front-1+M)%M)   return 0;   /* 队满 */
  Q->front=(Q->front-1+M)%M;         /* 修改队头指针 */
  Q->data[Q->front]=x;               /* x 入队列 */
  return 1;
}
```

(3) 首先判断字符串的第一个字符是否为 '一',如果是'一',则从第二个字符开始,否则从第一个字符开始。依次取出数字字符,通过减去字符'0'的 ASCII 码值变成数,先前取出的数乘以 10 再加上本次转换的数即可形成部分数,直到字符串结束,最后根据第一个字符是否为'—'确定正负,得到结果。

```
long CharToInt(char x[])
{ long num=0;
  int i=0;                              /* i 为数组下标 */
  if(x[0]=='-') i=1;                    /* 是负数,从第二个字符开始 */
  while(x[i]!='\0') { num=10*num+x[i]-'0';i++;}   /* 转换 */
  if(x[0]=='-') return -num;           /* 负数 */
  else return num;                     /* 正数 */
}
```

3.8 实验题参考答案

（1）

```
typedef int ElemType;                 /* 数据元素类型 */
typedef struct
{ ElemType * base;                    /* 存放元素的动态数组起始地址 */
  int top;                            /* 栈顶指针 */
  int stacksize;                      /* 当前栈空间的大小 */
}SeqStack;
void Move(int a[],int n)
{ SeqStack s1,s2;
  int i,x;
  InitStack(&s1);                     /* 初始化栈 s1 */
  InitStack(&s2);                     /* 初始化栈 s2 */
  for(i=0;i<n;i++)
    if(a[i]>0) Push(&s1,a[i]);        /* 大于 0,进入栈 s1 */
    else Push(&s2,a[i]);             /* 小于或等于 0,进入栈 s2 */
  i=0;
  while(!EmptyStack(&s1))
  { Pop(&s1,&x);a[i++]=x;}            /* 栈 s1 中的元素依次出栈,并存到数组前面 */
  while(!EmptyStack(&s2))
  {Pop(&s2,&x);a[i++]=x;}            /* 栈 s2 中的元素依次出栈,并存到数组后面 */
}
```

（2）

```
#define M 100                         /* M 为算数表达式中最多字符的个数 */
float CompValue(char exp[])           /* exp 存放逆波兰表达式 */
{ float stack[M],s;                   /* stack 作为栈使用,存放操作数 */
  char * c=exp;
```

```
    int top=0;
    while(*c!='#')
    { if(*c>='0'&&*c<='9')                    /*判定为数字字符*/
      { s=*c-48;                              /*操作数都只有一位数字,转换成对应的数值*/
        stack[top++]=s;
      }
     else
      { switch(*c)
        { case '+':stack[top-2]=stack[top-2]+stack[top-1];break;/*加法运算*/
          case '-':stack[top-2]=stack[top-2]-stack[top-1];break;/*减法运算*/
          case '*':stack[top-2]=stack[top-2]*stack[top-1];break;  /*乘法运算*/
          case '/':if(stack[top-1])                              /*除法运算*/
                   stack[top-2]=stack[top-2]/stack[top-1];      /*分母不为0*/
                   else printf("错误\n");                        /*分母为0*/
        }
        top--;
      }
     c++;
    }
    return stack[top-1];
}
```

（3）

先将队列 q 中的所有元素出队,并依次进入栈 s,然后将栈 s 中的所有元素出栈,并依次入队列 q。

```
#define INITSIZE   100        /*存储空间的初始分配量*/
typedef int ElemType;         /*数据元素类型*/
typedef struct
{ int top;
  ElemType *base;
  int stacksize;
}SeqStack;
void Turn(ElemType q[],int n)
{ SeqStack s;
  int i=0;
  InitStack(&s);              /*初始化空栈*/
  while(i<n)                   /*所有元素出队,并依次入栈*/
  { Push(&s,q[i]); i++; }
  i=0;
  while(!EmptyStack(&s))       /*所有元素出栈,并依次入队列*/
  { Pop(&s,&q[i]); i++; }
}
```

（4）

```
typedef int ElemType;                              /* 数据元素类型 */
typedef struct node
{ ElemType data;                                   /* 数据域 */
  struct node * next;                              /* 指针域 */
}qlink;                                            /* 结点类型 */
typedef struct
{ qlink * front;                                   /* 队头指针 */
  qlink * rear;                                    /* 队尾指针 */
}LinkQueue;                                         /* 链队列的类型 */
void Split(LinkQueue * Q,LinkQueue * Q1,LinkQueue * Q2)
{ ElemType x;
  while(!EmptyQueue(Q))                            /* 队列 Q 不为空 */
  { OutQueue(Q, &x);                               /* 出队列 */
    if(x%2==0) EnQueue(Q1,x);                      /* 入偶数队列 Q1 */
    else EnQueue(Q2,x);                            /* 入奇数队列 Q2 */
  }
}
```

（5）

```
typedef struct
{ char * ch;                                       /* 串存放的起始地址 */
  int length;                                      /* 串长 */
  int strsize;                                     /* 当前为串分配的存储空间大小 */
}SeqStr;
int Count(SeqStr * s,SeqStr * t)
{ int i,j,k,n=0;                                   /* n 为计数器 */
  i=0;                                             /* 查找的起始位置 */
  while(i<s->length)
  { k=i;j=0;
    while(k<s->length&&j<t->length)                /* 从下标为 i 的位置开始查找 */
    { if(s->ch[k]==t->ch[j])
      { k++;j++; }
      else break;
    }
    if(j==t->length)                               /* 找到 */
    { n++;i=k; }                                   /* 计数器加 1,更新下一次的查找位置 */
    else i++;
  }
  return n;
}
```

（6）

```
typedef struct node
{ char ch;                                    /*数据域*/
  struct node * next;                         /*指针域*/
}LinkStr;
void Delete(LinkStr * s,LinkStr * t)
{ LinkStr * p, * q, * k, * m;
  p=s->next;q=s;
  while(p)
  { k=p;m=t->next;
    while(k&&m)                               /*在 s 中从 p 指向的结点开始查找 t*/
    { if(k->ch==m->ch)
      {k=k->next;m=m->next;}
      else break;
    }
    if(!m)
    { q->next=k;p=k;}                          /*找到,删除并更新查找的起始位置*/
    else
    { q=p;p=p->next;}                          /*更新查找的起始位置*/
  }
}
```

（7）

```
void MinMaxValue(int A[],int n,int * max,int * min)   /*通过形参带回最大值和最小值*/
{ if(n>1)
  { if( * max<A[n-1]) * max=A[n-1];
    if( * min>A[n-1]) * min=A[n-1];
    MinMaxValue(A,n-1,max,min);                /*在前 n-1 个元素中求最大值和最小值*/
  }
}
```

（8）

栈的特点是后进先出,队列的特点是先进先出。入队列在 s1,当 s1 满后,若 s2 为空,则将 s1 倒入 s2,之后再入队列。出队列从栈 s2 出,当 s2 为空时,若 s1 不为空,则将 s1 倒入 s2 再出栈。元素从栈 s1 倒入 s2,必须在 s2 为空的情况下才能进行,即在进行出队列操作时,若 s2 为空,则无论 s1 中的元素有多少（只要不为空）,就要将其全部倒入 s2。若栈 s2 为空且 s1 也为空,则队列为空。

```
#define INITSIZE 100                           /*存储空间的初始分配量*/
typedef int ElemType;                          /*数据元素类型*/
typedef struct
{ ElemType * base;                             /*存放元素的动态数组起始地址*/
  int top;                                     /*栈顶指针*/
```

```
    int stacksize;                          /*当前栈空间的大小*/
}SeqStack;
```

① 入队列。

```
int EnQueue(SeqStack * s1,SeqStack * s2,ElemType x)
{ ElemType e;
  if(s1->top==s1->stacksize&&! EmptyStack(s2))
                                 /*s1满,s2非空,这时s1不能再入栈*/
  { printf("s1 is full\n");return 0;}
  if(s1->top==s1->stacksize&&EmptyStack(s2))
                                 /*s1满,s2为空,先将s1退栈,再压栈到s2*/
    while(!EmptyStack(s1)) { Pop(s1,&e);Push(s2,e);}
  Push(s1,x);                    /*x入栈,实现了队列元素的入队*/
  return 1;
}
```

② 出队列。

```
int OutQueue(SeqStack * s1,SeqStack * s2)
{ ElemType x;
  if(!EmptyStack(s2))            /*栈s2不为空,直接出队*/
  { Pop(s2,&x); return 1; }
  else if(EmptyStack(s1)) return 0;
      else                       /*先将栈s1倒入s2,再做出队操作*/
      { while(!EmptyStack(s1)) { Pop(s1,&x);Push(s2,x);}
        Pop(s2,&x);             /*s2退栈相当于队列出队*/
        return 1;
      }
}
```

③ 判队空。

```
int EmptyQueue(SeqStack * s1,SeqStack * s2)
{ if(EmptyStack(s1)&&EmptyStack(s2)) return 1;
  else return 0;
}
```

(9)

对串 s 和 t 各设一个指针 i 和 j,i 的值域是 0~m-n,j 的值域是 0~n-1。i 和 j 的初始值均为 0。若 s[i]==t[j],则 i 和 j 都增加 1,若在某个位置 s[i]!=t[j],则 i 回溯到 i=i-j+1,j 仍从 0 开始,进行下一轮的比较,直到匹配成功(j>n-1),返回子串在主串中的位序(i-n+1);否则匹配失败。

```
int Index(char s[],char t[],int m,int n)
{ int i=0,j=0;
  while(i<=m-n)                  /*i是查找起始位置*/
```

```
    { while(j<=n-1&&s[i]==t[j])
      {i++;j++;}                          /* 相等,继续比较 */
      if(j==n) return (i-n+1);            /* 找到 */
      else {i=i-j+1;j=0;}                 /* 修改起始位置 */
    }
    return 0;
}
```

（10）

```
typedef int ElemType
typedef struct node
{ ElemType data;                          /* 数据域 */
  struct node * next;                     /* 指针域 */
}slink;
int Pattern(slink * A, slink * B)
{ slink * p, * q, * pre;
  p=A->next;                              /* p 为链表 A 的工作指针 */
  pre=p;                                  /* pre 存放每趟比较时链表 A 的开始结点 */
  q=B->next;                              /* q 是链表 B 的工作指针 */
  while(p&&q)
    if(p->data==q->data) {p=p->next;q=q->next;}
    else
    { pre=pre->next;p=pre;                /* 链表 A 从 pre 指向的结点开始比较 */
      q=B->next;                          /* 链表 B 从第一个结点开始比较 */
    }
  if(q==NULL) return 1;                   /* B 是 A 的子序列 */
  else return 0;                          /* B 不是 A 的子序列 */
}
```

3.9　思考题参考答案

（1）**答**：在链栈中,若不设头结点,则链首结点为栈顶元素,栈中的插入、删除操作均在栈顶进行,因此每次进行插入、删除操作均要修改栈顶指针。若设置头结点,则头结点后跟的是栈顶元素,每次进行插入、删除操作均要修改头结点的指针域。由此可知,无论是否设置头结点,都要修改一次指针,因此链栈中可以不设头结点。

（2）**答**：在队列的顺序存储结构中,设队头指针为 front,队尾指针为 rear,队的容量为 m。当有元素加入队列时,有 rear==m（初始时 rear=0）,且队列中还有剩余空间,但元素却不能入队,这种现象称为假溢出,解决的方法有以下两种。

① 采用平移元素法：每当队列中有一个元素入队时,队列中已有的元素向队头移动一个位置（必须有空闲的空间）；每当有一个元素出队时,依次移动队中的元素,始终使front 指向队列中的第一个位置。

② 采用循环队列方式：把队列看成一个首尾连接的循环队列，在循环队列上进行插入和删除操作时仍遵循先进先出的原则。

（3）**答**：在线性表中，除第一个元素外，每个元素都只有一个直接前驱；除最后一个元素外，每个元素都只有一个直接后继。串是由 0 个或多个字符组成的有限序列。从串的定义可以看出，串是取值范围受到限制的线性表，即串的数据元素都是字符。因此，串仍然是线性表。

（4）**答**：最优的 $T(m,n)$ 是 $O(n)$。串 S2 是串 S1 的子串，且在 S1 中的位置是1，开始求出的最大公共子串的长度恰好是串 S2 的长度。一般情况下，$T(m,n)=O(m×n)$。

（5）**答**：朴素的模式匹配（Brute－Force）的时间复杂度是 $O(m×n)$，KMP 算法有一定的改进，其时间复杂度是 $O(m+n)$。本题可采用从后面匹配的方法，即从右向左扫描，比较 6 次成功。另一种匹配方式是从左向右扫描，但先比较模式串的最后一个字符，若不等，则模式串后移；若相等，则再比较模式串的第一个字符，若第一个字符也相等，则从模式串的第二个字符开始向右比较，直至相等或失败。若失败，则模式串后移，再重复以上过程。按照这种方法，本题比较 18 次成功。

第 **4** 章

CHAPTER

数组和广义表

4.1　内容概述

本章首先介绍数组的基本存储方式,然后介绍特殊矩阵和稀疏矩阵的压缩存储方法,最后介绍广义表的基本知识、存储结构和递归运算。本章的知识结构如图 4.1 所示。

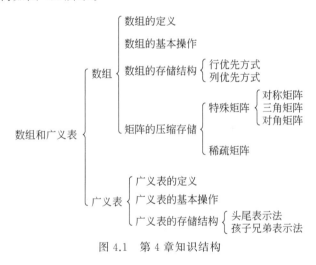

图 4.1　第 4 章知识结构

考核要求:掌握数组的存储方式和数组元素存储位置的计算方法,掌握特殊矩阵和稀疏矩阵的压缩存储方法,掌握广义表的存储结构和基本运算。

重点难点:本章的重点是数组的存储方式及数组元素存储位置的计算,特殊矩阵的压缩存储与地址变换,广义表的概念及其求表头和表尾的运算。本章的难点是特殊矩阵和稀疏矩阵压缩存储表示下的算法实现。

核心考点:数组的存储结构,特殊矩阵的压缩存储,求广义表的表头和表尾运算。

4.2 典型题解析

4.2.1 数组

对于数组，主要考查两方面的内容：一是数组的存储，二是数组的遍历。数组存储的考查方式主要是计算数组元素的存储位置、特殊矩阵压缩存储时的位置对应关系等。数组遍历的考查方式主要是在数组中查找元素、调整数组元素的位置等。

【例 4.1】 假设以行序为主序存储二维数组 $A[0..99,0..99]$，设每个数据元素占 2 个存储单元，基地址为 10，则 $LOC(A[4][4])=($ $)$。

    A. 808   B. 818   C. 1010   D. 1020

解析： 若二维数组 $A[0..m-1,0..n-1]$ 以行序为主序存储，每个元素占用的字节数为 L，则元素 $A[i][j]$ 的地址为

$$LOC(A[i][j])=LOC(A[0][0])+(i\times n+j)\times L$$

由此可得

$$LOC(A[4][4])=10+(4\times 100+4)\times 2=10+808=818$$

答案： B

【例 4.2】 数组 $A[1..8,-2..6,0..6]$ 以行为主序存储，第一个元素的地址是 78，每个元素的长度为 4，试求元素 $A[4][2][3]$ 的存储地址。

解析： 若三维数组 $A[0..m-1,0..n-1,0..r-1]$ 以行序为主序存储，每个元素占用的字节数为 L，则元素 $A[i][j][k]$ 地址为

$$LOC(A[i][j][k])=LOC(A[0][0][0])+(i\times n\times r+j\times r+k)\times L$$

若下标下界不为 0，则先将下标下界调整为 0，然后根据上面的公式计算相应元素的地址即可。本题中，将 $A[1..8,-2..6,0..6]$ 调整为 $A[0..7,0..8,0..6]$，将 $A[4][2][3]$ 调整为 $A[3][4][3]$，然后计算 $A[3][4][3]$ 的地址即可。

$$LOC(A[3][4][3])=78+(3\times 9\times 7+4\times 7+3)\times 4=78+880=958$$

【例 4.3】 设有一个 10 阶对称矩阵 A，采用压缩存储方式以行序为主序存储，$a[1][1]$ 为第一个元素，其存储地址为 1，每个元素占 1 字节，则 $a[8][5]$ 的地址为（   ）。

    A. 13   B. 33   C. 18   D. 40

解析： 若一个 n 阶对称矩阵 A 的下标下界均为 0，以行序为主序压缩存储，每个元素占用的字节数为 L，则元素 $a[i][j]$ 的地址为

$$LOC(a[i][i])=LOC(a[0][0])+(i(i+1)/2+j)\times L$$

若下标下界不为 0，则先将下标下界调整为 0，然后根据上面的公式计算相应元素的地址即可。本题中，下标下界都是 1，先将下标下界都调整为 0，$a[8][5]$ 调整为 $a[7][4]$，然后计算 $a[7][4]$ 的地址即可，即

$$LOC(a[7][4])=1+(7\times(7+1)/2+4)\times 1=1+32=33$$

答案： B

【例 4.4】 已知 n 阶下三角矩阵 A（当 $i<j$ 时有 $a_{ij}==0$），按照压缩存储的思想将其

主对角线以下的所有元素(包括主对角线上的元素)依次存放于一维数组 B 中(下标从 0 开始),请写出从第一列开始以列序为主序存储时,在 B 中确定元素 $a_{ij}(1 \leqslant i \leqslant n,1 \leqslant j \leqslant i)$ 的存放位置的公式。

　　解析:a_{ij} 的存放位置＝前 $j-1$ 列的元素个数＋第 j 列上第 i 行之前的元素个数。

　　n 阶下三角矩阵的第 k 列有 $n-k+1$ 个元素,元素 $a_{ij}(1 \leqslant i \leqslant n,1 \leqslant j \leqslant i)$ 之前有 $j-1$ 列,第 1 列至第 $j-1$ 列的元素数为 $k=(2n-j+2)(j-1)/2$。第 j 列第 i 行之前的元素个数为 $i-j$。所以 n 阶下三角矩阵 A 按列存储,其元素 a_{ij} 在一维数组 B 中的存储位置 k 与 i 和 j 的关系为

$$k=(2n-j+2)(j-1)/2+i-j=(2n-j)(j-1)/2+i-1$$

　　【例 4.5】　将一个 $A[1..100,1..100]$ 的三对角矩阵按行优先顺序压缩存储到一维数组 $B[1..298]$ 中,A 中的元素 $A[66][65]$ 在数组 B 中的位置 k 为(　　)。

　　A. 198　　　　　　B. 195　　　　　　C. 197　　　　　　D. 196

　　解析:若将一个 n 阶三对角矩阵 A 按行序压缩存储到一维数组 B 中,且 A 和 B 的下标下界都为 0,则 A 中元素 a_{ij} 在 B 中的存放位置 k 为

$$k=2i+j$$

　　若下标下界不为 0,则将下标下界都调整为 0,计算下标下界都为 0 时的存储位置,然后转换成给定的下标下界的存储位置。本题中,先计算 $A[65][64]$ 在 B 中的存放位置 k ($k=2 \times 65+64=194$),再转换为下标下界为 1 时的存储位置,即 $k=194+1=195$。

　　答案:B

　　【例 4.6】　有一个 100×90 的稀疏矩阵,矩阵元素为整型,非 0 元素有 10 个,设每个整型数占 2 字节,当用三元组表示该矩阵时,所需的字节数是(　　)。

　　A. 60　　　　　　B. 66　　　　　　C. 18000　　　　　　D. 33

　　解析:三元组表的类型如下。

```
#define MAXSIZE   100        /* 非 0 元素个数的最大值 */
typedef int ElemType;        /* 矩阵元素的数据类型 */
typedef struct
{ int i;                     /* 行标 */
  int j;                     /* 列标 */
  ElemType e;                /* 非 0 元素值 */
}TupleType;
typedef struct
{ int rownum;                /* 行数 */
  int colnum;                /* 列数 */
  int nznum;                 /* 非 0 元素个数 */
  TupleType data[MAXSIZE];   /* 三元组表 */
}Table;
```

由此可知,用三元组表示稀疏矩阵时所需的字节数为

sizeof(TupleType) * nznum＋sizeof(nznum)＋sizeof(rownum)＋sizeof(colnum)

本题中,非 0 元素个数为 10,所有数据都为整型,每个整型数占 2 字节,所需字节数

为 $10×(2+2+2)+2+2+2=66$。

答案：B

【例4.7】 已知一个稀疏矩阵的三元组表如下：

$(1,2,3),(1,6,1),(3,1,5),(3,2,-1),(4,5,4),(5,1,-3)$

则其转置矩阵的三元组表中的第3个三元组为(　　)。

  A. $(2,1,3)$ B. $(3,1,5)$ C. $(3,2,-1)$ D. $(2,3,-1)$

解析：采用三元组存储结构，实现稀疏矩阵转置的方法是：对给定的三元组表，先按列标值升序排序，若列标值相同，则再按行标值升序排序，然后交换行标和列标值。本题中，按此方法得到转置矩阵的三元组表为 $(1,3,5),(1,5,-3),(2,1,3),(2,3,-1),(5,4,4),(6,1,1)$。转置矩阵的三元组表中的第3个三元组为 $(2,1,3)$。

答案：A

【例4.8】 设有五对角矩阵 $A_{20×20}$，下标下界都是1，按行优先方式将其五条对角线上的元素压缩存储于数组 $B[-10..m]$ 中，计算元素 $A[15][16]$ 在 B 中的存储位置。

解析：若 A 和 B 的下标下界都为0，则 A 中元素 a_{ij} 在 B 中存放位置 k 的计算公式为 $k=4i+j-1$。若下标下界不为0，则先计算下标下界都为0时的存储位置，然后转换成给定的下标下界的存储位置。本题中，先计算 $A[14][15]$ 在 B 中的存放位置 $k(k=4×14+15-1=70)$，再转换成下标下界为 -10 时的存储位置 $(k=70-10=60)$，即 $A[15][16]$ 在 $B[-10..m]$ 中的存储位置是60。

【例4.9】 如果矩阵 A 中的元素 $A[i][j]$ 是第 i 行中值最小的元素，且又是第 j 列中值最大的元素，则称它为该矩阵的一个马鞍点。编程计算矩阵 $A_{m×n}$ 的所有马鞍点。

解析：寻找马鞍点最直接的方法是在一行中找出一个最小值元素，然后检查该元素是否是其所在列的最大元素，时间复杂度是 $O(m(m+n))$。在此，使用两个辅助数组 max 和 min 分别存放每列中最大值元素的行号和每行中最小值元素的列号，时间复杂度为 $O(m×n+m)$，但比较次数比前一种算法会增加，同时也多使用存储空间。

```
void Saddle(int A[m][n])
{ int max[n]={0};              /* max 数组存放各列最大值元素的行号,初始化为 0 */
  int min[m]={0};              /* min 数组存放各行最小值元素的列号,初始化为 0 */
  int i,j;
  for(i=0;i<m;i++)             /* 选择各行的最小值元素和各列的最大值元素 */
   for(j=0;j<n;j++)
   { if(A[max[j]][j]<A[i][j]) max[j]=i;      /* 修改第 j 列最大元素的行号 */
     if(A[i][min[i]]>A[i][j]) min[i]=j;      /* 修改第 i 行最小元素的列号 */
   }
   for(i=0;i<m;i++)
   { j=min[i];                                /* 第 i 行最小元素的列号 */
     if(i==max[j]) printf("%4d",A[i][j]);     /* 输出马鞍点 */
   }
}
```

【例4.10】 已知两个定长数组分别存放一个非降序有序序列。编写程序，调整两个数组中的数,调整后两个数组中的数分别有序(非降序)且第一个数组中所有的数都不大于第二个数组中的任意一个数。要求:不能另开辟数组,也不能对任意一个数组进行排序操作。例如,第一个数组为 4,12,28,第二个数组为 1,7,9,29,45;第一个数组的输出结果为 1,4,7,第二个数组的输出结果为 9,12,28,29,45。

解析:题目要求调整后第一个数组(A)中的所有数均不大于第二个数组(B)中的所有数。由于两数组分别有序,所以第一个数组的最后一个数 A[m-1]不大于第二个数组的第一个数 B[0]。比较 A[m-1]和 B[0],若 A[m-1]>B[0],则交换,交换后仍保持 A 和 B 有序。重复以上步骤,直到 A[m-1]≤B[0]为止。

```
void Rearrange(int A[],int B[],int m,int n)
{ int i,j,x;
  while(A[m-1]>B[0])
  { x=A[m-1];A[m-1]=B[0];                    /* 交换 A[m-1]和 B[0] */
    j=1;
    while(j<n&&B[j]<x) B[j-1]=B[j++];         /* 寻找 A[m-1]的插入位置 */
    B[j-1]=x;
    x=A[m-1];i=m-2;
    while(i>=0&&A[i]>x) A[i+1]=A[i--];        /* 寻找 B[0]的插入位置 */
    A[i+1]=x;
  }
}
```

4.2.2　广义表

对于广义表,主要考查两方面的内容:一是基本概念,包括计算表头、表尾、广义表长度和深度等;二是基本操作,包括取广义表中指定元素,画出广义表的存储结构图等。

【例 4.11】 下列说法中不正确的是( )。

A. 广义表的表头总是一个广义表　　B. 广义表的表尾总是一个广义表

C. 广义表难以用顺序存储结构表示　　D. 广义表可以是一个多层次的结构

解析:广义表中的第一个元素称为表头,其余元素组成的表称为表尾,由此可知,表头可能是原子,也可能是广义表,但表尾一定是广义表。由于广义表中的元素可以具有不同的结构,因此难以用顺序存储结构表示,通常采用链式存储结构。广义表的元素可以是子表,子表的元素还可以是子表,即广义表是一个多层次的结构。

答案:A

【例 4.12】 广义表((a,b,c,d))的表头是( )。

A. a 　　　　　 B. ( ) 　　　　　 C. (a,b,c,d) 　　　　　 D. (b,c,d)

解析:根据表头的定义,广义表((a,b,c,d))的表头为(a,b,c,d)。

答案:C

【例 4.13】 广义表(a,(b,c),d,e)的表尾是( )。

A. ((b,c),d,e)　　 B. a,(b,c)　　 C. (a,(b,c))　　　 D. (a)

解析:根据表尾的定义,广义表(a,(b,c),d,e)的表尾为((b,c),d,e)。

答案：A

【例4.14】 表头和表尾均为空表的广义表是（　　　）。

A. ()　　　　　　　　B. (())　　　　　　　　C. ((()))　　　　　　　　D. ((),())

解析：设 L 是一个表头和表尾都为空的广义表，即 head(L)=(),tail(L)=()，根据表头和表尾的定义可得 L=(())。

答案：B

【例4.15】 设广义表 L=((a,b,c))，则 L 的长度和深度分别为（　　　）。

A. 1 和 1　　　　　　B. 1 和 3　　　　　　C. 1 和 2　　　　　　D. 2 和 3

解析：广义表的长度是广义表中元素的个数，广义表的深度是广义表中括号嵌套的最大数。依据定义，L 的长度为1，深度为2。

答案：C

【例4.16】 已知广义表 L=((x,y,z),a,(u,t,w))，从 L 表中取出原子项 t 的运算是（　　　）。

A. head(tail(tail(L)))　　　　　　　　B. tail(head(head(tail(L))))

C. head(tail(head(tail(L))))　　　　　　D. head(tail(head(tail(tail(L)))))

解析：

t 在 L 的表尾，取出 L 的表尾：L1= tail(L)=(a,(u,t,w))

t 在 L1 的表尾，取出 L1 的表尾：L2=tail(L1)=((u,t,w))

t 在 L2 的表头，取出 L2 的表头：L3=head(L2)=(u,t,w)

t 在 L3 的表尾，取出 L3 的表尾：L4=tail(L3)=(t,w)

t 是 L4 的表头，取出 L4 的表头：head(L4)=t

由此可知

$$t = head(L4) = head(tail(L3)) = head(tail(head(L2)))$$
$$= head(tail(head(tail(L1)))) = head(tail(head(tail(tail(L)))))$$

答案：D

【例4.17】 从广义表 L=(((d),c,d))中得到(d)的操作为（　　　）。

A. head(head(head(L)))　　　　　　B. head(tail(head(L)))

C. tail(head(head(L)))　　　　　　　D. tail(tail(head(L)))

解析：依据表头和表尾的定义：

head(L)=((d),c,d)

head(head(L))=(d)

tail(head(L))=(c,d)

head(head(head(L)))=d

tail(head(head(L)))=()

head(tail(head(L)))=c

tail(tail(head(L)))=(d)

答案：D

【例4.18】 已知广义表 A=(a,b),B=(A,A),C=(a,(b,A),B)，则 tail(head(tail(C)))的运算结果是（　　　）。

A. (a)　　　　　B. A　　　　　C. a　　　　　D. (A)

解析：依据表头和表尾的定义：

tail(C)＝((b,A),B)

head(tail(C))＝(b,A)

tail(head(tail(C)))＝(A)

答案：D

【例 4.19】 画出广义表((),A,(B,(C,D)),(E,F))的两种存储结构图。

(1) 广义表((),A,(B,(C,D)),(E,F))的头尾表示法的存储结构如图 4.2 所示。

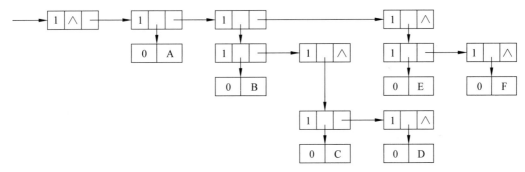

图 4.2　头尾表示法的存储结构

(2) 广义表((),A,(B,(C,D)),(E,F))的孩子兄弟表示法的存储结构如图 4.3 所示。

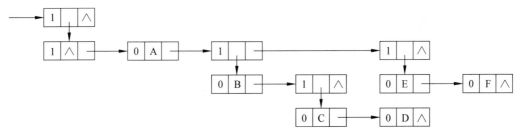

图 4.3　孩子兄弟表示法的存储结构

4.3　自测试题

1. 单项选择题

(1) 二维数组 A[10][6]采用行优先的存储方式,每个元素占 4 个存储单元,若元素 A[3][4]的存储地址为 1000,则元素 A[4][3]的存储地址为(　　)。

　　A. 1020　　　　　B. 1024　　　　　C. 1036　　　　　D. 1240

(2) 二维数组 A[0..8,1..10]的每个元素是由 6 个字符组成的串。若 A 按行优先存储,则元素 A[8][5]的起始地址与 A 按列优先存储时元素(　　)的起始地址相同。

　　A. A[8][5]　　　B. A[3][10]　　　C. A[5][8]　　　D. A[0][9]

（3）假设按行优先存储整型数组 A[−3..8,3..5,−4..0,0..7]，第一个元素的存储地址是 100，每个整数占 4 字节，则元素 A[0][4][−2][5] 的存储地址是（　　）。

    A. 1684　　　　　　B. 1784　　　　　　C. 421　　　　　　D. 521

（4）设二维数组 A[1..m,1..n]（m 行 n 列）按行存储在数组 B[1..m×n] 中，则二维数组元素 A[i][j] 在一维数组 B 中的下标为（　　）。

    A. $(i−1)×n+j$　　　　　　　　　B. $(i−1)×n+j−1$

    C. $i×(j−1)$　　　　　　　　　　D. $j×m+i−1$

（5）对稀疏矩阵进行压缩存储的目的是（　　）。

    A. 便于进行矩阵运算　　　　　　　B. 便于输入和输出

    C. 节省存储空间　　　　　　　　　D. 降低运算的时间复杂度

（6）已知广义表 LS=((a,b,c),(d,e,f))，运用 head 和 tail 函数取出 LS 中原子 e 的运算是（　　）。

    A. head(tail(LS))　　　　　　　B. tail(head(LS))

    C. head(tail(head(tail(LS))))　　D. head(tail(tail(head(LS))))

（7）已知广义表 A=(a,b,(c,d),(e,(f,g)))，则 head(tail(head(tail(tail(A))))) 的运算结果是（　　）。

    A. (g)　　　　　B. (d)　　　　　C. c　　　　　D. d

（8）广义表运算式 tail(((a,b),(c,d))) 的运算结果是（　　）。

    A. (c,d)　　　　　B. c,d　　　　　C. ((c,d))　　　　　D. d

（9）已知广义表的表头为 a，表尾为 (b,c)，则此广义表为（　　）。

    A. (a,(b,c))　　　B. (a,b,c)　　　C. ((a),b,c)　　　D. ((a,b,c))

（10）如果将矩阵 $A_{n×n}$ 的每一列看成一个子表，整个矩阵看成是一个广义表 L，即 L=$((a_{11},a_{21},\cdots,a_{n1}),(a_{12},a_{22},\cdots,a_{n2}),\cdots,(a_{1n},a_{2n},\cdots,a_{nn}))$，并且可以通过求表头 head 和求表尾 tail 运算求取矩阵中的每一个元素，则求得 a_{21} 的运算是（　　）。

    A. head(tail(head(L)))　　　　　　B. head(head(head(L)))

    C. tail(head(tail(L)))　　　　　　D. head(head(tail(L)))

2. 正误判断题

（1）对称矩阵压缩存储后不会失去随机存取功能。　　　　　　　　　　（　　）

（2）数组可看成线性结构的一种推广，可以对它进行插入、删除等操作。　（　　）

（3）一个稀疏矩阵 $A_{m×n}$ 采用三元组形式表示，若把三元组中有关行下标与列下标的值互换，并把 m 和 n 的值互换，则完成了 $A_{m×n}$ 的转置运算。　　　　　　（　　）

（4）二维以上的数组其实是一种特殊的广义表。　　　　　　　　　　（　　）

（5）广义表的取表尾运算，其结果通常是一个表，但有时也可能是一个单元素值。

    （　　）

（6）若一个广义表的表头为空表，则此广义表亦为空表。　　　　　　（　　）

（7）广义表中的元素或者是一个不可分的原子，或者是一个非空的广义表。　（　　）

（8）所谓取广义表的表尾就是返回广义表中的最后一个元素。　　　　（　　）

（9）广义表的同级元素具有线性关系。　　　　　　　　　　　　　　（　　）

(10) 一个广义表可以为其他广义表所共享。　　　　　　　　　　　　　（　　）

3. 填空题

(1) 数组的存储结构采用　①　。

(2) 已知三对角矩阵 A[1..9,1..9]的每个元素占 2 个单元,现将其 3 条对角线上的元素逐行存储在起始地址为 1000 的连续内存单元中,元素 A[7][8]的地址为　②　。

(3) n 阶三角矩阵压缩存储时至少需要　③　个存储单元。

(4) 所谓稀疏矩阵是指　④　。

(5) 矩阵压缩存储的目的是　⑤　。

(6) 当广义表中的每个元素都是原子时,广义表便成为了　⑥　。

(7) 广义表的表尾是指除第一个元素之外　⑦　。

(8) 广义表(a,(a,b),d,e,((i,j),k))的深度是　⑧　。

(9) 已知广义表 LS=(a,(b,c,d),e),运用 head 和 tail 函数取出 LS 中原子 b 的运算是　⑨　。

(10) 已知广义表 A=(((a,b),(c),(d,e))),head(tail(tail(head(A))))的结果是　⑩　。

4. 计算操作题

(1) 数组 A[-1..9,1..11]中,每个元素的长度为 32 个二进制位,从首地址 S 开始连续存放在主存储器中,主存储器的字长为 16 位。试问:

① 存放该数组需要多少单元?

② 存放数组第 4 列所有元素至少需要多少个单元?

③ 当数组按行存放时,元素 A[7][4]的起始地址是多少?

④ 当数组按列存放时,元素 A[4][7]的起始地址是多少?

(2) 已知广义表 A=(((a)),(b),c,(a),(((d,e)))),试完成下列操作:

① 画出其中一种存储结构图。

② 计算表的长度与深度。

③ 用求表头、表尾的方法求出 e。

5. 算法设计题

(1) 已知二维整型数组 a[m][n]中存放了 m×n 个整型数。

① 编写算法,判断 a 中的所有元素是否互不相同并输出相关信息(yes/no)。

② 试分析算法的时间复杂度。

(2) 编写算法,在一维数组 a 的前 n(n≥1)个元素中找出第 k(1≤k≤n)小的值。假设数组 a 中各元素的值都不相同。

4.4　实验题

(1) 一个 n 阶对称矩阵 A 采用一维数组 S 按行优先顺序存放其下三角各元素。编写算法,给出 S 的下标 k 和 A 的下标(i,j)的关系。

（2）编写算法，将一维数组 A（含有 N×N 个元素）中的元素按蛇形方式存放在二维数组 B 中。

（3）给定矩阵 $A_{m×n}$，并设 A[i][j]≤A[i][j+1]（0≤i≤m−1,0≤j≤n−2）和 A[i][j]≤A[i+1][j]（0≤i≤m−2,0≤j≤n−1）。编写算法，判定 x 是否在 A 中，要求时间复杂度为 O(m+n)。

4.5　思考题

（1）试从空间和时间的角度，比较采用二维数组和三元组表这两种不同的存储结构完成稀疏矩阵求和运算的优缺点。

（2）特殊矩阵和稀疏矩阵压缩存储时，哪种会失去随机存取的功能？为什么？

（3）简述广义表属于线性结构的理由。

（4）广义表和线性表的主要区别是什么？

（5）简述一维数组与线性表的关系。

4.6　主教材习题解答

1. 单项选择题

（1）将 8 阶对称矩阵 A 的下三角部分逐行存储到起始地址为 1000 的内存单元中，已知每个元素占 4 字节，下标下界都为 0，则 A[7][4] 的地址为（　　）。

　　　① 35　　　　　　② 36　　　　　　③ 3400　　　　　　④ 1128

解答：已知一个 n 阶对称矩阵 A，按序存储其下三角部分，每个元素占用的字节数为 L，且下标下界均为 0，则元素 a_{ij} 的地址为

$$LOC(a_{ij})=LOC(a_{00})+(i(i+1)/2+j)×L$$

由此可得

$$LOC(a_{74})=1000+(7×(7+1)/2+4)×4=1000+128=1128$$

答案：④

（2）将一个 100 阶的三对角矩阵 A 按行优先顺序存入一维数组 B 中，下标下界都为 0，则 A 中的元素 A[65][64] 在数组 B 中的位置为（　　）。

　　　① 194　　　　　　② 195　　　　　　③ 196　　　　　　④ 197

解答：将一个 n 阶的三对角矩阵 A 按行优先顺序存入一维数组 B 中，下标下界都为 0，则 A 中的元素 A[i][j] 在数组 B 中的存储位置为

$$k=2i+j　　（|i−j|≤1）$$

由此可知，A[65][64] 在数组 B 中的位置为 2×65+64=194。

答案：①

（3）数组 A[10][10] 的下标下界为 1，每个元素占 5 字节，存储在起始地址为 1000 的连续内存单元，则元素 A[5][4] 的地址为（　　）。

　　　① 1215　　　　　　② 1270　　　　　　③ 1095　　　　　　④ 1220

解答：已知二维数组 A[m][n]以行序为主序存储,每个元素占用的字节数为 L,且下标下界均为 0,则元素 A[i][j]的地址为

$$LOC(A[i][j])=LOC(A[0][0])+(i\times n+j)\times L$$

若下标下界不为 0,则先将下标下界调整为 0,然后根据上面的公式计算即可。在本题中,首先将 A[1..10,1..10]调整为 A[0..9,0..9],将 A[5][4]调整为 A[4][3]。计算 A[4][3]的地址即为所求。

$$LOC(A[4][3])=1000+(4\times 10+3)\times 5=1215$$

答案：①

(4) 在三对角矩阵中,非 0 元素的行标 i 和列标 j 的关系是(　　)。

① i>j　　　　② i==j　　　　③ i<j　　　　④ |i−j|≤1

解答：一个 n 阶三对角矩阵 A 的非 0 元素仅出现在主对角线(a_{ii},0≤i≤n−1)、紧邻主对角线上面的那条对角线($a_{i\,i+1}$,0≤i≤n−2)和紧邻主对角线下面的那条对角线($a_{i+1\,i}$,0≤i≤n−2)上。非 0 元素的个数为 3n−2,当 |i−j|>1 时,元素 $a_{ij}==0$。

答案：④

(5) 若将 n 阶对称矩阵 A 的下三角部分以行序为主序压缩存储到一维数组 B 中,A 的下标下界为 0,B 的下标下界为 1。那么,A 中的任一下三角元素 a_{ij}在数组 B 中的位置为(　　)。

① i(i+1)/2+j　② i(i+1)/2+j−1　③ i(i+1)/2+j+1　④ j(j+1)/2+i

解答：若将 n 阶对称矩阵 A 的下三角部分以行序为主序压缩存储到一维数组 B 中,下标下界均为 0,则 A 中的下三角元素 a_{ij}在数组 B 中的位置为 i(i+1)/2+j。若 A 的下标下界为 0,B 的下标下界为 1,则 A 中的下三角元素 a_{ij}在数组 B 中的位置为 i(i+1)/2+j+1。

答案：③

(6) 广义表((),())的深度为(　　)。

① 0　　　　② 1　　　　③ 2　　　　④ 3

解答：一个广义表的深度是指该广义表中括号嵌套的最大数。广义表((),())中括号嵌套的最大数为 2,即深度为 2。

答案：③

(7) 对广义表 A=(x,((a,b),c,d))做运算 head(head(tail(A)))后的结果为(　　)。

① x　　　　② (a,b)　　　　③ a　　　　④ c

解答：tail(A)=(((a,b),c,d))

head(tail(A))=head((((a,b),c,d)))=((a,b),c,d)

head(head(tail(A)))=head(((a,b),c,d))=(a,b)

答案：②

(8) 已知广义表 L=((x,y,z),a,(u,t,w)),则从 L 中取出原子项 t 的操作是(　　)。

① head(tail(head(tail(tail(L)))))　② head(head(tail(tail(tail(L)))))
③ head(tail(tail(tail(tail(L)))))　④ head(tail(tail(head(tail(L)))))

解答：t 在广义表 L 的第三个元素中,取出 L 的表尾。令 L 的表尾为 A,则

$$A = tail(L) = (a,(u,t,w))。$$

t 在广义表 A 的第二个元素中，取出 A 的表尾。令 A 的表尾为 B，则

$$B = tail(A) = tail((a,(u,t,w))) = ((u,t,w))。$$

t 在广义表 B 的第一个元素中，取出 B 的表头。令 B 的表尾为 C，则

$$C = head(B) = head(((u,t,w))) = (u,t,w)。$$

t 是广义表 C 的第二个元素，取出 C 的表尾。令 C 的表尾为 D，则

$$D = tail(C) = (t,w)$$

t 是广义表 D 的第一个元素，取出 D 的表头即为所求。

答案：①

(9) 广义表 G=(a,(a,(a))) 的长度为（　　　　）。

　　① 1　　　　　　② 2　　　　　　③ 3　　　　　　④ 4

解答： 广义表 G 有 a 和 (a,(a)) 两个元素，长度为 2。

答案：②

(10) 已知三维数组 a，它的维界分别为 (4,9),(−1,5),(−9,−2)，基地址为 20，每个元素占 3 字节，则元素 a[6][0][−5] 的地址为（　　　　）。

　　① 391　　　　　　② 392　　　　　　③ 393　　　　　　④ 394

解答： 已知三维数组 $a[0..m-1][0..n-1][0..r-1]$ 以行序为主序存储，每个元素占用的字节数为 L，则元素 $a[i][j][k]$ 地址为

$$LOC(a[i][j][k]) = LOC(a[0][0][0]) + (i \times n \times r + j \times r + k) \times L$$

若下标下界不为 0，则先将下标下界都调整为 0，然后计算相应元素的地址即可。在本题中，首先将 $a[4..9, -1..5, -9..-2]$ 调整为 $a[0..5, 0..6, 0..7]$，将 $a[6][0][-5]$ 调整为 $a[2][1][4]$，然后根据上面的公式计算 $a[2][1][4]$ 的地址即为所求。

$$LOC(a[2][1][4]) = 20 + (2 \times 7 \times 8 + 1 \times 8 + 4) \times 3 = 20 + 372 = 392$$

答案：②

2. 正误判断题

(1) 常对数组进行的基本操作是插入和删除。　　　　　　　　　　　　　　（　　　）

解答： 由于数组一旦建立，数组中的数据元素个数和数据元素之间的关系就不能再发生变化，因此在数组中一般不做插入和删除操作。

答案：×

(2) 压缩存储的三角矩阵和对称矩阵的存储空间相同。　　　　　　　　　　（　　　）

解答： 压缩存储的三角矩阵比压缩存储的对称矩阵多一个存储空间，用来存储常量 c。

答案：×

(3) 数组用顺序存储方式存储时，存取每个元素的时间相同。　　　　　　　（　　　）

解答： 数组用顺序存储方式存储时，只要知道起始地址（基地址）、维数和每维的上下界以及每个数组元素所占用的字节数，就可以将数组元素的存放地址表示为其下标的线性函数。因此，数组中的任一元素都可以在相同的时间内存取，即顺序存储的数组是一个随机存取结构。

答案：√

(4) 特殊矩阵采用压缩存储的目的主要是便于矩阵元素的存取。　　　　　　（　　）

解答：特殊矩阵采用压缩存储的目的主要是节省存储空间。

答案：×

(5) 稀疏矩阵是特殊矩阵。

解答：矩阵中值相同的非 0 元素或 0 元素的分布有一定的规律,这类矩阵称为特殊矩阵。矩阵中的非 0 元素的个数较少,并且分布没有规律,这类矩阵称为稀疏矩阵。

答案：×

(6) 两个稀疏矩阵的和仍为稀疏矩阵。　　　　　　　　　　　　　　　　　　（　　）

解答：两个稀疏矩阵的和不一定是稀疏矩阵。例如,当两个稀疏矩阵的和的非 0 元素个数等于这两个稀疏矩阵非 0 元素个数之和时,这两个矩阵的和不一定是稀疏矩阵。

答案：×

(7) 广义表中的元素类型可以不同。　　　　　　　　　　　　　　　　　　　（　　）

解答：广义表的不同元素可以有不同的结构,即元素类型可以不同。

答案：√

(8) 广义表的元素不可以是广义表。　　　　　　　　　　　　　　　　　　　（　　）

解答：广义表的元素可以是原子,也可以是一个广义表。

答案：×

(9) 一个广义表不能是其自身的一个元素。　　　　　　　　　　　　　　　　（　　）

解答：广义表的定义并没有限制元素的递归,即广义表也可以是其自身的一个元素。

答案：×

(10) 广义表中的原子个数即为广义表的长度。　　　　　　　　　　　　　　（　　）

解答：广义表中元素的个数称为广义表的长度,广义表的元素既可以是原子,也可以是一个广义表。

答案：×

3. 操作计算题

(1) 画出广义表(a,(b,(c,( ))),(d,e))的头尾表示法存储图,并计算其深度。

解答：该广义表的头尾表示法的存储结构如图 4.4 所示,该广义表的深度为 4。

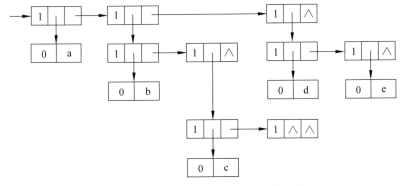

图 4.4　广义表的头尾表示法的存储结构

（2）已知广义表(a,(b,(a,b)),((a,b),(a,b)))，试完成下列操作：

① 任选一种结点结构，画出该广义表的存储结构图。

② 计算该广义表的表头和表尾。

③ 计算该广义表的深度。

解答：

① 该广义表的孩子兄弟法的存储结构如图 4.5 所示。

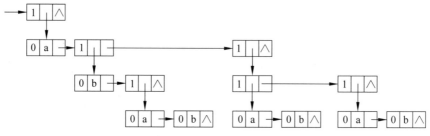

图 4.5　广义表的孩子兄弟法的存储结构

② 该广义表的表头为 a，表尾为((b,(a,b)),((a,b),(a,b)))。

③ 该广义表的深度为 3。

（3）假设 n(n 为奇数)阶矩阵 A 的主、次对角线元素为非 0 元素，其他元素为 0 元素，如果用一维数组 B 按行序存储 A 中的非 0 元素，下标下界均为 1，试计算：

① 给出 A 中非 0 元素的行下标和列下标的关系。

② 给出 A 中的非 0 元素 a_{ij} 的下标 i、j 与 B 中的对应元素的下标 k 的关系。

③ 若 B 的起始地址为 A0，给出 A 中任意一个非 0 元素在 B 中的地址。

解答：

① A 中非 0 元素的行下标和列下标的关系是 $i==j$ 或 $i+j==n+1$。

② a_{ij} 的下标 i、j 与 B 中的对应元素的下标 k 的关系是

$$k=\begin{cases}2i-1 & i==j \\ 2i & i<(n+1)/2 \text{ 且 } i\neq j \\ 2(i-1) & i>(n+1)/2 \text{ 且 } i\neq j\end{cases}$$

③ $LOC(a_{ij})=A0+(k-1)$，k 用上面的公式计算。

（4）设有 n 阶三对角矩阵 $A_{n\times n}$，将其三对角线上的元素逐行存储到一维数组 B 中，使得 $B[k]=a_{ij}$，试计算：

① 用 i、j 表示 k 的计算公式。

② 用 k 表示 i、j 的计算公式。

解答：

① 用 i、j 表示 k 的计算公式为

$$k=2i+j。$$

求(i,j)到 k 的变换公式，就是求在 k 之前已有的非 0 元素的个数，这些非 0 元素的个数就是 k 的值。a_{ij} 之前已有的非 0 元素的个数为 $(i\times3-1)+j-(i-1)$，其中 $i\times3-1$ 是

a_{ij}前面所有行的非 0 元素的个数;j-(i-1)是 a_{ij} 所在行前面的非 0 元素的个数,化简可得 k=2i+j。

② 用 k 表示 i,j 的计算公式为

$$\begin{cases} i=(k+1)/3 \\ j=(k+1)\%3+(k+1)/3-1 \end{cases}$$

因为当前元素前(包括当前元素)已有的非 0 元素的个数为 k+1,所以行标 i=(k+1)/3。因为当前元素所在行前面的非 0 元素的个数为(k+1)%3,当前元素所在行前面的 0 元素的个数为(k+1)/3-1,所以列标 j=(k+1)%3+(k+1)/3-1。

4. 算法设计题

(1) 编写算法,按矩阵格式输出按行序压缩存储的 n 阶下三角矩阵。

解答:假设以一维数组 a[n(n+1)/2+1]作为 n 阶下三角矩阵 A 的存储结构,则下三角矩阵 A 中任一元素 A[i][j]和 a[k]的对应关系是

$$k=\begin{cases} i(i+1)/2+j & i\geqslant j \\ n(n+1)/2 & i<j \end{cases}$$

其中,数组元素 a[n(n+1)/2]用于存放常量 c。

```
typedef int ElemType;
void Print(ElemType a[],int n)
{ int i,j;
  for(i=0;i<n;i++)
  { for(j=0;j<n;j++)
    if(i>=j) printf("%4d",a[i*(i+1)/2+j]);
    else printf("%4d",a[n*(n+1)/2]);
    printf("\n");
  }
}
```

(2) 设有二维数组 A[m][n],其元素类型为 ElemType,每行和每列都从小到大有序,编写算法,求出数组中值为 x 的元素的行号 i 和列号 j。设值 x 在 A 中存在,要求比较次数不多于 m+n 次。

解答:由于算法要求比较次数不多于 m+n 次,因此不能按行扫描数组的每个元素,否则比较次数在最坏情况下可达到 m×n 次。根据矩阵的特点,可以从矩阵的右上角按次对角线的方向向左下角查找。

```
void Search(ElemType A[m][n],ElemType x,int * i,int * j)  /*通过参数带回下标*/
{ * i=0; * j=n-1;                                          /*从右上角开始查找*/
  while(A[* i][* j]!=x)                  /*不等*/
    if(A[* i][* j]>x) (* j)--;           /*当前元素大于 x,到当前行的上一列查找*/
    else (* i)++;                        /*当前元素小于 x,到当前列的下一行查找*/
}
```

(3) 编写算法,将一个 n 阶矩阵 A 的元素从左上角开始按蛇形方式存储到一维数组

B中。

解答：假设数组下标从0开始，以n＝4为例，如图4.6所示。n阶矩阵有2n−1条斜线，每条斜线（k）上的元素个数gs为

$$gs=\begin{cases}k & k<n \\ 2n-k & k\geqslant n\end{cases}$$

奇数斜线元素编号从左下向右上递增，偶数斜线元素编号从右上向左下递增。

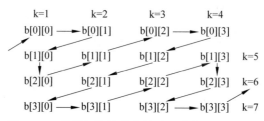

图4.6 二维数组按蛇形存储到一维数组中的顺序

```
typedef int ElemType;
void Func(ElemType B[],ElemType A[][n])
{ int i,j,k,m,g,gs;
  m=0;
  for(k=1;k<=2*n-1;k++)
  { if(k<n) gs=k;                      /*gs为第k条斜线上的元素个数*/
    else gs=2*n-k;
    for(g=1;g<=gs;g++)
    { if(k%2==1)
      { i=gs-g;j=g-1;}                 /*k为奇数的情况*/
      else
      { i=g-1;j=gs-g;}                 /*k为偶数的情况*/
      if(k>n)
      { i=i+n-gs; j=j+n-gs;}           /*考虑n+1到2n-1的斜线*/
      B[m]=A[i][j];m++;
    }
  }
}
```

（4）编写算法，输出采用十字链表存储的稀疏矩阵的最大值。假设元素类型为整型。

解答：先用第一行第一个结点value域的值初始化最大值变量（max），然后按行扫描十字链表中的每个结点，若其value域值比max大，则用其value域值更新max。

```
typedef int ElemType;
typedef struct mtxn
{ int row;                            /*非0元素行标*/
  int col;                            /*非0元素行标*/
  struct mtxn * right;                /*用来链接同一行中的下一个非0元素*/
  struct mtxn * down;                 /*用来链接同一列中的下一个非0元素*/
```

```
  union
  { int value;                          /* 非 0 元素的值 */
    struct mtxn * link;                 /* 顺序链接行(或列)头结点 */
  }tag;
}MaNode;                                 /* 十字链表的结点类型 */
ElemType FindMax(MaNode * h)
{ MaNode * p, * q;
  ElemType max;
  p=h->tag.link;
  q=p->right;
  max=q->tag.value;                      /* 初始化最大值变量 */
  while(p!=h)
  { q=p->right;
    while(p!=q)
    { if(q->tag.value>max)
        max=q->tag.value;                /* 更新最大值 */
      q=q->right;                        /* 到当前行的下一个结点 */
    }
    p=p->tag.link;                       /* 到下一列的第一个结点 */
  }
  return max;
}
```

(5) 已知矩阵 A 和 B 是两个按三元组形式存储的稀疏矩阵,编写算法,计算 A－B。

解答：用 r 和 cl 分别作为扫描三元组 a 和 b 的指针,按行序对它们的当前值进行减法运算,并将结果存放在三元组 c 中。

```
void MatrSub(Table * a,Table * b,Table * c)    /* Table 的定义见例 4.6 */
{ int r=0,cl=0,k=0,v;
  if(a->rownum!=b->rownum||a->colnum!=b->colnum)
    printf("矩阵 A,B 的行数或列数不等!\n");
  c->rownum=a->rownum;
  c->colnum=a->colnum;
  while(r<a->nznum&&cl<b->nznum)
  { if(a->data[r].i==b->data[cl].i)
    { if(a->data[r].j<b->data[cl].j)           /* 行标相等,且 a 的列标小,从 a 中取 */
      { c->data[k].i=a->data[r].i;
        c->data[k].j=a->data[r].j;
        c->data[k].e=a->data[r].e;
        k++;r++;
      }
      else
        if(a->data[r].j>b->data[cl].j)         /* 行标相等,且 b 的列标小,从 b 中取 */
        { c->data[k].i=b->data[cl].i;
          c->data[k].j=b->data[cl].j;
```

```
            c->data[k].e=-(b->data[cl].e);  /* 元素值取相反数 */
            k++;cl++;
          }
          else
          { v=a->data[r].e-b->data[cl].e;
            if(v!=0)                          /* 行标和列标都相等,且元素差值不为 0 */
            { c->data[k].i=a->data[r].i;
              c->data[k].j=a->data[r].j;
              c->data[k].e=v;
              k++;
            }
            r++;cl++;
          }
      }
      else
        if(a->data[r].i<b->data[cl].i)       /* a 的行标小,从 a 中取 */
        { c->data[k].i=a->data[r].i;
          c->data[k].j=a->data[r].j;
          c->data[k].e=a->data[r].e;
          k++;r++;
        }
        else                                 /* b 的行标小,从 b 中取,元素值取相反数 */
        { c->data[k].i=b->data[cl].i;
          c->data[k].j=b->data[cl].j;
          c->data[k].e=-(b->data[cl].e);
          k++;cl++;
        }
    }
    while(r<a->nznum)                         /* b 已处理完,处理 a 中的剩余部分 */
    { c->data[k].i=a->data[r].i;
      c->data[k].j=a->data[r].j;
      c->data[k].e=a->data[r].e;
      k++;r++;
    }
    while(cl<b->nznum)                        /* a 已处理完,处理 b 中的剩余部分 */
    { c->data[k].i=b->data[cl].i;
      c->data[k].j=b->data[cl].j;
      c->data[k].e=-(b->data[cl].e);
      k++;cl++;
    }
    c->nznum=k;
}
```

4.7　自测试题参考答案

1. 单项选择题

(1) A　　(2) B　　(3) B　　(4) A　　(5) C　　(6) C　　(7) D　　(8) C

(9) B　　(10) A

2. 正误判断题

(1) √　　(2) ×　　(3) ×　　(4) √　　(5) ×　　(6) ×　　(7) ×　　(8) ×

(9) √　　(10) √

3. 填空题

(1) ① 顺序存储结构　　　　　　　　(2) ② 1038

(3) ③ $n(n+1)/2+1$　　　　　　(4) ④ 非 0 元素很少($t \ll m \times n$)且分布没有规律

(5) ⑤ 节省存储空间　　　　　　　　(6) ⑥ 线性表

(7) ⑦ 其余元素组成的表　　　　　　(8) ⑧ 3

(9) ⑨ head(head(tail(LS)))　　(10) ⑩ (d,e)

4. 计算操作题

(1) 每个元素有 32 个二进制位,主存字长为 16 位,故每个元素占 2 个字长,行下标可平移至 1 到 11。

① 242　　　　　② 22　　　　　③ s+182　　　　　④ s+142

(2) ①广义表 A=(((a)),(b),c,(a),(((d,e)))) 的孩子兄弟法的存储结构如图 4.7 所示。

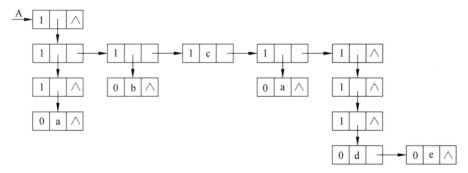

图 4.7　广义表 A 的孩子兄弟法的存储结构

② 表的长度为 5,深度为 4。

③ head(tail(head(head(head(tail(tail(tail(tail(A)))))))))。

5. 算法设计题

(1)

① 判断二维数组中的元素是否互不相同只能逐个比较,找到一对相等的元素,就可

以下结论为不是互不相同。如何实现每个元素同其他元素只比较一次？在当前行，每个元素要同本行后面的元素比较一次，然后同下一行及以后各行的元素比较一次。

```
int Judge(int a[m][n])
{ int i,j,k,p;
  for(i=0;i<m;i++)
   for(j=0;j<n-1;j++)
   { for(p=j+1;p<n;p++)              /* 与同行其他元素比较 */
      if(a[i][j]==a[i][p])
      { printf("no"); return(0); }
     for(k=i+1;k<m;k++)             /* 与第 i+1 行及以后的元素比较 */
      for(p=0;p<n;p++)
       if(a[i][j]==a[k][p])
       { printf("no"); return(0);}
   }
   printf("yes"); return(1);        /* 元素互不相同 */
}
```

② 二维数组中的每一个元素同其他元素都比较一次，数组中共 m×n 个元素，第 1 个元素同其他 m×n−1 个元素比较，第 2 个元素同其他 m×n−2 个元素比较，……，第 m×n−1 个元素同最后一个元素比较一次，所以在元素互不相等时总的比较次数为(m×n−1)+(m×n−2)+⋯+2+1=(m×n)(m×n−1)/2。在有相同元素时，可能第一次比较时就相同，也可能最后一次比较时才相同。设在 m×n−1 个位置上均可能相同，这时的平均比较次数约为(m×n)(m×n−1)/4,总的时间复杂度为 $O(n^4)$。

（2）

以第一个元素为"基准"，凡是比它大的元素都移到它的后面，否则移到它的前面，这样就确定了该元素的位置 i。若 i==k,则该位置的元素即为所求；若 i>k,则在 0~i−1 之间继续查找；若 i<k,则在 i+1~n−1 之间继续查找。如此反复进行，直到 i==k 为止，第 i 个位置上的元素就是第 k(1≤k≤n)个最小元素。

```
int Search(int a[],int n,int k)
{ int low,high,i,j,t;
  k--;low=0;high=n-1;              /* k 改为下标,low 和 high 是查找区间的下界和上界 */
  while(1)
  { i=low;j=high;t=a[low];         /* 在区间[low..high]内查找 a[low]的位置 */
    while(i<j)
    { while(i<j&&a[j]>t) j--;      /* 从尾向头查找不大于 a[low]的元素 */
      if(i<j) a[i++]=a[j];         /* 找到,前移 */
      while(i<j&&a[i]<t) i++;      /* 从头向尾查找不小于 a[low]的元素 */
      if(i<j) a[j--]=a[i];         /* 找到,后移 */
    }
    a[i]=t;                        /* a[low]是第 i 小的值 */
    if(i==k) return a[k];          /* 找到 */
```

```
      if(i<k) low=i+1; else high=i-1;   /*确定查找区间*/
   }
}
```

4.8　实验题参考答案

（1）以一维数组 S 作为 n 阶对称矩阵 A 的存储结构，则矩阵 A 中的任一元素 A[i][j]
和一维数组元素 S[k]之间存在如下对应关系：

$$k=\begin{cases} i\times(i+1)/2+j & i\geqslant j \\ j\times(j+1)/2+i & i<j \end{cases}$$

① 已知 i 和 j，求 k。

```
int Countk(int i,int j)
{ int k;
  if(i>=j) k=i*(i+1)/2+j;        /*A[i][j]是下三角元素*/
  else k=j*(j+1)/2+i;            /*A[i][j]是上三角元素*/
  return k;
}
```

② 已知 k，求 i 和 j。

```
int Countij(int k,int *j)          /*j值通过参数带回*/
{ int i=0;
  while(i*(i+1)/2<=k) i++;         /*求i值*/
  i--;
  *j=k-i*(i+1)/2;                  /*求j值*/
  return i;
}
```

（2）

```
void Fun(int A[N*N],int B[N][N])
{ int i,j,k,m,g,gs;                /*gs为第k条斜线上的元素个数*/
  m=0;                            /*m为数组B的下标*/
  for(k=1;k<=2*N-1;k++)           /*共2N-1条斜线*/
  { if(k<=N) gs=k;                /*第1~N条斜线*/
    else gs=2*N-k;                /*第N+1~2N-1条斜线*/
    for(g=1;g<=gs;g++)
    { if(k%2==1)                  /*k为奇数的情况*/
      { i=gs-g;j=g-1;}
      else                        /*k为偶数的情况*/
      { i=g-1;j=gs-g;}
      if(k>N)                     /*第N+1~2N-1条斜线时的情况*/
      { i=i+N-gs;j=j+N-gs;}
      B[i][j]=A[m];
```

```
        m++;
      }
    }
}
```

（3）矩阵中的元素按行和按列都已有序，要求查找时间复杂度为 O(m+n)，因此不能采用常规的二层循环的方法进行查找。可以先从右上角的元素(i=0,j=n-1)开始与 x 比较，只有 3 种情况：

① 若 A[i][j]>x，则向 j 小的方向查找；

② 若 A[i][j]<x，则向 i 大的方向查找；

③ 若 A[i][j]==x，则查找成功；若下标已超出范围，则查找失败。

```
void Search(int A[m][n], int x)
{ int i=0,j=n-1,flag=0;              /* flag 为是否找到 x 的标志 */
  while(i<m &&j>=0)
    if(A[i][j]==x) {flag=1;break;} /* 置找到标志并退出 */
    else if (A[i][j]>x) j--;        /* 向 j 小的方向查找 */
        else i++;                   /* 向 i 大的方向查找 */
    if(flag) printf("A[%d][%d]=%d\n",i,j,x);
      else printf("不存在%d\n",x);
}
```

4.9 思考题参考答案

（1）**答**：稀疏矩阵 $A_{m×n}$ 采用二维数组存储时需要 m×n 个存储单元，完成求和运算时数组元素随机存取，速度快。采用三元组表存储时，若非 0 元素的个数为 t(t<<m×n)，则需要 3(t+1) 个存储单元（前 3 个存储单元存放稀疏矩阵 A 的行数、列数和非 0 元素个数，后 3t 个存储单元存放各非 0 元素的行标、列标和非 0 元素的值），比二维数组更节省存储单元，但在求和运算时需要扫描整个三元组表，其时间性能比采用二维数组差。

（2）**答**：特殊矩阵是指值相同的元素或 0 元素在矩阵中的分布有一定规律，因此可以给值相同的元素只分配一个单元，将元素存储在一维数组中，元素的下标 i、j 和该元素在一维数组中的下标 k 有一定规律，可以用简单的公式表示，仍具有随机存取功能。而稀疏矩阵是指非 0 元素的数量和矩阵元素相比很小(t<<m×n)，且分布没有规律。用十字链表作为存储结构自然失去了随机存取的功能。即使用三元组表的顺序存储结构，在存取下标为 i、j 的元素时也要扫描三元组表，下标不同的元素，其存取时间也不同，最好情况下是 O(1)，最坏情况下是 O(n)，因此也失去了随机存取的功能。

（3）**答**：广义表中的元素可以是原子，也可以是子表，即广义表是原子或子表的有限序列，满足线性结构的特性：在非空线性结构中，只有一个称为"第一个"的元素，只有一个称为"最后一个"的元素，第一个元素有后继而没有前驱，最后一个元素有前驱而没有后继，其余每个元素有唯一前驱和唯一后继。从这个意义上说，广义表属于线性结构。

（4）**答**：线性表中的元素可以是各种各样的，但必须具有相同的性质，属于同一数据对象。广义表中的元素可以是原子，也可以是子表。

（5）**答**：一维数组是 n(n＞1)个类型相同的数据元素构成的有限序列，且该序列存储在一块地址连续的存储单元中。由此可见，一维数组是存储在连续内存单元中的线性表，即一维数组属于特殊的顺序表。

第 **5** 章 树和二叉树

5.1 内容概述

本章首先介绍树的定义和基本术语,然后介绍二叉树的定义、性质、存储结构、遍历和线索二叉树,之后介绍树的存储结构、遍历、树(森林)与二叉树的转换,最后介绍哈夫曼树及其应用。本章的知识结构如图 5.1 所示。

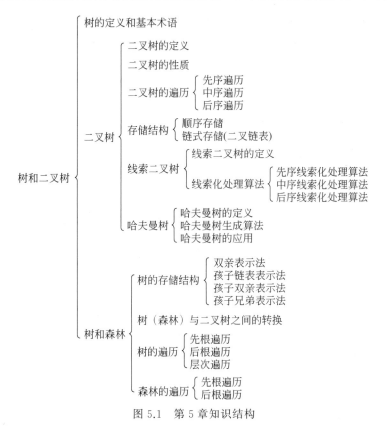

图 5.1 第 5 章知识结构

考核要求:掌握树的定义和基本术语,掌握二叉树的定义和性质,掌握满二叉树和完全二叉树的特点,掌握二叉树的遍历方法及算法实现,了解二叉树的线索化过程及其算法实现,掌握树的存储、遍历以及树（森林）与二叉树的转换,掌握哈夫曼树的构造方法。

重点难点：本章的重点是二叉树的遍历算法及其相关应用,难点是如何利用本章的相关知识设计出实现某种功能的有效算法。

核心考点：二叉树的定义和性质,满二叉树和完全二叉树的特点,二叉树的存储结构,二叉树的遍历过程,二叉树的线索化过程,哈夫曼树的构造方法,二叉树上递归算法的设计。

5.2 典型题解析

5.2.1 二叉树的定义及其性质

二叉树的特点是每个结点至多有两棵子树,即任何结点的度不大于 2,而且二叉树的子树有左右之分,其次序不能任意颠倒。二叉树的性质是计算或证明二叉树中某类结点的个数或高度的基础。

【例 5.1】 下列关于二叉树度的说法中正确的是(　　)。

A. 二叉树的度为 2　　　　　　　　　　　B. 一棵二叉树的度可以小于 2

C. 二叉树中至少有一个结点的度为 2　　D. 二叉树中任何一个结点的度都为 2

解析：二叉树中每个结点至多有两棵子树,即二叉树中任何一个结点的度都不大于 2。由此可知,二叉树中可以没有度为 2 的结点,此时二叉树的度或者为 1(结点数≥2),或者为 0(结点数≤1)。

答案：B

【例 5.2】 下列叙述中正确的是(　　)。

A. 二叉树是度为 2 的有序树

B. 完全二叉树一定存在度为 1 的结点

C. 对于有 n 个结点的二叉树,其高度为 $\lfloor \log_2 n \rfloor + 1$

D. 深度为 k 的二叉树中的结点总数≤$2^k - 1$

解析：二叉树是度不大于 2 的有序树,选项 A 错误。当结点个数 n 为偶数时,完全二叉树中有且仅有一个度为 1 的结点;当结点个数 n 为奇数时,完全二叉树中没有度为 1 的结点,选项 B 错误。具有 n 个结点的完全二叉树的深度为 $\lfloor \log_2 n \rfloor + 1$,选项 C 错误。深度为 k(k≥1)的二叉树上至多有 $2^k - 1$ 个结点,选项 D 正确。

答案：D

【例 5.3】 若一棵二叉树有 10 个度为 2 的结点,5 个度为 1 的结点,则度为 0 的结点的个数是(　　)。

A. 9　　　　　　　　　　B. 11　　　　　　　　　　C. 15　　　　　　　　　　D. 不确定

解析：任意一棵二叉树中,叶子结点的数目(用 n_0 表示)总比度为 2 的结点的数目(用 n_2 表示)多一个,即 $n_0 = n_2 + 1$。

答案：B

【例 5.4】 一棵具有 1025 个结点的二叉树,其高度最小为(   )。

A. 10   B. 11   C. 12   D. 不确定

解析：在结点数相同的所有形态的二叉树中,完全二叉树的深度最小,且具有 n 个结点的完全二叉树的深度为 $\lfloor \log_2 n \rfloor + 1$。由此可知,具有 1025 个结点的二叉树的最小深度为 $\lfloor \log_2 1025 \rfloor + 1 = 10 + 1 = 11$。

答案：B

【例 5.5】 高度为 K 的二叉树最多有(   )个结点。

A. 2^K B. 2^{K-1} C. $2^K - 1$ D. $2^{K-1} - 1$

解析：在所有高度为 K 的二叉树中,满二叉树的结点数最多,结点数为 $2^K - 1$。

答案：C

【例 5.6】 有 n 个结点且高度为 n 的二叉树的数目是多少?

解析：有 n 个结点且高度为 n 的二叉树是从根结点到叶子结点的单枝树,单枝树的数目由单枝树的形态所决定,单枝树的形态由叶子结点的位置所决定。深度为 n 的单枝树的叶子结点共有 2^{n-1} 种不同的位置,所以二叉树的数目是 2^{n-1}。由此可知,本题等价于高度为 n 的满二叉树有多少个叶子结点。

【例 5.7】 已知完全二叉树的第 7 层有 10 个叶子结点,则整个二叉树的结点数最多是多少?

解析：第 7 层共有 $2^{7-1} = 64$ 个结点,已知有 10 个叶子,其余 54 个结点均为分支结点。由于本题求二叉树的结点数最多是多少,所以第 8 层上有 108 个叶子结点。该二叉树的结点数最多为 $2^7 - 1 + 108 = 235$。

【例 5.8】 已知一棵满二叉树的结点数在 20～40 之间,此二叉树的叶子结点有多少个?

解析：因为深度为 k 的满二叉树的结点数为 $2^k - 1$,所以结点数在 20～40 之间的满二叉树的深度为 5。由此可知,其叶子结点数为 $2^{5-1} = 16$。

【例 5.9】 假设高度为 h 的二叉树上只有度为 0 和 2 的结点,问此类二叉树中的结点数可能达到的最大值和最小值各为多少?

解析：当二叉树是满二叉树时,结点数达到最大值,结点数为 $2^h - 1$;当二叉树除第一层外其余每层均有两个结点时,结点数达到最小值,结点数为 $2h - 1$。

【例 5.10】 已知一棵完全二叉树顺序存储在 A[1..N] 中,如何求出 A[i] 和 A[j] 的最近的公共祖先?

解析：根据顺序存储的完全二叉树的性质,编号为 i 的结点的双亲的编号是 $\lfloor i/2 \rfloor$,故 A[i] 和 A[j] 的最近公共祖先可如下求出:

```
while(i/2!=j/2)
   if(i>j) i=i/2; else j=j/2;
```

退出 while 循环后,若 i/2==0,则最近的公共祖先为根结点,否则最近的公共祖先是 i/2(或 j/2)。

5.2.2 二叉树的存储及其遍历

二叉树有顺序存储和链式存储(二叉链表)两种。二叉树遍历有先序遍历、中序遍历、后序遍历和层次遍历四种。考查的重点是二叉树的递归遍历和非递归遍历的思想及算法实现。考查方式主要有两种：一是对给定的二叉树，写出其先序、中序和后序遍历序列，或根据给定的遍历序列画出二叉树；二是算法设计，如建立给定遍历序列的存储结构、计算满足条件的结点数、计算二叉树的高度(深度)、交换二叉树的左右子树、将叶子结点连接成链表等。

【例 5.11】 对二叉树的结点从 1 开始进行连续编号，要求每个结点的编号大于其左右孩子的编号，同一结点的左右孩子中，其左孩子的编号小于其右孩子的编号，可采用(   )遍历实现编号。

A. 先序　　　　　　　　　　　　B. 中序

C. 后序　　　　　　　　　　　　D. 从根开始按层次

解析：由于每个结点的编号大于其左右孩子的编号，所以先遍历该结点的孩子，再遍历该结点。在同一结点的左右孩子中，其左孩子的编号小于其右孩子的编号，所以先遍历左孩子，再遍历右孩子。由此可知，遍历的顺序为左孩子→右孩子→根结点，故可采用后序遍历实现编号。

答案：C

【例 5.12】 若一棵二叉树的先序序列和后序序列正好相反，则该二叉树一定是(   )的二叉树。

A. 空或只有一个结点　　　　　　B. 任一结点无左子树

C. 高度等于其结点数　　　　　　D. 任一结点无右子树

解析：若二叉树的高度等于其结点数，则每层只有一个结点，其先序序列和后序序列正好相反。选项 A、B 和 D 都是二叉树的高度等于其结点数的特殊情况，都不够全面。

答案：C

【例 5.13】 已知一棵二叉树的中序序列和后序序列，编写一个建立该二叉树的二叉链表存储结构的算法。已知一棵二叉树的中序遍历序列为 CEIFGBADH，后序遍历序列为 EICBGAHDF，试画出该二叉树。

解析：首先建立根结点，根结点数据是后序遍历序列的最后一个元素，然后在中序序列中查找根结点数据，根结点之前的元素在根结点的左子树上，根结点之后的元素在根结点的右子树上，递归建立根结点的左右子树。

```
typedef char ElemType;                /* 数据元素类型 */
typedef struct Node
{ ElemType data;                      /* 数据域 */
   struct Node * lchild, * rchild;   /* 左右指针域，分别存储左右孩子的存储位置 */
}BitTree;
BitTree * Creat(ElemType in[],ElemType post[],int l1,int h1,int l2,int h2)
/* in 和 post 存放中序序列和后序序列，l1,h1,l2,h2 分别是两个序列首尾结点的下标 */
```

```
{ BitTree * t;
  int i;
  t=(BitTree *)malloc(sizeof(BitTree));      /* 申请结点 */
  t->data=post[h2];                 /* 后序遍历序列的最后一个元素是根结点数据 */
  for(i=l1;i<=h1;i++)
     if(in[i]==post[h2]) break;     /* 在中序序列中查找根结点 */
  if(i==l1) t->lchild=NULL;         /* 处理左子树 */
  else t->lchild=Creat(in,post,l1,i-1,l2,l2+i-l1-1);
  if(i==h1) t->rchild=NULL;         /* 处理右子树 */
  else t->rchild=Creat(in,post,i+1,h1,l2+i-l1,h2-1);
  return(t);
}
```

中序遍历序列为 CEIFGBADH、后序遍历序列为 EICBGAHDF 的二叉树的生成过程如图 5.2 所示。

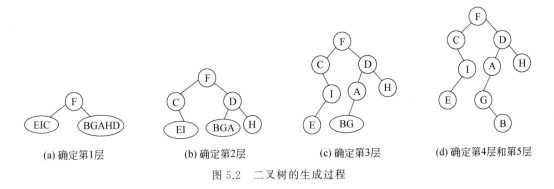

(a) 确定第1层   (b) 确定第2层   (c) 确定第3层   (d) 确定第4层和第5层

图 5.2 二叉树的生成过程

【**例 5.14**】 有 n 个结点的完全二叉树存放在一维数组 A[1..n] 中,试据此建立该二叉树的二叉链表。

解析:完全二叉树按层次存储在一维数组 A 中,编号从 1 到 n。在数组 A 中从下标为 1 的单元开始依次取元素值,同时建立新结点,若结点的孩子存在,则递归建立该结点的子树,否则子树为空。

```
BitTree * Creat(ElemType A[],int n,int i)
/* n 是结点数,i 是数组 A 的下标,调用时 i=1 */
{ BitTree * T;                                  /* BitTree 的定义见例 5.13 */
  if(i<=n)
  { T=(BitTree *)malloc(sizeof(BitTree));  /* 建立新结点 */
    T->data=A[i];                          /* 新结点的数据域值 */
    if(2*i>n) T->lchild=NULL;              /* 左子树为空 */
    else T->lchild=Creat(A,n,2*i);         /* 左子树不为空,递归建立左子树 */
    if(2*i+1>n) T->rchild=NULL;            /* 右子树为空 */
    else T->rchild=Creat(A,n,2*i+1);       /* 右子树不为空,递归建立右子树 */
  }
```

```
        return T;
    }
```

【例 5.15】 已知二叉树按二叉链表形式存储，编写算法，判断给定的二叉树是否为完全二叉树。

解析：深度为 k、具有 n 个结点的完全二叉树的每个结点都与深度为 k 的满二叉树中编号从 1 至 n 的结点一一对应。从根结点开始，按层次扫描二叉树，若当前结点的左子树不为空且前面已扫描结点的左右子树都不为空，或当前结点及前面已扫描的结点的左右子树都不为空，则继续扫描下一个结点；否则不是完全二叉树，结束扫描。

```
#define MAXSIZE 20                         /*最多结点数*/
int Judge(BitTree * bt)                    /*BitTree的定义见例5.13*/
{ int tag=0,front=0,rear=0;
  BitTree * p=bt, * Q[MAXSIZE];            /*Q是队列,元素是二叉树结点指针*/
  if(p==NULL) return 1;
  Q[rear++]=p;                             /*根结点指针入队*/
  while(front!=rear)
  { p=Q[front++];                          /*出队*/
    if(p->lchild&&! tag) Q[rear++]=p->lchild;      /*左孩子入队*/
    else if(p->lchild) return 0;           /*前边已有结点为空,本结点不为空*/
        else tag=1;                        /*首次出现结点为空*/
    if(p->rchild&&! tag) Q[rear++]=p->rchild;      /*右孩子入队*/
    else if(p->rchild) return 0;
        else tag=1;
  }
  return 1;
}
```

【例 5.16】 设 T 是一棵满二叉树，按顺序存储方式存储，编写将 T 的先序遍历序列转换为后序遍历序列的递归算法。

解析：先序序列的第一个元素是后序序列的最后一个元素，剩余元素的前一半在左子树上，后一半在右子树上。用递归的方法将左子树的先序序列转换为后序序列，将右子树的先序序列转换为后序序列。对一般二叉树，仅根据一个先序、中序或后序遍历序列不能确定另一个遍历序列。但对于满二叉树，任一结点的左右子树均含有数量相等的结点，根据此性质，可将任一遍历序列转换为另一遍历序列，即任一遍历序列均可确定一棵二叉树。

```
typedef char ElemType;                     /*数据元素类型*/
void PreToPost(ElemType pre[],ElemType post[],int l1,int h1,int l2,int h2)
/*l1,h1,l2,h2分别是序列初始结点和最后结点的下标*/
{ int half;
  if(h1>=l1)
  { post[h2]=pre[l1];                      /*根结点*/
    half=(h1-l1)/2;                        /*左子树或右子树的结点数*/
```

```
    PreToPost(pre,post,l1+1,l1+half,l2,l2+half-1);
    /*将左子树先序序列转换为后序序列*/
    PreToPost(pre,post,l1+half+1,h1,l2+half,h2-1);
    /*将右子树先序序列转换为后序序列*/
    }
}
```

【例 5.17】　已知二叉树按二叉链表方式存储,设计一个算法,把二叉树的叶子结点按从左到右的顺序链接成一个单链表,表头指针为 head。链接时用叶子结点的右指针域存放单链表指针。

解析:采用中序递归遍历的方法查找叶子结点,设置前驱结点指针 pre,初始为空。第一个叶子结点由指针 head 指向,当遍历到叶子结点时,其前驱的 rchild 指针指向它,最后叶子结点的 rchild 为空。

```
BitTree * head, * pre=NULL;               /* head 为头指针,pre 为尾指针 */
LinkLeaf(BitTree * bt)                     /* BitTree 的定义见例 5.13 */
{ if(bt)
   { LinkLeaf(bt->lchild);                 /* 中序遍历左子树 */
     if(bt->lchild==NULL&&bt->rchild==NULL) /* 叶子结点 */
       if(pre==NULL) { head=bt; pre=bt; }  /* 处理第一个叶子结点 */
       else { pre->rchild=bt; pre=bt; }    /* 将叶子结点链入链表 */
     LinkLeaf(bt->rchild);                 /* 中序遍历右子树 */
     pre->rchild=NULL;                     /* 设置链表尾 */
   }
}
```

【例 5.18】　已知二叉树采用二叉链表存储,编写非递归算法,交换二叉树的左右子树。

解析:设置一个栈 stack 存放还没有交换过的结点,它的栈顶指针为 top。交换左右子树的算法如下。

(1) 把根结点放入栈。

(2) 当栈不为空时,取出栈顶元素,交换它的左右子树,并把它的左右子树的根结点分别入栈。

(3) 重复操作(2),直到栈为空为止。

```
#define MAXSIZE 20                         /* 最多结点数 */
void Exchange(BitTree * t)                 /* BitTree 的定义见例 5.13 */
{ BitTree * r, * p, * stack[MAXSIZE];
  int top=0;
  stack[top++]=t;                          /* 根结点入栈 */
  while(top>0)                             /* 栈不为空 */
  { p=stack[--top];                        /* 出栈 */
    if(p)
    { r=p->lchild;                         /* 交换 */
```

```
        p->lchild=p->rchild;
        p->rchild=r;
        stack[top++]=p->lchild;                 /* 左子树根结点入栈 */
        stack[top++]=p->rchild;                 /* 右子树根结点入栈 */
      }
    }
}
```

【例 5.19】 假设一棵完全二叉树使用顺序存储结构存储在数组 bt[1..n]中，写出进行非递归先序遍历的算法。

解析：完全二叉树按顺序存储结构存储时，双亲与孩子结点的下标之间有确定关系。对顺序存储结构的完全二叉树进行遍历与二叉链表类似。在顺序存储结构下，通过结点下标是否大于 n 判断完全二叉树是否为空。

```
typedef char ElemType;                          /* 数据元素类型 */
#define MAXSIZE 20                              /* 最多结点数 */
void PreOrder(ElemType bt[],int n)
{ int top=0,s[MAXSIZE];                         /* top 是栈 s 的栈顶指针 */
  int i=1;
  while(i<=n||top>0)
  { while(i<=n)
    { printf("%3c",bt[i]);                      /* 访问根结点 */
      if(2*i+1<=n) s[top++]=2*i+1;              /* 右孩子的下标进栈 */
      i=2*i;                                    /* 沿左孩子向下 */
    }
   if(top>0) i=s[--top];
  }
}
```

【例 5.20】 已知二叉树 T 采用二叉链表存储，设计算法，返回二叉树 T 的先序序列的最后一个结点的指针，要求采用非递归形式，且不允许使用栈。

解析：若二叉树有右子树，则二叉树先序序列的最后一个结点是右子树中最右下的叶子结点；若二叉树无右子树，仅有左子树，则二叉树先序序列的最后一个结点是左子树最右下的叶子结点；若二叉树无左右子树，则根结点是二叉树先序序列的最后一个结点。

```
BitTree * LastNode(BitTree * bt)        /* BitTree 的定义见例 5.13 */
{ BitTree * p=bt;
  if(bt==NULL) return NULL;
  else
  while(p)
    if(p->rchild) p=p->rchild;          /* 若右子树不为空，则沿右子树向下 */
    else if(p->lchild) p=p->lchild;     /* 若右子树为空，左子树不为空，则沿左子树向下 */
      else return p;                    /* p 即为所求 */
}
```

5.2.3　线索二叉树

线索二叉树分为先序线索二叉树、中序线索二叉树和后序线索二叉树三种。考查的重点是建立和遍历线索二叉树的算法。考查的方式主要有两种：一是画出给定二叉树的线索树，二是算法设计，如建立线索二叉树、在线索二叉树中查找给定条件的结点和在线索二叉树中插入结点等。

【例 5.21】　线索二叉树是一种(　　)结构。

A. 逻辑　　　　　　　B. 逻辑和存储　　　　C. 物理　　　　　　　D. 线性

解析：用二叉链表作为二叉树的存储结构时，因为每个结点中只有指向左右孩子结点的指针域，所以从任一结点出发只能直接找到该结点的左右孩子，一般情况下无法直接找到该结点在某种遍历序列中的前驱和后继结点。但是，在有 n 个结点的二叉链表中含有 n+1 个空指针域，因此可以利用这些空指针域存放指向结点在某种遍历次序下的前驱或后继结点的指针。这种附加的指针称为线索，加上线索的二叉链表称为线索链表，相应的二叉树称为线索二叉树。由此可知，线索二叉树是一种物理结构。

答案：C

【例 5.22】　一棵左子树为空的二叉树在先序线索化后，其空链域的个数为(　　)。

A. 不确定　　　　　　B. 0　　　　　　　　C. 1　　　　　　　　D. 2

解析：一棵左子树为空的二叉树在先序线索化后，因为第一个遍历的结点没有左孩子且没有前驱，最后一个遍历的结点没有右孩子且没有后继，所以空链域的个数为 2。

答案：D

【例 5.23】　若 X 是中序线索二叉树中的一个有左孩子的结点，且 X 不为根结点，则 X 的前驱为(　　)。

A. X 的双亲　　　　　　　　　　　　B. X 的右子树中最左的结点

C. X 的左子树中最右的结点　　　　　D. X 的左子树中最右的叶子结点

解析：由中序遍历的过程可知，访问 X 的左子树的最右结点后访问 X，X 的左子树的最右结点的右链域是线索，指向其后继 X。由此可知，X 的前驱为 X 的左子树中最右的结点。

答案：C

【例 5.24】　设 t 是一棵按后序遍历方式构成的线索二叉树的根结点指针，试设计一个非递归的算法，把一个地址为 x 的新结点插入 t 树，已知地址为 y 的结点右孩子作为结点 x 的右孩子，并使插入后的二叉树仍为后序线索二叉树。

解析：在线索二叉树上插入结点，破坏了与被插入结点的线索，因此在插入结点时必须修复线索。因为是后序线索树，所以在结点 y 的右侧插入结点 x 时，要区分结点 y 有无左子树的情况。

```
typedef char ElemType;                    /* 数据元素类型 */
typedef struct node
{ ElemType data;                          /* 数据域 */
  struct node * lchild;                   /* 左链域 */
```

```
    struct node * rchild;                        /* 右链域 */
    int ltag;                                    /* 左链域信息标志 */
    int rtag;                                    /* 右链域信息标志 */
}BiThrTree;
void Insert(BiThrTree * t,BiThrTree * y,BiThrTree * x)
{ BiThrTree * p;
  if(y->ltag==0)                                /* y 有左孩子 */
  { p=y->lchild;
    if(p->rtag==1) p->rchild=x;                 /* x 是 y 的左孩子的后序后继 */
    x->ltag=1; x->lchild=p;                     /* x 的左线索是 y 的左孩子 */
  }
  else                                          /* y 无左孩子 */
  { x->ltag=1; x->lchild=y->lchild;             /* y 的左线索成为 x 的左线索 */
    if(y->lchild->rtag==1)                      /* 若 y 的后序前驱的右标记为 1 */
      y->lchild->rchild=x;                      /* 则将 y 的后序前驱的后继改为 x */
  }
  x->rtag=1;
  x->rchild=y;
  y->rtag=0;
  y->rchild=x;                                  /* x 作为 y 的右子树 */
}
```

【例 5.25】 编写算法，在中序线索二叉树中查找值为 x 的结点的后继结点，并返回该后继结点的指针。

解析：先在带头结点的中序线索二叉树 T 中查找值为 x 的结点，然后在中序线索二叉树 T 中查找值为 x 的结点的后继结点。

```
BiThrTree * Search(BiThrTree * T,ElemType x)    /* BiThrTree 的定义见例 5.24 */
/* 在带头结点的中序线索二叉树 T 中查找值为 x 的结点 */
{ BiThrTree * p;
  p=T->lchild;                                  /* p 指向二叉树的根结点 */
  while(p!=T)
  { while(p->ltag==0&&p->data!=x) p=p->lchild;
    if(p->data==x) return p;
    while(p->rtag==1&&p->rchild!=T)
    { p=p->rchild; if(p->data==x) return p; }
    p=p->rchild;
  }
}
BiThrTree * AfterNode(BiThrTree * T,ElemType x)
/* 在中序线索二叉树 T 中查找值为 x 的结点的后继结点 */
{ BiThrTree * p, * q;
  p=Search(T,x);              /* 在 T 中查找给定值为 x 的结点,由 p 指向 */
  if(p->rtag==1)
```

```
    return p->rchild;        /*若 p 的右标志为 1,则 p->rchild 指向其后继*/
  else                       /*结点 p 的右子树中最左面的结点是结点 p 的中序后继*/
  { q=p->rchild;
    while(q->ltag==0) q=q->lchild;
    return(q);
  }
}
```

5.2.4　树(森林)的存储及其遍历

树的存储有双亲表示法、孩子链表表示法、孩子双亲表示法和孩子兄弟表示法等多种方法。其中,孩子兄弟表示法是考查的重点。树的遍历有先根序遍历、后根序遍历和层次遍历三种方法,森林的遍历有先根序遍历和后根序遍历两种方法。树(森林)的先根序遍历等同于对应二叉树的先序遍历,后根序遍历等同于对应二叉树的中序遍历。

【例 5.26】 利用二叉链表存储树,则根结点的右指针是(　　)。

A. 指向最左孩子　　B. 指向最右孩子　　　C. 空　　　　　　D. 非空

解析:二叉链表是二叉树的一种存储结构,也是树和森林的一种存储结构。用二叉链表表示树或森林时,每个结点的左右指针分别指向其第一个孩子结点和下一个兄弟结点。由于树的根结点没有兄弟,因此二叉链表根结点的右指针为空。

答案:C

【例 5.27】 设森林 F 中有三棵树,第一、第二、第三棵树的结点数分别为 M1、M2 和 M3。与森林 F 对应的二叉树的根结点的右子树上的结点数是(　　)。

A. M1　　　　　　B. M1+M2　　　　　C. M3　　　　　　D. M2+M3

解析:根据树(森林)与二叉树的转换规则,与森林 F 对应的二叉树的根结点的右子树的结点数就是第二棵树和第三棵树的结点数之和。

答案:D

【例 5.28】 下列叙述中正确的是(　　)。

A. 树的后根遍历序列等同于该树对应的二叉树的后序序列

B. 给定一棵树,可以找到唯一的一棵二叉树与之对应

C. 已知一棵树的先序遍历序列和中序遍历序列,可以得到该树的后序遍历序列

D. 必须把树转换成二叉树后才能进行存储

解析:树的遍历有先根序遍历、后根序遍历和层次遍历三种方法。其中,先根序遍历序列等同于对应的二叉树的先序序列,后根序遍历序列等同于对应的二叉树的中序序列。选项 A 和 C 错误。树的存储有双亲表示法、孩子链表表示法、孩子双亲表示法和孩子兄弟表示法等多种方法,选项 D 错误。根据树的孩子兄弟表示法,任意一棵树都有唯一的一棵二叉树与之对应,选项 B 正确。

答案:B

【例 5.29】 已知一个森林的先序序列和后序序列如下,请构造出该森林。

先序序列:ABCDEFGHIJKLMNO。

后序序列：CDEBFHIJGAMLONK。

解析：因为树（森林）的先根遍历序列等同于该树（森林）对应的二叉树的先序遍历序列，树（森林）的后根遍历序列等同于该树（森林）对应的二叉树的中序遍历序列，所以先根据树（森林）对应的二叉树的先序序列和中序序列构造出该二叉树，然后再根据树（森林）与二叉树的转换规则构造出树（森林）。

根据二叉树的先序序列和中序序列构造的二叉树如图5.3所示。

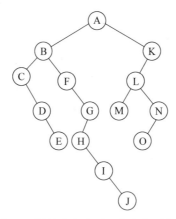

图5.3　根据二叉树的先序序列和中序序列构造的二叉树

根据树（森林）与二叉树的转换规则，二叉树对应的森林如图5.4所示。

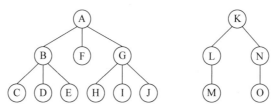

图5.4　二叉树对应的森林

【**例5.30**】　编写算法，求以孩子兄弟表示法存储的森林的叶子结点数。

解析：当森林以孩子兄弟表示法存储时，若结点没有孩子，则它必是叶子，总的叶子结点数是孩子子树上的叶子结点数和兄弟子树上的叶子结点数之和。

```
typedef char ElemType;          /*数据元素类型*/
typedef struct Node
{ ElemType data;                /*结点的数据信息*/
  struct Node * fch;            /*指向第一个孩子结点的指针*/
  struct Node * nsib;           /*指向右邻兄弟结点的指针*/
}Node;
int Count(Node * t)
{ int n=0;
  if(t)
    if(t->fch==NULL)            /*若结点无孩子,则该结点必是叶子*/
```

```
        n+=(1+Count(t->nsib));/*叶子结点和其兄弟子树中的叶子结点数之和*/
    else
        n+=(Count(t->fch)+Count(t->nsib));/*孩子子树和兄弟子树中叶子结点数之和*/
    return n;
}
```

5.2.5 哈夫曼树及其应用

哈夫曼树是带权路径长度(WPL)最小的二叉树,又称最优二叉树。哈夫曼树中不存在度为 1 的结点。考查的重点是哈夫曼算法,考查的方式是根据给定的权值构造出相应的哈夫曼树、计算 WPL 值、根据哈夫曼树构造对应的哈夫曼编码等。

【例 5.31】 如果一棵哈夫曼树 T 有 n_0 个叶子结点,那么树 T 有多少个结点?

解析:哈夫曼树只有度为 0 的叶子结点和度为 2 的分支结点,设数量分别为 n_0 和 n_2,则树的结点数 n 为

$$n = n_0 + n_2 \tag{1}$$

根据二叉树的性质,任意二叉树中度为 0 的结点数 n_0 和度为 2 的结点数 n_2 之间的关系是

$$n_2 = n_0 - 1 \tag{2}$$

把式(2)代入式(1)得

$$n = n_0 + n_2 = 2n_0 - 1 \tag{3}$$

由此可知,树 T 中有 $2n_0-1$ 个结点。

【例 5.32】 设有正文 AADBAACACCDACACAAD,字符集为 A、B、C、D。设计一套二进制编码,使得上述正文的编码最短。

解析:字符 A、B、C、D 出现的次数分别为 9、1、5、3。根据哈夫曼算法,构造出的哈夫曼编码树如图 5.5 所示,其哈夫曼编码为

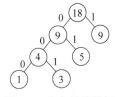

图 5.5 哈夫曼编码树

A:1	B:000
C:01	D:001

【例 5.33】 假设通信电文使用的字符集为{a,b,c,d,e,f,g},字符的哈夫曼编码依次为 0110,10,110,111,00,0111 和 010。

(1)请根据哈夫曼编码画出此哈夫曼树,并在叶子结点中标注相应字符。

(2)若这些字符在电文中出现的频度分别为 3、35、13、15、20、5 和 9,则求该哈夫曼树的带权路径长度。

解析:由哈夫曼树的生成过程可知,哈夫曼树中的叶子结点表示字符,结点上的权值表示该字符出现的频度,并规定左分支为 0、右分支为 1,每个字符的哈夫曼编码为从根结点到该叶子结点所经过的分支构成的二进制序列。由此画出的哈夫曼树如图 5.6 所示,带权路径长度为

$$\text{WPL} = 3 \times 4 + 35 \times 2 + 13 \times 3 + 15 \times 3 + 20 \times 2 + 5 \times 4 + 9 \times 3 = 253$$

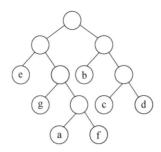

图 5.6　根据哈夫曼编码画出的哈夫曼树

5.3　自测试题

1. 单项选择题

（1）关于二叉树性质的描述，下列叙述中正确的是（　　）。

　　A. 二叉树结点的个数可以为 0

　　B. 二叉树至少含有一个根结点

　　C. 二叉树若存在两个结点，则必有一个为根，另一个为左孩子

　　D. 二叉树若存在三个结点，则必有一个为根，另两个分别为左右孩子

（2）下列叙述中正确的是（　　）。

　　A. 二叉树是度为 2 的有序树

　　B. 二叉树中的结点只有一个孩子时，无左右之分

　　C. 二叉树中必有度为 2 的结点

　　D. 二叉树中每个结点最多只有两棵子树，并且有左右之分

（3）一棵完全二叉树上有 1001 个结点，其中叶子结点的个数是（　　）。

　　A. 500　　　　　B. 501　　　　　C. 503　　　　　D. 505

（4）具有 100 个结点的二叉树中，若用二叉链表存储，其指针域部分用来指向结点的左右孩子，其余（　　）个指针域为空。

　　A. 50　　　　　B. 99　　　　　C. 100　　　　　D. 101

（5）将有关二叉树的概念推广到四叉树，则一棵有 259 个结点的完全四叉树的高度为（　　）。

　　A. 4　　　　　B. 5　　　　　C. 6　　　　　D. 7

（6）若二叉树的先序遍历序列和中序遍历序列分别为 EFHIGJK 和 HFIEJKG，则该二叉树根的右子树的根是（　　）。

　　A. E　　　　　B. F　　　　　C. G　　　　　D. H

（7）将一棵有 50 个结点的完全二叉树从 1 开始按层编号，则编号为 25 的结点（　　）。

　　A. 无左右孩子　　　　　　　　　B. 有左孩子，无右孩子

　　C. 有右孩子，无左孩子　　　　　D. 有左右孩子

（8）由如图 5.7 所示的三棵树所组成的森林转换成的二叉树为（　　）。

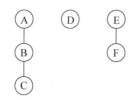

图 5.7 第(8)题图

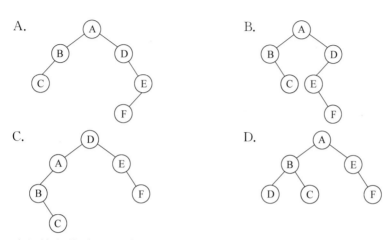

(9) 除根结点外,树上的每个结点(　　)。

    A. 可有任意多个孩子、任意多个双亲　　B. 可有任意多个孩子、一个双亲

    C. 可有一个孩子、任意多个双亲　　　　D. 只有一个孩子、一个双亲

(10) 树中所有结点的度数之和等于结点总数加(　　)。

    A. 0　　　　　　　　B. 1　　　　　　　　C. −1　　　　　　　　D. 2

(11) 由 m 棵结点数都为 n 的树组成的森林,将其转换为一棵二叉树,则该二叉树中根结点的右子树上具有的结点个数是(　　)。

    A. mn　　　　　　B. mn−1　　　　　　C. n(m−1)　　　　　D. m(n−1)

(12) 设 F 是一个森林,B 是由 F 转换得到的二叉树。若 F 中有 n 个非终端结点,则 B 中右指针域为空的结点有(　　)个。

    A. n−1　　　　　　B. n　　　　　　　C. n+1　　　　　　D. n+2

(13) 引入线索二叉树的目的是(　　)。

    A. 加快查找结点的前驱或后继的速度

    B. 为了能在二叉树中方便地进行插入与删除操作

    C. 为了能方便地找到双亲

    D. 使二叉树的遍历结果唯一

(14) n 个结点的线索二叉树上含有的线索数为(　　)。

    A. 2n　　　　　　　B. n−1　　　　　　C. n+1　　　　　　D. n

(15) 设给定权值总数有 n 个,其哈夫曼树的结点总数为(　　)。

    A. 不确定　　　　　B. 2n　　　　　　　C. 2n+1　　　　　　D. 2n−1

(16) 若树用孩子链表表示,则(　　)。

  A. 可容易地实现求双亲及孩子的运算

  B. 求双亲及孩子的运算均较困难

  C. 可容易地实现求双亲运算，但求孩子的运算较困难

  D. 可容易地实现求孩子运算，但求双亲的运算较困难

（17）具有 4 个结点的二叉树可有（　　）种形态。

  A. 4   B. 7   C. 12   D. 11

（18）在图 5.8 所示的各图中，（　　）是中序线索二叉树。

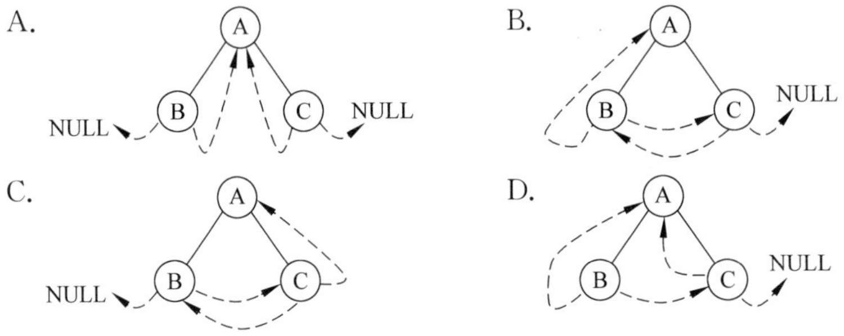

图 5.8   第（18）题图

（19）具有 100 个结点的完全二叉树的深度为（　　）。

  A. 6   B. 7   C. 8   D. 9

（20）对一棵有 16 个结点的完全二叉树从 1 开始按层编号，则编号为 7 的结点的双亲结点及右孩子结点的编号分别为（　　）。

  A. 2,14   B. 2,15   C. 3,14   D. 3,15

2. 正误判断题

（1）度为 2 的树就是二叉树。   （ ）

（2）完全二叉树中一定存在度为 1 的结点。   （ ）

（3）由树的先序和中序遍历序列可以导出树的后序遍历序列。 （ ）

（4）在完全二叉树中，若一个结点没有左孩子，则它必是叶子结点。 （ ）

（5）二叉树只能用二叉链表表示。   （ ）

（6）给定一棵树，可以找到唯一的一棵二叉树与之对应。   （ ）

（7）一棵树中的叶子数一定等于与其对应的二叉树的叶子数。 （ ）

（8）线索二叉树的优点是便于在中序下查找前驱结点和后继结点。 （ ）

（9）二叉树中序线索化后，不存在空指针域。   （ ）

（10）哈夫曼树的结点个数不能是偶数。   （ ）

3. 计算操作题

（1）用一维数组存放的一棵完全二叉树为 ABCDEFGHIJKL，请写出后序遍历该二叉树的遍历序列。

（2）证明：若一棵二叉树中没有度为 1 的结点，则该二叉树的分支数为 $2(n_0 - 1)$。其中，n_0 是度为 0 的结点的个数。

（3）试求有 n 个叶子结点的非满的完全二叉树的高度。

（4）已知一棵二叉树的先序遍历序列和中序遍历序列分别为 ABDFCEGH 和 BFDAGEHC,试完成下列操作:

① 画出这棵二叉树;

② 画出这棵二叉树的后序线索树;

③ 将这棵二叉树转换成对应的树(或森林)。

（5）设 T 是一棵二叉树,除叶子结点外,其他结点的度数均为 2,若 T 中有 6 个叶子结点,试问:

① T 的最大深度 K_{max} 和最小可能深度 K_{min} 各为多少?

② T 中共有多少个非叶子结点?

（6）已知树如图 5.9 所示,请完成下列操作:

① 写出该树的后序序列;

② 画出由该树转换得到的二叉树。

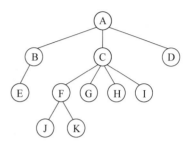

图 5.9　第(6)题图

4. 算法设计题

（1）假设二叉树采用二叉链表存储结构,编写算法,利用叶子结点中的空指针域将所有叶子结点链接为一个带有头结点的双链表,算法返回头结点的地址。

（2）设一棵二叉树中各结点的值互不相同,其先序序列和中序序列分别存放于一维数组 pre[1..n] 和 in[1..n]中,编写算法,建立该二叉树的二叉链表。

（3）编写算法,求以孩子兄弟表示法存储的树的叶子结点数。

5.4　实验题

（1）假设二叉树采用二叉链表存储结构,编写算法,输出二叉树中所有度为 2 的结点。假设结点值为整型。

（2）假设二叉树采用二叉链表存储结构,编写算法,求二叉树中结点的最大值。假设结点值为整型。

（3）假设二叉树采用顺序存储结构,编写先序非递归遍历该二叉树的算法。

（4）假设二叉树采用二叉链表存储结构,编写算法,求其指定的某一层 k(k>1)上的叶子结点的个数。

（5）假设二叉树采用二叉链表存储结构,编写先序非递归遍历该二叉树的算法。

（6）假设二叉树采用二叉链表存储结构,编写非递归算法,求二叉树的叶子结点个数。

（7）编写复制一棵二叉树的算法,二叉树采用二叉链表存储结构。

（8）假设用两个一维数组 L[1..n] 和 R[1..n] 作为有 n 个结点的二叉树的存储结构,L[i] 和 R[i] 分别指示结点 i 的左孩子和右孩子,0 表示空。编写算法,建立一维数组 T[1..n],使 T 中第 i(i=1,2,…,n)个分量指示结点 i 的双亲。

（9）二叉树的结点结构为(ltag,lchild,data,rchild,rtag)。其中,data 存放结点的值;

lchild、rchild 为指向左、右孩子或该结点前驱、后继的指针；ltag、rtag 为标志域，若值为 0，则 lchild、rchild 为指向左、右孩子的指针；若值为 1，则 lchild、rchild 为指向其前驱、后继结点的指针。编写算法，完成中序线索化过程（存储线索二叉树，不增加头结点，只在原有的由 tree 指向的二叉树中增加线索，线索化前所有的标志域都是 0）。

（10）以孩子兄弟链表为存储结构，请设计求树的深度的递归和非递归算法。

5.5 思考题

（1）若在一棵完全二叉树上只进行寻找某个结点的双亲和寻找某个结点的孩子这两个操作，应该用何种结构存储该二叉树？

（2）如果给出了一棵二叉树结点的先序序列和中序序列，能否构造出此二叉树？如果给出了一棵二叉树结点的先序序列和后序序列，能否构造出此二叉树？

（3）在二叉树的三种遍历序列中，所有叶子结点之间的先后关系是否都是相同的？

（4）从概念上讲，树、森林和二叉树是三种不同的数据结构，将树、森林转换为二叉树的基本目的是什么？并指出树和二叉树的主要区别。

（5）在用二叉链表表示的二叉树中，引入"线索"的目的是什么？

5.6 主教材习题解答

1. 单项选择题

（1）已知完全二叉树有 80 个结点，则该二叉树有（   ）个度为 1 的结点。

　　① 0　　　　　　　② 1　　　　　　　③ 2　　　　　　　④ 不确定

解答：根据二叉树的性质，在有 n 个结点的完全二叉树中，度为 1 的结点数为 (n+1)%2。由此可知，该二叉树中度为 1 的结点数为 1。

答案：②

（2）若二叉树的先序遍历序列和后序遍历序列正好相同，则其一定是一棵（   ）的二叉树。

　　① 不多于一个结点

　　② 结点个数可能大于 1 且各结点均无左孩子

　　③ 结点个数可能大于 1 且各结点均无右孩子

　　④ 任意一个结点的度都不为 2

解答：只有一个根结点或空二叉树的先序遍历序列、中序遍历序列和后序遍历序列都相同。结点个数可能大于 1 且各结点均无左孩子的二叉树的中序遍历序列和先序遍历序列相同。结点个数可能大于 1 且各结点均无右孩子的二叉树的中序遍历序列和后序遍历序列相同。任意一个结点的度都不为 2 的二叉树的先序遍历序列和后序遍历序列相反。

答案：①

（3）假设在一棵二叉树中度为 2 的结点有 15 个，度为 1 的结点有 32 个，则叶子结点的个数为（   ）。

① 15 　　　　　② 16 　　　　　③ 17 　　　　　④ 18

解答：根据二叉树的性质，任意一棵二叉树中，叶子结点的数目（用 n_0 表示）总比度为 2 的结点的数目（用 n_2 表示）多一个，即 $n_0 = n_2 + 1$。由此可知，该二叉树中的叶子结点数为 16。

答案：②

（4）有 100 个结点的完全二叉树，由根开始从上到下、从左到右对结点进行编号，根结点的编号为 1，编号为 43 的结点的左孩子的编号为（　　）。

① 50 　　　　　② 48 　　　　　③ 98 　　　　　④ 86

解答：根据完全二叉树的性质，对有 n 个结点的完全二叉树，如果按照从上至下、从左至右的顺序对二叉树中的所有结点从 1 开始顺序编号，则对于序号为 $i (1 \leqslant i \leqslant n)$ 的结点，其双亲结点的编号为 $\lfloor i/2 \rfloor (1 < i \leqslant n)$，其左孩子结点的编号为 $2i (1 \leqslant i \leqslant n/2)$，其右孩子结点的编号为 $2i + 1 (1 \leqslant i \leqslant (n-1)/2)$。由此可知，编号为 43 的结点的左孩子的编号为 86。

答案：④

（5）一棵有 n 个结点的树的度之和为（　　）。

① n 　　　　　② n−1 　　　　　③ n+1 　　　　　④ 不确定

解答：结点的度是指与该结点相连接的孩子结点的数目。由于树中的每个孩子结点都对应一个分支，所以树中结点的度之和就是树中分支数之和。因为有 n 个结点的树的分支数为 n−1，所以树中结点的度之和为 n−1。

答案：②

（6）哈夫曼树中度为 1 的结点的个数为（　　）。

① 0 　　　　　② 1 　　　　　③ 2 　　　　　④ 不确定

解答：由哈夫曼树的构造过程可知，哈夫曼树中不存在度为 1 的结点，即度为 1 的结点个数为 0。

答案：①

（7）树转换成二叉树后，二叉树的根结点（　　）。

① 无左孩子 　　　　　　　　　② 无右孩子

③ 既有左孩子也有右孩子 　　　④ 左孩子和右孩子不确定

解答：树转换成二叉树的规则是将树中每个结点的第一个孩子结点转换成二叉树中该结点的左孩子结点；将树中每个结点的右邻兄弟结点转换成二叉树中该结点的右孩子结点。由于树的根结点无兄弟，因此，树转换成二叉树后，二叉树的根结点无右孩子。

答案：②

（8）在二叉树的先序遍历中，任意一个结点均处在其子孙前面的说法（　　）。

① 正确 　　　　　② 不正确 　　　　　③ 有时正确 　　　　　④ 不确定

解答：二叉树先序遍历的次序为：根结点→左子树→右子树。由此可知，在二叉树的先序遍历中，任意一个结点在其左右子树结点的前面，即均处在其子孙的前面。

答案：①

（9）深度为 6 的完全二叉树中（　　）。

① 最少有 31 个结点，最多有 64 个结点

② 最少有 32 个结点，最多有 64 个结点

③ 最少有 31 个结点，最多有 63 个结点

④ 最少有 32 个结点，最多有 63 个结点

解答：在深度为 6 的完全二叉树中，若第 6 层只有一个结点，则结点总数最少，结点数为 $2^5-1+1=32$；若为满二叉树，则结点总数最多，结点数为 $2^6-1=63$。

答案：④

（10）在树的双亲表示法中，对树按层次编号，利用数组进行存储，则下列说法中不正确的是（　　）。

① 兄结点的下标值小于弟结点的下标值

② 所有结点的双亲都可以找到

③ 任意结点的孩子信息都可以找到

④ 下标值为 i 和 i+1 的结点的关系是孩子和双亲

解答：双亲表示法是用一组连续的空间存储树上的结点，编号按从上到下、从左到右的顺序，同时在每个结点上附加一个指示器指明其双亲结点所在的位置（下标）。由此可知选项①和选项②正确。在树的双亲表示法中，通过遍历也可以查找任意孩子结点的信息，选项③正确。下标值为 i 和 i+1 的结点的关系可能是孩子和双亲，也可能是兄弟，选项④错误。

答案：④

2. 正误判断题

（1）满二叉树是完全二叉树。　　　　　　　　　　　　　　　　　　　　（　　）

解答：满二叉树是除叶子结点外的任何结点均有两个孩子结点，且所有叶子结点都在同一层上的二叉树。这种二叉树的特点是每一层上的结点数都是最大的。完全二叉树是除去最底层结点后的二叉树是一棵满二叉树，且最底层的结点均靠左对齐。

答案：√

（2）已知一棵二叉树的先序遍历序列和后序遍历序列不能唯一确定这棵二叉树。

（　　）

解答：已知一棵二叉树的先序遍历序列和后序遍历序列不能唯一确定这棵二叉树。例如，图 5.10 所示的两棵二叉树的先序遍历序列都为 AB，后序遍历序列都为 BA，但它们是两棵不同的二叉树。

图 5.10　两棵先序遍历序列和后序遍历序列都相同的二叉树

答案：√

(3) 具有 n 个结点的二叉树,若它有 n_0 个叶子结点,则它有 $n-2n_0$ 个度为 1 的结点。

( )

解答:设二叉树中度为 1 的结点数为 n_1,度为 2 的结点数为 n_2,则有

$$n=n_0+n_1+n_2 \tag{1}$$

$$n_0=n_2+1 \tag{2}$$

由式(1)和式(2)得 $n_1=n-2n_0+1$。

答案:×

(4) 由树转换成二叉树,其根结点的左子树总是空的。 ( )

解答:由树转换成二叉树的规则可知,树转换成二叉树后,其根结点的右子树为空。若树的根结点有孩子,则二叉树根结点的左子树不为空。

答案:×

(5) 二叉树用链式存储时,空链域数多于非空链域数。 ( )

解答:有 n 个结点的二叉树用链式存储时,空链域数为 $n+1$,非空链域数为 $n-1$。

答案:√

(6) 对于给定的树,与其对应的二叉树是唯一的。 ( )

解答:由树转换成二叉树的规则可知,对于给定的树,与其对应的二叉树是唯一的。

答案:√

(7) 后序遍历一棵二叉树等于中序遍历其对应的树。 ( )

解答:树和森林的遍历没有中序,这是因为无法确定根在中序序列中的位置。树和森林的先根(序)遍历等同于对应二叉树的先序遍历,其后根(序)遍历等同于对应二叉树的中序遍历。

答案:×

(8) 线索二叉树的指针域中,指向前驱或后继的个数多于指向孩子的个数。 ( )

解答:在线索二叉树中,指向孩子的指针域个数为 $n-1$,指向前驱或后继的指针域个数为 $n+1$。

答案:√

(9) 给定权值的哈夫曼树是唯一的。 ( )

解答:根据哈夫曼树的构造过程,给定权值的哈夫曼树不一定是唯一的。

答案:×

(10) 哈夫曼树是完全二叉树。 ( )

解答:根据哈夫曼树的构造过程,给定权值的哈夫曼树不一定是完全二叉树。

答案:×

3. 计算操作题

(1) 画出仅有 4 个结点且根结点的右子树上至少有一个结点的二叉树的所有可能形态。

解答:根结点的右子树上至少有一个结点的二叉树的所有可能形态如图 5.11 所示。

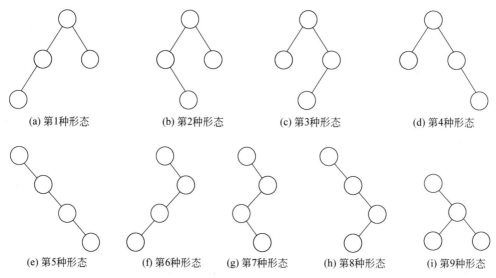

(a) 第1种形态　　(b) 第2种形态　　(c) 第3种形态　　(d) 第4种形态

(e) 第5种形态　　(f) 第6种形态　　(g) 第7种形态　　(h) 第8种形态　　(i) 第9种形态

图 5.11　根结点的右子树上至少有一个结点的二叉树的形态

（2）证明 n 个结点的二叉链表中一定有 n+1 个空指针域。

证明：在有 n 个结点的二叉链表中共有 2n 个链域，除了根结点外，每个结点都有一个链域指向它，所以用去了 n−1 个链域，空链域数为 2n−(n−1)，即 n+1 个。

（3）已知一棵二叉树的先序遍历序列和中序遍历序列分别为

先序遍历序列：ABCDEFG

中序遍历序列：CBEDAFG

试画出这棵二叉树，并写出其后序遍历序列。

解答：该二叉树如图 5.12 所示。

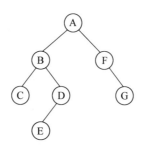

图 5.12　由先序遍历序列和中序遍历序列确定的二叉树

该二叉树的后序遍历序列为 CEDBGFA。

（4）已知一棵二叉树的后序遍历序列和中序遍历序列分别为

中序遍历序列：CBEDAFIGH

后序遍历序列：CEDBIFHGA

试画出这棵二叉树，并写出其先序遍历序列。

解答：该二叉树如图 5.13 所示。

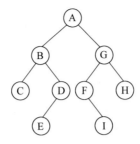

图 5.13　由中序遍历序列和后序遍历序列确定的二叉树

该二叉树的先序遍历序列为 ABCDEGFIH。

（5）已知一棵二叉树的先序遍历序列、中序遍历序列和后序遍历序列分别为

先序遍历序列：×BC×E×GH

中序遍历序列：C×DA×GHF

后序遍历序列：×DB××FEA

其中有些字母已模糊不清（用×号表示），试画出这棵二叉树。

解答：由后序遍历序列可知，该二叉树的根结点为 A。由此可知，先序遍历序列的第一个字符为 A。由中序遍历序列可知，该二叉树的左子树有 3 个结点，再由先序遍历序列可知，左子树的根结点为 B。由此可知，中序遍历序列的第 2 个字符为 B，先序遍历序列的第 4 个字符为 D，中序遍历序列的第 5 个字符为 E，先序遍历序列的第 6 个字符为 F。由先序遍历序列 ABCDEFGH 和中序遍历序列 CBDAEGHF 可画出该二叉树，如图 5.14 所示。

（6）将图 5.15 所示的森林转换成一棵二叉树，并用孩子兄弟表示法画出第一棵树的存储结构。

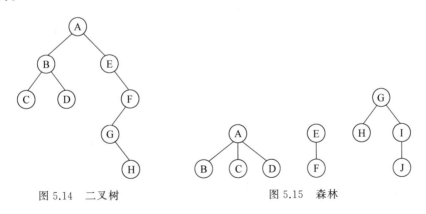

图 5.14　二叉树　　　　　　　图 5.15　森林

解答：根据森林转换成二叉树的规则，该森林对应的二叉树如图 5.16 所示。用孩子兄弟表示法存储的第一棵树如图 5.17 所示。

（7）已知一棵完全二叉树中有 61 个结点，试计算每层结点的个数及各类结点的个数。

解答：该完全二叉树的深度为 $\lfloor \log_2 61 \rfloor + 1 = 6$。每层结点的个数及各类结点的个数

如表 5.1 所示。

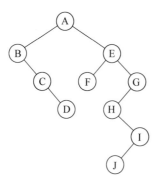

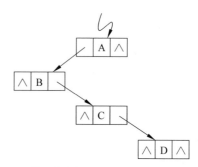

图 5.16 森林对应的二叉树　　　　图 5.17 第一棵树的孩子兄弟表示法存储结构

表 5.1　一棵有 61 个结点的完全二叉树中每层结点的个数及各类结点的个数

层数	结点数	度为 2 的结点数	度为 1 的结点数	度为 0 的结点数
1	1	1	0	0
2	2	2	0	0
3	4	4	0	0
4	8	8	0	0
5	16	15	0	1
6	30	0	0	30

（8）已知一棵二叉树如图 5.18 所示，试分别画出其先序线索二叉树、中序线索二叉树和后序线索二叉树。

解答：三种线索二叉树分别如图 5.19 至图 5.21 所示。

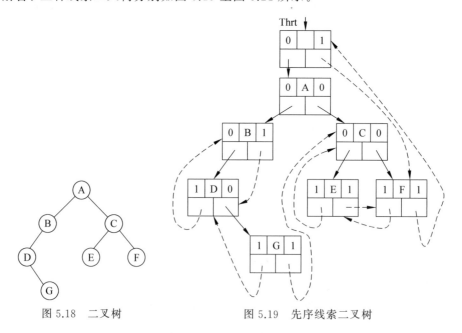

图 5.18 二叉树　　　　图 5.19 先序线索二叉树

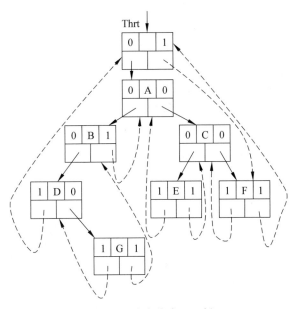

图 5.20　中序线索二叉树

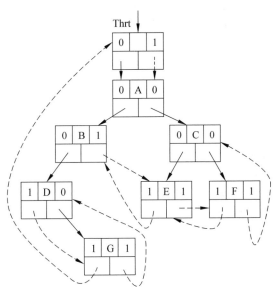

图 5.21　后序线索二叉树

（9）设权值集合 w＝{10,4,8,13,5,18}，以 w 为基础建立一棵哈夫曼树，并求其 WPL 值。

解答：哈夫曼树如图 5.22 所示。WPL＝(4＋5)×4＋8×3＋(10＋13＋18)×2＝ 142。

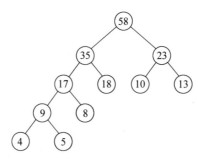

图 5.22　哈夫曼树

（10）若树的度为 k，结点的存储结构为

data	link1	link2	…	linkk

其中，data 为数据域，linki(1≤i≤k)为链域。

证明：在有 n 个结点的 k 叉链表中必有 n(k−1)+1 个空链域。

证明：在有 n 个结点的 k 叉链表中共有 k×n 个链域，除了根结点外，每个结点都有一个链域指向它，所以用去了 n−1 个链域，空链域数为 k×n−(n−1)，即 (k−1)n+1。

（11）证明：有 n 个叶子结点的哈夫曼树共有 2n−1 个结点。

证明：由二叉树的性质可知，度为 2 的结点数为 n−1。由于哈夫曼树中不存在度为 1 的结点，所以哈夫曼树共有 n+n−1 结点，即 2n−1 个结点。

（12）试找出满足下列条件的二叉树。

① 先序序列和后序序列相同。

② 中序序列和后序序列相同。

③ 先序序列和中序序列相同。

④ 先序序列和层次遍历序列相同。

⑤ 中序序列和层次遍历序列相同。

⑥ 先序序列和后序序列相反。

⑦ 中序序列和后序序列相反。

⑧ 中序序列和先序序列相反。

解答：

① 只有一个根结点或空二叉树的先序序列和后序序列相同。

② 空二叉树或所有结点的右子树均为空的二叉树的中序序列和后序序列相同。

③ 空二叉树或所有结点的左子树均为空的二叉树的先序序列和中序序列相同。

④ 空二叉树或深度为 k 且 1～k−1 层上只有一个结点的二叉树的先序序列和层次遍历序列相同。

⑤ 空二叉树或所有结点的左子树均为空的二叉树的中序序列和层次遍历序列相同。

⑥ 空二叉树或任意一个结点的度都不为 2 的二叉树的先序序列和后序序列相反。

⑦ 空二叉树或所有结点的左子树均为空的二叉树的中序序列和后序序列相反。

⑧ 空二叉树或所有结点的右子树均为空的二叉树的中序序列和先序序列相反。

4. 算法设计题

（1）已知一棵二叉树以顺序结构存储,编写算法,计算任一结点所在的层次。

解答：先计算给定结点所在的位置（下标）,然后根据满二叉树每层含有的结点数计算结点所在的层次。

```
#define MAXSIZE 100                      /* 存储空间的最大容量 */
typedef char ElemType;                   /* 数据元素类型 */
#define VirNode '0'                      /* 虚结点值 */
typedef ElemType SeqTree[MAXSIZE];
int Level(SeqTree bt,ElemType x)
{ int num=0,i,n1;
  n1=1;                                  /* 待查找结点的下标,初始值为 1 */
  while(n1<=bt[0]&&bt[n1]!=x) n1++;      /* 查找 */
  if(n1<=bt[0])                          /* 找到 */
  { i=1;
    while(n1-i>0)                        /* 计算结点所在层次 */
    { num++;n1-=i;i*=2; }
    return num+1;
  }
  else return -1;                        /* 未找到 */
}
```

（2）已知一棵二叉树以二叉链表结构存储,编写算法,计算任一结点所在的层次。

解答：采用先序递归法查找,设置一个是否找到的标记变量,找到后返回给定结点所在的层次,否则返回 0。

```
int Level(BitTree * bt,ElemType x)       /* BitTree 的定义见例 5.13 */
{ static int h=1,flag=0;                 /* flag 为结点是否存在标志 */
  if(bt!=NULL)                           /* 二叉树不为空 */
    if(bt->data==x)                      /* 待查结点是根结点 */
    { flag=1;return h; }
    else
    { h++;
      Level(bt->lchild,x);               /* 在左子树查找 */
      if(!flag)                          /* 未找到 */
      { h++;
        Level(bt->rchild,x);             /* 在右子树查找 */
        h--;
      }
    }
  else {--h;return 0;}                    /* 空二叉树 */
}
```

（3）已知一棵二叉树以二叉链表结构存储,编写算法,求二叉树中值为 x 的双亲。

解答：使用先序递归法查找，设置一个指向双亲的指针和一个是否找到的标记变量，找到则返回 1，否则返回 0。

```
BitTree * F=NULL;                          /* 指向双亲结点的指针 */
int Find(BitTree * T,ElemType x)           /* BitTree 的定义见例 5.13 */
{ static int flag=0;
  if(T)
  { if(T->data==x) {flag=1;return 1;}      /* 找到,返回结点的指针 */
    else
    { F=T; Find(T->lchild,x);              /* 在左子树查找 */
      if(!flag)
      { F=T; Find(T->rchild,x);            /* 在右子树查找 */
      }
    }
  }
  else return 0;
}
```

（4）编写算法，对先序线索二叉树进行先序后继线索遍历。

解答：在先序线索二叉树中，若结点的左链域不是线索，则它的后继是其左孩子，否则它的后继是其右链域指向的结点。

```
void PreOrderNext(BiThrTree * Thrt)        /* BiThrTree 的定义见例 5.24 */
{ BiThrTree * p=Thrt->lchild;
  while(p!=Thrt)
  { while(p->ltag==0)                      /* 依次访问有左孩子的结点 */
    { printf("%c  ",p->data); p=p->lchild; }
    printf("%c  ",p->data);                /* 访问左链域为线索的结点 */
    p=p->rchild;                           /* 到右子树根结点 */
    while(p->rtag==1&&p->rchild!=Thrt)     /* 依次访问右链域为线索的结点 */
    { printf("%c  ",p->data);p=p->rchild;}
  }
}
```

（5）编写算法，对后序线索二叉树进行后序前驱线索遍历。

解答：在后序线索二叉树中，若结点的右链域不是线索，则它的前驱是其右孩子，否则它的前驱是其左链域指向的结点。

```
void PostOrderPrior(BiThrTree * Thrt)      /* BiThrTree 的定义见例 5.24 */
{ BiThrTree * p=Thrt->lchild;
  while(p!=Thrt)
  { while(p->rtag==0)                      /* 依次访问有右孩子的结点 */
    { printf("%c  ",p->data); p=p->rchild; }
    printf("%c  ",p->data);                /* 访问右链域为线索的结点 */
    p=p->lchild;                           /* 到左子树根结点 */
```

```
      while(p->ltag==1&&p->lchild!=Thrt)    /* 依次访问左链域为线索的结点 */
      { printf("%c  ",p->data);p=p->lchild; }
    }
}
```

(6) 已知一棵二叉树以二叉链表结构存储,编写算法,判断该二叉树是否为完全二叉树。

解答:按层次遍历二叉树,用队列存放结点的指针。根据完全二叉树的定义,空指针不能在非空结点的指针之前入队列。

```
#define MAXSIZE 100                    /* 最多结点个数 */
int Judge(BitTree * T)                 /* BitTree 的定义见例 5.13 */
{ BitTree * p, * Q[MAXSIZE];
  int front=0, rear=0;                 /* 队头和队尾指针 */
  Q[rear++]=T;                         /* 根结点指针入队 */
  while(rear>front)
  { p=Q[front++];
    if(p)                              /* 出队元素不为空 */
    { Q[rear++]=p->lchild;             /* 左孩子指针入队 */
      Q[rear++]=p->rchild;             /* 右孩子指针入队 */
    }
    else                               /* 出队元素为空指针 */
    { while(rear>front)
      { p=Q[front++];
        if(p) return 0;                /* 空指针后有非空指针,不是完全二叉树 */
      }
    }
  }
  return 1;
}
```

(7) 假设二叉树采用二叉链表存储结构,编写算法,统计二叉树中度为 1 的结点数目。

解答:先序递归遍历二叉树,度为 1 的结点的左链域和右链域只有一个为空(NULL)。

```
int num=0;                   /* 全局变量,记录度为 1 的结点数,也可定义为静态局部变量 */
void Count(BitTree * bt)                /* BitTree 的定义见例 5.13 */
{ if(bt!=NULL)
  { if((bt->lchild==NULL&&bt->rchild!=NULL)||(bt->lchild!=NULL&&
      bt->rchild==NULL))               /* 若结点的度为 1,则计数器加 1 */
    num++;
    Count(bt->lchild);                 /* 统计左子树上度为 1 的结点数 */
    Count(bt->rchild);                 /* 统计左子树上度为 1 的结点数 */
  }
}
```

（8）假设二叉树采用二叉链表存储结构，编写算法，交换二叉树中所有度为2的结点的左右子树。

解答：先序递归遍历二叉树，若结点的左链域和右链域都不为空（NULL），则交换该结点左右链域的值。

```
void Exchange(BitTree * bt)                    /* BitTree 的定义见例 5.13 */
{ BitTree * t;
  if(bt!=NULL)
    if(bt->lchild!=NULL&&bt->rchild!=NULL)      /* 若左右子树都不为空,则交换 */
    { t=bt->lchild;bt->lchild=bt->rchild;bt->rchild=t;
      Exchange(bt->lchild);                     /* 处理左子树 */
      Exchange(bt->rchild);                     /* 处理左子树 */
    }
}
```

（9）假设二叉树采用二叉链表存储结构，编写算法，统计二叉树中左右子树高度相等的结点个数。

解答：先序递归遍历二叉树，调用求高度函数分别计算结点的左右子树的高度。

```
int High(BitTree * bt)                         /* BitTree 的定义见例 5.13 */
{ int H,H1,H2;
  if(bt==NULL) H=0;                            /* 空树,高度为 0,此为递归结束条件 */
  else                                         /* 非空树 */
  { H1=High(bt->lchild);                       /* 计算左子树的高度 */
    H2=High(bt->rchild);                       /* 计算右子树的高度 */
    H=(H1>H2?H1:H2)+1;        /* 左右子树高度的最大值再加 1(根结点)是树的高度 */
  }
  return H;
}
int Count(BitTree * bt)                        /* 统计二叉树中左右子树高度相等的结点数 */
{ static int n=0;                              /* n 为计数器,定义为静态型 */
  if(bt!=NULL)
  { if(High(bt->lchild)==High(bt->rchild))/* 若左右子树高度相等,则计数器加 1 */
      n++;
    Count(bt->lchild);                         /* 统计左子树上满足条件的结点数 */
    Count(bt->rchild);                         /* 统计右子树上满足条件的结点数 */
  }
  return n;
}
```

（10）已知一棵树采用孩子兄弟法表示，结点结构为：

lchild	hd	data	hx	rchild

其中，data 为数据域，lchild 为左链域，rchild 为右链域，hd 域用于存放该结点的后代结点

数,hx 域用于存放该结点的后代结点数与其右兄弟的结点数之和。hd 和 hx 的初值都为
0。编写算法,将每个结点的后代结点数存入 hd 域,将每个结点的后代结点数与其右兄
弟的结点数之和存入 hx 域。

　　解答：采用递归法,每个结点的后代结点数都是其左子树上的结点数,若其右子树不
为空,则其右兄弟的结点数为 1,否则为 0。

```
typedef char ElemType;
typedef struct Node
{ int data,hd,xd;
  struct Node * lchild, * rchild;
}Tree;
int Count(Tree * t)
{ int n=0;
  if(t!=NULL)
  { n++;
    n+=Count(t->lchild);
    t->hd=n-1;                        /* 后代结点数 */
    n+=Count(t->rchild);
    if(t->rchild==NULL) t->xd=t->hd;  /* 右兄弟结点数为 0 */
    else t->xd=t->hd+1;               /* 右兄弟结点数为 1 */
  }
  return n;
}
```

5.7　自测试题参考答案

1. 单项选择题

(1) A　　(2) D　　(3) B　　(4) D　　(5) B　　(6) C　　(7) B　　(8) A
(9) B　　(10) C　　(11) C　　(12) C　　(13) A　　(14) C　　(15) D　　(16) D
(17) C　　(18) A　　(19) B　　(20) D

2. 正误判断题

(1) ×　　(2) ×　　(3) ×　　(4) √　　(5) ×　　(6) √　　(7) ×　　(8) √
(9) ×　　(10) √

3. 计算操作题

(1) HIDJKEBLFGCA

(2) 证明：

设二叉树中度为 0 和 2 的结点数及总的结点数分别为 n_0、n_2 和 n,则

$$n=n_0+n_2 \tag{1}$$

再设二叉树的分支数为 B,除根结点外,每个结点都有一个分支所指,则

$$n=B+1 \tag{2}$$

度为 0 的结点是叶子,没有分支,而度为 2 的结点有两个分支,因此式(2)可写为

$$n = 2 \times n_2 + 1 \tag{3}$$

由式(1)和式(3)得

$$n_2 = n_0 - 1 \tag{4}$$

将式(4)代入式(1)得

$$n = 2 \times n_0 - 1 \tag{5}$$

将式(5)代入式(2)得

$$B = 2(n_0 - 1)$$

（3）解：

设完全二叉树中的叶子结点数为 n,根据完全二叉树的性质,度为 2 的结点数是 n－1,而完全二叉树中度为 1 的结点数至多为 1,所以具有 n 个叶子结点的完全二叉树的结点数是 n＋(n－1)＋1＝2n 或 2n－1(有或无度为 1 的结点)。由于具有 2n(或 2n－1)个结点的完全二叉树的深度是 $\lfloor \log_2(2n) \rfloor + 1$(或 $\lfloor \log_2(2n-1) \rfloor + 1$),即 $\lceil \log_2 n \rceil + 1$,故有 n 个叶子结点的非满完全二叉树的高度是 $\lceil \log_2 n \rceil + 1$。

（4）解：

① 二叉树如图 5.23 所示。

② 后序线索树如图 5.24 所示。

③ 二叉树对应的森林如图 5.25 所示。

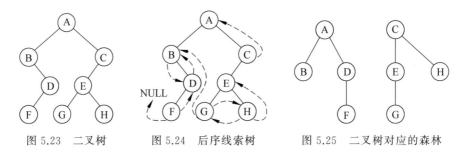

图 5.23　二叉树　　　图 5.24　后序线索树　　　图 5.25　二叉树对应的森林

（5）解：

① T 的最大深度 $K_{max} = 6$(除根外,每层均是两个结点)。

　T 的最小深度 $K_{min} = 4$(具有 6 个叶子的完全二叉树是其中的一种形态)。

② 非叶子结点数为 5。

（6）解：

① 后序序列为 EBJKFGHICDA。

② 树对应的二叉树如图 5.26 所示。

4. 算法设计题

（1）解析：利用二叉树叶子结点的左右指针,重新定义左指针是指向前驱的指针,右指针是指向后继的指针,双向链表在遍历中建立,下面采用中序遍历二叉树。

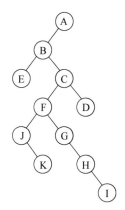

图 5.26 树对应的二叉树

```
BitTree * head=NULL, * pre;              /* head 指向双链表的头结点,pre 指向尾结点 */
void LeafLink(BitTree * bt)             /* BitTree 的定义见例 5.13 */
{ if(bt)
  { LeafLink(bt->lchild);               /* 中序遍历左子树 */
    if(bt->lchild==NULL&&bt->rchild==NULL)    /* 叶子结点 */
      if(head==NULL)                    /* 处理第一个叶子结点 */
      { head=(BitTree *)malloc(sizeof(BitTree));/* 生成头结点 */
        head->lchild=NULL;              /* 头结点的左链为空 */
        head->rchild=bt;                /* 头结点的右链指向第一个叶子结点 */
        bt->lchild=head;                /* 第一个叶子结点的左链指向头结点 */
        pre=bt;                         /* pre 指向当前叶子结点 */
      }
      else                              /* 不是第一个叶子结点 */
      { pre->rchild=bt;bt->lchild=pre;pre=bt; }/* 当前叶子结点链入双链表 */
    LeafLink(bt->rchild);               /* 中序遍历右子树 */
    pre->rchild=NULL;                   /* 最后一个叶子结点的右链置为空 */
  }
}
```

(2)

```
BitTree * Creat(ElemType pre[],ElemType in[],int l1,int h1,int l2,int h2)
/* pre 存放二叉树先序序列,l1、h1 是序列第一个和最后一个元素的下标。in 存放二叉树中序
序列,l2、h2 是序列第一个和最后一个元素的下标 */
{ BitTree * t;                          /* BitTree 的定义见例 5.13 */
  int i;
  t=(BitTree *)malloc(sizeof(BitTree)); /* 申请结点 */
  t->data=pre[l1];                      /* pre[l1]是根结点的值 */
  for(i=l2;i<=h2;i++)
    if(in[i]==pre[l1]) break;           /* 在中序序列中,根结点将树分成左右子树 */
  if(i==l2) t->lchild=NULL;             /* 无左子树 */
```

```
      else t->lchild=Creat(pre,in,l1+1,l1+(i-l2),l2,i-1);   /*建立左子树*/
      if(i==h2) t->rchild=NULL;                              /*无右子树*/
      else t->rchild=Creat(pre,in,l1+(i-l2)+1,h1,i+1,h2);    /*建立右子树*/
      return t;
  }
```

（3）

```
int Count(Node * t)                         /*Node 的定义见例 5.30*/
{ int c; Node * p;
  if(!t->fch) return 1;                      /*若结点无左孩子,则是叶子结点*/
  else
  { c=0;
    for(p=t->fch;p;p=p->nsib)                /*沿右链域统计无左孩子的结点数*/
      c+=Count(p);
    return c;
  }
}
```

5.8 实验题参考答案

（1）

```
void PrintNode(BitTree * bt)                 /*BitTree 的定义见例 5.13*/
{ if(bt!=NULL)
  { if(bt->lchild!=NULL&&bt->rchild!=NULL)   /*左右子树都不为空,输出*/
      printf("%4d",bt->data);
    PrintNode(bt->lchild);                    /*遍历左子树*/
    PrintNode(bt->rchild);                    /*遍历右子树*/
  }
}
```

（2）

```
ElemType MaxValue(BitTree * bt)              /*BitTree 的定义见例 5.13*/
{ ElemType max=bt->data,m;
  if(bt->lchild==NULL&&bt->rchild==NULL)     /*没有子树*/
    max=bt->data;                            /*最大值为根结点的值*/
  else
  { if(bt->data>max) max=bt->data;
    m=MaxValue(bt->lchild);                  /*求左子树结点的最大值*/
    if(max<m) max=m;
    m=MaxValue(bt->rchild);                  /*求右子树结点的最大值*/
    if(max<m) max=m;
  }
```

```
      return max;
  }

（3）

typedef char ElemType;                   /* 数据元素类型 */
#define MAXSIZE 20                        /* 最多结点个数 */
void PreOrder(ElemType bt[])
{ int stack[MAXSIZE],top=0;               /* top 是栈 stack 的栈顶指针 */
  int i=1,n;
  n=strlen(bt);                           /* 求结点最大编号 */
  stack[top++]=i;                         /* 根结点进栈 */
  while(top>0)                            /* 栈不为空 */
  { i=stack[--top];                       /* 出栈 */
    printf("%4c",bt[i]);                  /* 访问(输出) */
    if(bt[2*i+1]!=' '&&2*i+1<=n)
      stack[top++]=2*i+1;                 /* 右孩子进栈 */
    if(bt[2*i]!=' '&&2*i<=n)
      stack[top++]=2*i;                   /* 左孩子进栈 */
  }
}

（4）

#define MAXSIZE 20                        /* 最多结点个数 */
int CountLeaf(BitTree * bt, int k)        /* BitTree 的定义见例 5.13 */
{ BitTree * p=bt, * Q[MAXSIZE];           /* Q 是队列,元素是二叉树结点的指针 */
  int front=0,rear=1;                     /* 队头和队尾指针 */
  int leaf=0;                             /* 叶子结点数 */
  int last=1;                             /* 二叉树同层最右结点的指针 */
  int level=1;                            /* 二叉树的层次 */
  Q[1]=p;                                 /* 根结点指针入队 */
  if(bt==NULL||k<1) return 0;
  while(front<rear)
  { p=Q[++front];
    if(level==k&&!p->lchild&&!p->rchild) leaf++;   /* 叶子结点 */
    if(p->lchild) Q[++rear]=p->lchild;   /* 左孩子指针入队 */
    if(p->rchild) Q[++rear]=p->rchild;   /* 右孩子指针入队 */
    if(front==last)
    { level++;                            /* 二叉树同层最右结点已处理,层数增 1 */
      last=rear;                          /* last 指向下层最右元素 */
    }
    if(level>k) return leaf;              /* 层数大于 k 后退出 */
  }
}
```

（5）

```
#define MAXSIZE 20                              /*最多结点个数*/
void PreOrder(BitTree * bt)                     /*BitTree 的定义见例 5.13*/
{ BitTree * stack[MAXSIZE], * p;                /*定义栈 stack*/
  int top=0;                                    /*top 是栈顶指针*/
  stack[top++]=bt;                              /*根结点指针进栈*/
  while(top>0)                                  /*栈不为空*/
  { p=stack[--top];                             /*出栈*/
    printf("%4c",p->data);                      /*遍历(输出)*/
    if(p->rchild) stack[top++]=p->rchild;       /*右孩子指针进栈*/
    if(p->lchild) stack[top++]=p->lchild;       /*左孩子指针进栈*/
  }
}
```

（6）

```
#define MAXSIZE 20                              /*最多结点个数*/
int CountLeaf(BitTree * bt)                     /*BitTree 的定义见例 5.13*/
{ BitTree * s[MAXSIZE];                         /*定义栈 s,存放二叉树结点的指针*/
  int num=0,top=0;                              /*top 是栈顶指针*/
  while(bt!=NULL||top>0)
  { while(bt!=NULL)
    {s[top++]=bt; bt=bt->lchild; }              /*沿左指针域向下,结点指针依次进栈*/
    if(top!=0)                                  /*栈不为空*/
    { bt=s[--top];                              /*出栈*/
      if(bt->lchild==NULL&&bt->rchild==NULL) num++;  /*叶子结点*/
      bt=bt->rchild;                            /*到右子树根结点*/
    }
  }
  return num;
}
```

（7）

```
BitTree * Copy(BitTree * t)                     /*BitTree 的定义见例 5.13*/
{ BitTree * bt;
  if(t==NULL) bt=NULL;                          /*二叉树为空*/
  else
  { bt=(BitTree * )malloc(sizeof(BitTree));     /*复制根结点*/
    bt->data=t->data;
    bt->lchild=Copy(t->lchild);                 /*复制左子树*/
    bt->rchild=Copy(t->rchild);                 /*复制右子树*/
  }
  return bt;
}
```

(8)

```
void Parent(int n,int L[],int R[],int T[])
{ int i;
  for(i=1;i<=n;i++) T[i]=0;           /* T 数组初始化 */
  for(i=1;i<=n;i++)                   /* 根据 L 填写 T */
    if(L[i]!=0) T[L[i]]=i;            /* 若结点 i 的左孩子是 L[i],则 L[i]的双亲是 i */
  for(i=1;i<=n;i++)                   /* 根据 R 填写 T */
    if(R[i]!=0) T[R[i]]=i;            /* 若结点 i 的右孩子是 R[i],则 R[i]的双亲是 i */
}
```

(9)

```
BiThrTree * pre=NULL;                 /* pre 指向当前结点的前驱结点 */
void ThrInOrder(BiThrTree * tree)     /* BiThrTree 的定义见例 5.24 */
{ if(tree!=NULL)
  { ThrInOrder(tree->lchild);         /* 处理左子树 */
    if(tree->lchild==NULL)
    { tree->ltag=1; tree->lchild=pre; } /* 处理当前结点的左指针域 */
    if(pre&&pre->rchild==NULL)
    { pre->rtag=1; pre->rchild=tree; }  /* 处理前驱结点的右指针域 */
    pre=tree;
    ThrInOrder(tree->rchild);         /* 处理右子树 */
  }
}
```

(10)

① 递归算法。

```
int High(Node * bt)                   /* Node 的定义见例 5.30 */
{ int hc,hs,h;
  if(bt==NULL) return 0;
  else if(!bt->fch)                   /* 孩子为空,查兄弟的深度 */
      { h=High(bt->nsib);return h>1?h:1; }
      else        /* 结点既有孩子又有兄弟,高度取孩子高度+1 和兄弟子树高度的较大者 */
      { hc=High(bt->fch);             /* 第一个孩子树高 */
        hs=High(bt->nsib);/* 兄弟树高 */
        return hc+1>hs? hc+1:hs;
      }
}
```

② 非递归算法。

```
#define MAXSIZE 10                    /* 最多结点个数 */
int High1(Node * t)                   /* Node 的定义见例 5.30 */
{ Node * Q[MAXSIZE], * p;             /* Q 是队列,元素是树结点的指针 */
  int front=0,rear=1;                 /* front、rear 是队列 Q 的队头、队尾元素的指针 */
```

```
    int h=0;                          /* h 是树的深度 */
    int last=1;                       /* last 是同层结点中最后一个结点的指针 */
    Q[1]=t;
    if(t==NULL) return 0;
    while(front<rear)
    { p=Q[++front];                   /* 队头元素出队 */
      while(p!=NULL)                   /* 层次遍历 */
      { if(p->fch) Q[++rear]=p->fch;   /* 第一个孩子入队 */
        p=p->nsib;                     /* 同层兄弟指针后移 */
      }
      if(front==last)                  /* 本层结束,深度加 1(初始深度为 0) */
      { h++;last=rear; }               /* last 指向当前层最右结点 */
    }
    return h;
  }
```

5.9　思考题参考答案

（1）**答**：用顺序存储结构存储有 n 个结点的完全二叉树。编号为 i 的结点,其双亲结点的编号是 $\lfloor i/2 \rfloor$(i=1 时无双亲),其左孩子结点的编号是 2i(2i≤n,否则 i 无左孩子),右孩子结点的编号是 2i＋1(2i＋1≤n,否则无右孩子)。

（2）**答**：给定二叉树结点的先序序列和中序序列,可以唯一确定该二叉树。因为先序序列的第一个元素是根结点,该元素将二叉树的中序序列分成两部分,左边(设 l 个元素)表示左子树,若左边无元素,则说明左子树为空;右边(设 r 个元素)是右子树,若右边无元素,则说明右子树为空。根据先序遍历中"根→左子树→右子树"的顺序,由从第二个元素开始的 l 个结点先序序列和中序序列的根左边的 l 个结点序列构造左子树,由先序序列最后 r 个元素序列与中序序列的根右边的 r 个元素序列构造右子树。由二叉树的先序序列和后序序列不能唯一确定一棵二叉树,因为无法确定左右子树两部分。例如,任何结点只有左子树的二叉树和任何结点只有右子树的二叉树,其先序序列相同,后序序列也相同,但它们却是两棵不同的二叉树。

（3）**答**：先序遍历是"根左右",中序遍历是"左根右",后序遍历是"左右根"。若将"根"去掉,则三种遍历仅剩"左右"。三种遍历的差别就是访问根结点的时机不同。二叉树是递归定义的,对左右子树均是按左右顺序遍历的,因此所有叶子结点之间的先后关系都是相同的。

（4）**答**：树的孩子兄弟表示法和二叉树的二叉链表表示法的本质是一样的,只是解释不同,也就是说,树(树是森林的特例,即森林中只有一棵树的情况)可用二叉树唯一表示,并可使用二叉树的一些算法解决树和森林中的问题。树和二叉树的区别如下：一是二叉树的度至多为 2,树无此限制;二是二叉树有左右子树之分,即使在只有一个分枝的情况下,也必须指出是左子树还是右子树,树无此限制;三是二叉树允许为空,树一般不允许为空。

（5）**答**：在二叉链表表示的二叉树中，引入线索的目的主要是便于查找结点的前驱和后继。因为只要知道了各结点的后继，二叉树的遍历就会变得非常简单。在二叉链表结构中查找结点的左右孩子非常方便，但其前驱和后继是在遍历中形成的。为了将非线性结构二叉树的结点排列成线性序列，可以利用结点的空链域，左链为空时用作前驱指针，右链为空时用作后继指针；再引入左右标记 ltag 和 rtag，规定 ltag＝0 时，lchild 指向左孩子，ltag＝1 时，lchild 指向前驱；rtag＝0 时，rchild 指向右孩子，rtag＝1 时，rchild 指向后继。这样，在线索二叉树（特别是中序线索二叉树）上进行遍历就消除了递归，也无须使用栈（后序线索二叉树查找后继仍需要栈。）

第 **6** 章 图

CHAPTER

6.1 内容概述

本章主要介绍图的相关概念,图的深度优先搜索和广度优先搜索两种遍历算法,图的邻接矩阵、邻接表、邻接多重表和十字链表四种存储结构,Kruskal 和 Prim 两种最小生成树算法,讨论图的拓扑排序、最短路径和关键路径等应用问题。本章的知识结构如图 6.1 所示。

图的定义和基本术语

图的遍历 {
深度优先遍历
广度优先遍历
}

图 {
图的存储结构 {
邻接矩阵(适用于有向图和无向图)
邻接表(适用于有向图和无向图)
逆邻接表(适用于有向图)
十字链表(适用于有向图)
邻接多重表(适用于无向图)
}

最小生成树 {
Prim算法
Kruskal算法
}

图的应用 {
拓扑排序
最短路径
关键路径
}
}

图 6.1 第 6 章知识结构

考核要求:掌握图的定义和相关术语,掌握图的邻接矩阵和邻接表两种常用的存储结构,掌握图的深度优先遍历和广度优先遍历的思想及其算法实现,掌握 Kruskal 和 Prim 两种最小生成树算法的思想及其算法实现,掌握求拓扑序列和最短路径的方法及其算法实现。

重点难点:本章的重点是在图的邻接矩阵和邻接表两种存储结构上的遍历、求最小生成树、求最短路径和拓扑排序等算法的思想及其实现。本章的难点是求图的最小生成树算法、求最短路径算法以及拓扑排序算法。

核心考点:图的相关概念、图的存储结构、图的遍历、最小生成树、最短路径和拓扑排序以及有关图的算法设计。

6.2　典型题解析

6.2.1　图的基本概念

图的基本概念主要有无向图、有向图、完全图、赋权图、邻接点、度、路径、连通图和连通分量等，这些基本概念是学习图的基础。考查的方式主要有三种：一是直接考查对基本概念的理解；二是根据给定的条件计算图的边（或弧）数；三是根据给定的条件计算图中的顶点数。

【例6.1】 设有向图的顶点个数为n，则该图最多有（　　）条弧。

A. $n-1$　　　　　B. $n(n-1)$　　　　　C. $n(n+1)$　　　　　D. n^2

解析：若有向图的任意两个顶点之间都有弧，则弧数最多，这样的图称为有向完全图。

$$弧数\ e=p_n^2=n(n-1)$$

答案：B

【例6.2】 一个有n个顶点的连通无向图，其边的个数最少为（　　）。

A. $n-1$　　　　　B. n　　　　　C. $n+1$　　　　　D. $n\log_2 n$

解析：在无向图中，若顶点x和顶点y之间有路径相通，则称x和y是连通的。若无向图中的任意两个顶点均是连通的，则称该图为连通无向图。若使n个顶点的无向图连通且边数最少，则至少需要n−1条边。

答案：A

【例6.3】 在一个无向图中，所有顶点的度数之和等于所有边数的（　　）倍。

A. 1/2　　　　　B. 2　　　　　C. 1　　　　　D. 4

解析：在无向图中，一条边连接两个顶点，顶点的度是与该顶点相连接的边的数目。所以，所有顶点的度数之和等于所有边数的2倍。

答案：B

【例6.4】 若非连通无向图G有21条边，则G的顶点个数至少为（　　）。

A. 7　　　　　B. 8　　　　　C. 21　　　　　D. 22

解析：若使无向图G非连通且顶点最少，则有一个顶点为孤立顶点，其余顶点构成的子图为无向完全图。设无向完全图的顶点数为n，则n(n−1)/2=21。由此可得n=7。图G的顶点个数为7+1=8。

答案：B

【例6.5】 连通图G的生成树是（　　）。

A. 包含G的所有顶点的连通子图

B. 包含G的所有边的连通子图

C. 不必包含G的所有顶点的连通子图

D. 包含G的所有顶点和边的连通子图

解析：一个连通图的最小生成树是包含其全部n个顶点和n−1条边的连通子图。

答案：A

6.2.2 图的存储结构

图的存储结构主要有邻接矩阵、邻接表、十字链表和邻接多重表。邻接矩阵、邻接表对有向图和无向图都适用,十字链表只适用于有向图,邻接多重表只适用于无向图。考查的方式主要有三种：一是四种存储结构的特点和适用范围；二是由一种存储结构生成另一种存储结构的算法；三是在给定的存储结构上插入边(或弧)、删除边(或弧)以及计算顶点的度等算法。

【例 6.6】 下列存储结构中最适于表示稀疏无向图的是( )。

A. 逆邻接表　　　　B. 邻接多重表　　　　C. 十字链表　　　　D. 邻接表

解析：逆邻接表和十字链表只能用于表示有向图。在无向图的邻接表表示法中,每条边都会出现两次,浪费存储空间。在邻接多重表表示法中,一条边的信息用一个结点表示。

答案：B

【例 6.7】 ( )的邻接矩阵是对称矩阵。

A. 有向图　　　　B. 无向图　　　　C. AOV 网　　　　D. AOE 网

解析：无向图的邻接矩阵是对称的,有向图的邻接矩阵不一定对称,AOV 网和 AOE 网都是有向图。

答案：B

【例 6.8】 图的邻接矩阵表示法适用于表示( )。

A. 无向图　　　　B. 有向图　　　　C. 稠密图　　　　D. 稀疏图

解析：邻接矩阵表示法和邻接表表示法是两种最常用的图的存储表示,两种方法各有所长。设图 G 有 n 个顶点、e 条边,则图的邻接矩阵表示的空间代价为 $O(n^2)$；若图 G 为无向图,则图的邻接表表示的空间代价为 $O(n+2e)$；若图 G 为有向图,则图的邻接表表示的空间代价为 $O(n+e)$,邻接矩阵表示的空间代价只与图的顶点数有关。若 $e \ll n^2$,即 G 为稀疏图,则用邻接表表示图比较节省空间,如果 e 达到 n^2 数量级,即 G 为稠密图,则用邻接矩阵表示图更节省空间,特别对于无权图而言,关系矩阵的每个元素只需要一个二进制位就可以表示。

答案：C

【例 6.9】 若一个有 n 个顶点和 e 条弧的有向图采用邻接矩阵表示,则计算该有向图第 i 个顶点出度的时间复杂度为( )。

A. $O(n)$　　　　B. $O(e)$　　　　C. $O(n+e)$　　　　D. $O(n^2)$

解析：若用邻接矩阵表示有向图,则第 i 个顶点的出度等于矩阵中第 i 行非 0(或非 ∞)元素的个数,第 i 个顶点的入度等于矩阵中第 i 列非 0(或非 ∞)元素的个数。计算有向图第 i 个顶点的出度需要遍历第 i 行的所有元素,时间复杂度为 $O(n)$。

答案：A

【例 6.10】 若一个图的邻接矩阵是对角线元素均为 0 的上三角矩阵,则该图是( )。

A. 有向完全图　　　B. 连通图　　　　　C. 强连通图　　　　　D. 有向无环图

解析：无向图的邻接矩阵是对称的，因此该图为有向图。由于图的邻接矩阵是对角线元素均为0的上三角矩阵，所以该图不存在环路，即为有向无环图。

答案：D

【**例6.11**】 设有向图G有n个顶点（用1，2，…，n表示）和e条弧。编写算法，根据其邻接表生成其逆邻接表，要求算法的时间复杂度为O(n+e)。

解析：首先建立逆邻接表的顶点数组，然后遍历整个邻接表。遍历邻接表时，对每个访问结点申请结点空间，新申请结点的数据域值为邻接表中访问结点所在顶点数组的元素值，把新结点插入逆邻接表相应的链表，直到对邻接表中的每个结点都完成上述操作为止。

```c
#define MAXVER 20                          /* 最多顶点数 */
typedef int ElemType;                      /* 数据元素类型 */
typedef struct node
{ int num;
  struct node * next;
}slink;                                    /* 边(或弧)的结点类型 */
typedef struct
{ int vexnum;                              /* 顶点数 */
  int arcnum;                              /* 边(或弧)数 */
  struct
  { ElemType vertex;
    slink * first;
  }ve[MAXVER];                             /* 顶点信息结构 */
}AdjList;                                  /* 邻接表存储结构类型 */
void InvertAdjList(AdjList * gin,AdjList * gout)
{ int i,j;
  slink * p, * s;
  gin->vexnum=gout->vexnum;
  gin->arcnum=gout->arcnum;
  for(i=1;i<=gin->vexnum;i++)              /* 建立逆邻接表的顶点向量 */
  { gin->ve[i].vertex=gout->ve[i].vertex; gin->ve[i].first=NULL; }
  for(i=1;i<=gin->vexnum;i++)              /* 邻接表转换为逆邻接表 */
  { p=gout->ve[i].first;                   /* 取指向邻接表的指针 */
    while(p!=NULL)
    { j=p->num;
      s=(slink *)malloc(sizeof(slink));    /* 申请结点空间 */
      s->num=i; s->next=gin->ve[j].first; gin->ve[j].first=s;
      p=p->next;                           /* 下一个邻接点 */
    }
  }
}
```

【例 6.12】 已知无向图 G 有 n 个顶点(用 1,2,…,n 表示),采用邻接表存储方式,试写出删除边(i,j)的算法。

解析:首先在邻接表的第 i 个链表中查找数据域值为 j 的结点,删除该结点;然后在邻接表的第 j 个链表中查找数据域值为 i 的结点,删除该结点。

```
void DelEdge(AdjList * g,int i,int j)        /* AdjList 的定义见例 6.11 * /
{ slink * p, * pre;
  p=g->ve[i].first;pre=NULL;                /* 删除顶点 i 的边结点(i,j),pre 是前驱指针 * /
  while(p&&p->num!=j)
  { pre=p; p=p->next; }                     /* 查找 * /
  if(p)
  { if(pre==NULL) g->ve[i].first=p->next;
    else pre->next=p->next;
    free(p);                                /* 释放结点空间 * /
  }
  p=g->ve[j].first;pre=NULL;                /* 删除顶点 j 的边结点(j,i),pre 是前驱指针 * /
  while(p&&p->num!=i)
  { pre=p; p=p->next;}                      /* 查找 * /
  if(p)
  { if(pre==NULL) g->ve[j].first=p->next;
    else pre->next=p->next;
    free(p);                                /* 释放结点空间 * /
  }
}
```

【例 6.13】 设有向图 G 有 n 个顶点(用 1,2,…,n 表示),采用邻接表表示。编写算法,求顶点 k 的入度(1≤k≤n)。

解析:求顶点 k 的入度需要遍历整个邻接表,即从有向图 G 的邻接表的第一个链表开始统计数据域值为 k 的结点数。

```
int CountIn(AdjList * G,int k)              /* AdjList 的定义见例 6.11 * /
{ int num=0,i;
  slink * p;
  for(i=1;i<=G->vexnum;i++)                 /* 求顶点 k 的入度需要遍历整个邻接表 * /
    if(i!=k)                                /* 顶点 k 的邻接链表不必计算 * /
    { p=G->ve[i].first;                     /* 到顶点 i 的邻接表查找 * /
      while(p)
      { if(p->num==k) num++;
        p=p->next;
      }
    }
  return num;                               /* 返回顶点 k 的入度 * /
}
```

6.2.3　图的遍历

图的遍历有深度优先遍历和广度优先遍历两种方法。考查的方式主要有四种：一是给出一个图，写出该图的深度优先遍历序列和广度优先遍历序列；二是给定一个图的存储方式，写出该图的深度优先遍历序列和广度优先遍历序列；三是画出给定图的某种存储方式；四是利用两种遍历算法的思想设计并实现给定功能的算法。

【例6.14】　下列说法中不正确的是（　　　）。

    A. 图的遍历是从给定的源点出发访问每一个顶点且仅被访问一次

    B. 遍历图的基本算法有深度优先遍历和广度优先遍历两种

    C. 图的深度优先遍历不适用于有向图

    D. 图的深度优先遍历是一个递归过程

解析：图的遍历是从图中某个顶点（源点）出发，按照某种方式访问图中的所有顶点，且每个顶点仅被访问一次。图的遍历通常有深度优先遍历和广度优先遍历两种方式，这两种方式对无向图和有向图都适用。深度优先遍历是递归的过程。两种遍历方式所得到的遍历序列都不是唯一的。

答案：C

【例6.15】　已知某图的邻接表存储结构如图6.2所示，根据该邻接表从顶点A出发，分别写出按深度优先搜索法和广度优先搜索法进行遍历的序列。

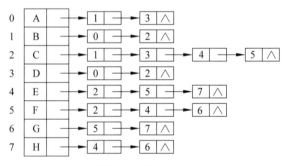

图 6.2　例 6.15 图

解析：深度优先遍历过程为 A→B→C→D→E→F→G→H，因此深度优先遍历序列为 ABCDEFGH。广度优先遍历过程为 A→B→D→C→E→F→H→G，因此广度优先遍历序列为 ABDCEFHG。

【例6.16】　已知一个如图6.3所示的有向图，其顶点按 A、B、C、D、E、F 的顺序存放在邻接表的顶点表中，弧表结点数据域为顶点值，请画出该图的邻接表，使得根据此邻接表按深度优先遍历时得到的顶点序列为 ACBEFD，按广度优先遍历时得到的顶点序列为 ACBDFE。

解析：由图6.3可得其邻接表结构如图6.4所示，且④处为 E，⑧处为 C，⑨处为 F，⑩处为 D。根据深度优先遍历序列，①处为 C，⑤处为 B。根据广度优先遍历序列，②处为 B，③处为 D，⑥处为 F，⑦处为 E。

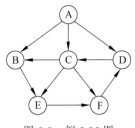

图 6.3　例 6.16 图

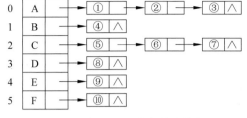

图 6.4　例 6.16 图的邻接表结构

【例 6.17】　已知无向图 G 有 n 个顶点(用 1,2,…,n 表示),采用邻接表存储方式,试编写求图 G 的连通分量的算法。要求输出每一连通分量的顶点值。

解析:采用深度优先遍历算法。

```
int visited[MAXVER];             /* 顶点的访问标记数组 */
void DFS(AdjList * G,int v)      /* AdjList 的定义见例 6.11 */
/* 从顶点 v 出发,深度优先遍历图 G 的连通分量 */
{ slink * p;
  printf("%3d",G->ve[v].vertex);  /* 输出顶点值 */
  visited[v]=1;                  /* 置访问标记 */
  p=G->ve[v].first;
  while(p)
  { if(!visited[p->num])         /* 从 v 的未被访问的邻接点出发 */
      DFS(G,p->num);             /* 进行深度优先搜索(递归) */
    p=p->next;                   /* 查找 v 的下一个邻接点 */
  }
}
void DFSGraph(AdjList * G)       /* 深度优先遍历图 G */
{ int k=0,i;
  for(i=1;i<=G->vexnum;i++)
    if(!visited[i])
    { printf ("\n%d :\n",++k); DFS(G,i);}
}
```

【例 6.18】　已知无向图 G 有 n 个顶点(用 1,2,…,n 表示),采用邻接表存储方式,写出图的深度优先搜索的非递归算法。

解析:首先访问起始顶点,然后在起始顶点的链表中查找第一个未访问的顶点并访问,再在刚访问过的顶点的链表中查找第一个未访问的顶点并访问,如此重复进行,直至与起始顶点有路径相通的所有顶点都被访问为止。若为连通图,则遍历结束,否则再从未被访问的顶点开始遍历,直至所有顶点都被访问为止。

```
int visited[MAXVER];                /* 顶点的访问标记数组 */
void DFS(AdjList * G,int v)         /* AdjList 的定义见例 6.11 */
/* 从顶点 v 出发,深度优先非递归遍历图 G 的连通分量 */
{ slink * p, * stack[MAXVER];       /* 栈 stack 存放顶点的指针 */
```

```
int top=0;                          /* 栈顶指针,指向栈顶元素 */
printf("%4d ",v); visited[v]=1;     /* 访问起始顶点并置访问标记 */
p=G->ve[v].first;                   /* 到起始顶点的链表 */
stack[++top]=p;                     /* 起始顶点链表的第一个结点进栈 */
while(top>0||p!=NULL)
{ while(p)                          /* 在刚访问顶点的链表中查找未访问的顶点 */
    if(p&&visited[p->num]) p=p->next;
    else                           /* 找到 */
    { printf("%4d",p->num);        /* 访问 */
    visited[p->num]=1;             /* 置访问标记 */
    stack[++top]=p;                /* 刚访问的顶点入栈 */
    p=G->ve[p->num].first;         /* 到刚访问顶点的链表 */
    }
  if(top>0)                        /* 未找到且栈不为空 */
  { p=stack[top--]; p=p->next; }   /* 到上一个链表的下一个结点 */
  }
}
void DFSGraph(AdjList * G)           /* 深度优先遍历图 G */
{ int i;
  for(i=1;i<=G->vexnum;i++)
    if(!visited[i]) DFS(G,i);
}
```

6.2.4　生成树和最小生成树

一个含有 n 个顶点的连通图的生成树是一个极小连通子图,它含有图中的全部顶点,但只有构成一棵树的 n−1 条边。求图的生成树的方法有两种,一种是由深度优先遍历得到的生成树,称为深度优先生成树;另一种是由广度优先遍历得到的生成树,称为广度优先生成树,这两种遍历方法得到的生成树都不是唯一的。对于一个带权的连通无向图,其所有生成树中边上权值之和最小的生成树称为图的最小生成树。求图的最小生成树的方法有两种,一种是 Prim 算法,另一种是 Kruskal 算法,这两种方法得到的最小生成树都不是唯一的。考查的方式主要有两种:一种是根据给定图或图的存储方式画出图的深度优先生成树和广度优先生成树;另一种是根据给定图或图的存储方式画出依据 Prim 算法和 Kruskal 算法得到的最小生成树。

【例 6.19】 连通网的最小生成树是其所有生成树中(　　　)。

A. 顶点集最小的生成树　　　　　　B. 边集最小的生成树

C. 顶点权值之和最小的生成树　　　D. 边权值之和最小的生成树

解析:n 个顶点的连通图的生成树包含全部 n 个顶点和其中 n−1 条边。生成树中没有回路。在边赋权图中,权值总和最小的生成树称为最小生成树。

答案:D

【例 6.20】 已知图 G 如图 6.5 所示,画出从顶点 A 开始的广度优先生成树和深度优先生成树。

解析：根据广度优先遍历的思想,首先访问顶点 A,然后对邻接点按字母顺序进行广度优先遍历。访问 A 的邻接点 B、C、D、F 和 I,再访问 B 的邻接点 K、C 的邻接点 E、I 的邻接点 J,此时所有顶点都已被访问,遍历结束,广度优先生成树如图 6.6 所示。根据深度优先遍历的思想,首先访问顶点 A,然后按字母顺序进行深度优先遍历。访问 A 的邻接点 B,访问 B 的邻接 K,访问 K 的邻接点 I,访问 I 的邻接点 J。回到顶点 A,访问 A 的邻接点 C,访问 C 的邻接点 E,访问 E 的邻接点 D。回到顶点 A,访问 A 的邻接点 F。此时所有顶点都已被访问,遍历结束,深度优先生成树如图 6.7 所示。

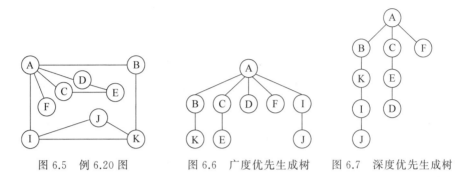

图 6.5　例 6.20 图　　　　图 6.6　广度优先生成树　　图 6.7　深度优先生成树

【**例 6.21**】　已知无向图 G 的邻接表存储如图 6.8 所示,边表结点数据域为顶点值。试画出从顶点 1 开始的深度优先生成树和广度优先生成树。

解析：根据深度优先遍历的思想,访问顶点 1 后再到顶点 1 的链表中访问顶点 2,然后到顶点 2 的链表中访问,由于顶点 1 已被访问,所以访问顶点 3,再到顶点 3 的链表中访问,由于顶点 1 和顶点 2 已被访问,所以访问顶点 4,最后到顶点 4 的链表中访问,由于顶点 1、顶点 2 和顶点 3 已被访问,所以访问顶点 5。由于所有顶点都被访问,因此遍历结束。深度优先生成树如图 6.9 所示。根据广度优先遍历的思想,访问顶点 1 后到顶点 1 的链表中访问顶点 2、顶点 3 和顶点 4,然后到顶点 2 的链表中访问,由于顶点 1、顶点 3 和顶点 4 已被访问,所以访问顶点 5。由于所有顶点都被访问,因此遍历结束。广度优先生成树如图 6.10 所示。

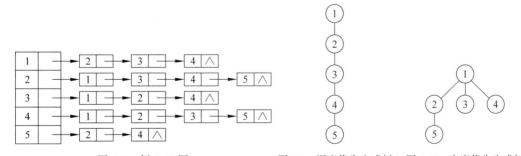

图 6.8　例 6.21 图　　　　图 6.9　深度优先生成树　　图 6.10　广度优先生成树

【**例 6.22**】　一个带权无向图的邻接矩阵如图 6.11 所示,试画出采用 Kruskal 算法构造的一棵最小生成树。

解析：Kruskal 算法是一种按权值的递增次序选择合适的边构造最小生成树的算

法。设连通网中有n个顶点、e条边，则Kruskal算法的基本思想为

（1）建立n个顶点的零图；

（2）将e条边按权值升序排列；

（3）从权值序列中依次选取边，若该边添加到图中不构成回路，则将该边加入图中，重复此过程，直到图中包含n−1条边为止。

由邻接矩阵得到的逻辑图如图6.12所示，边按权递增的顺序如表6.1所示。

表6.1　边及其权值

边	(A,B)	(A,C)	(B,C)	(D,E)	(D,F)	(E,F)	(B,D)	(C,E)
权值	1	1	1	1	1	1	2	3

根据最小生成树的定义，6个顶点取5条边。根据Kruskal算法，第一条边取(A,B)，第二条边取(A,C)，第三条边取(D,E)，第四条边取(D,F)，第五条边取(B,D)。由于选取(B,C)和(E,F)时都会产生回路，所以舍弃。由此得到的一棵最小生成树如图6.13所示。

由图6.12可以看出，在回路{A,B,C}和回路{D,E,F}中各任选两条边，再加上边取(B,D)，可构成9棵不同的最小生成树。

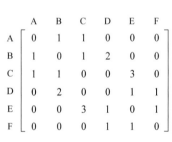 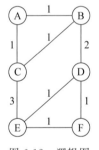 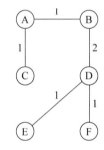

图6.11　例6.22图　　　　图6.12　逻辑图　　　图6.13　最小生成树

【例6.23】　采用Prim算法，求出如图6.14所示的连通图G从顶点A开始的一棵最小生成树。

解析：设连通网的顶点集合为V，最小生成树的顶点集合为U，初始时U为空集，则Prim算法的基本思想为

（1）建立一个包含V中所有顶点的零图；

（2）从V中选取一个初始顶点加入集合U；

（3）在集合U和V−U之间选取一条权值最小的边，将该边添加到图中，同时将该边上对应于集合V−U中的顶点并入集合U，重复此过程，直到U==V为止。

初始时，U={A}，V={B,C,D,E,F,G,H}。

取权值最小边(A,B)，U={A,B}，V−U={C,D,E,F,G,H}。

取权值最小边(B,E)，U={A,B,E}，V−U={C,D,F,G,H}。

取权值最小边(E,H)，U={A,B,E,H}，V−U={C,D,F,G}。

取权值最小边(H,C)，U={A,B,E,H,C}，V−U={D,F,G}。

取权值最小边(C,D),U＝{A,B,E,H,C,D},V－U＝{F,G}。

取权值最小边(D,G),U＝{A,B,E,H,C,D,G},V－U＝{F}。

取权值最小边(G,F),U＝{A,B,E,H,C,D,G,F},V－U＝Φ。

最小生成树如图 6.15 所示。

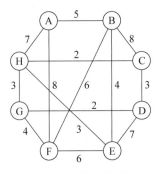

图 6.14　例 6.23 图

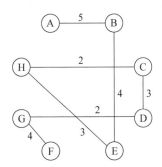

图 6.15　最小生成树

6.2.5　图的应用

图的应用主要有拓扑排序、最短路径和关键路径。拓扑排序主要用来判断工程能否顺利进行,关键路径主要用来缩短工期,最短路径主要用来降低工程成本。考查的方式主要有两种:一种是写出给定有向图的拓扑序列,计算给定有向图的最短路径和关键路径;另一种是设计实现给定功能的算法。

【例 6.24】　在有向图 G 的拓扑序列中,若顶点 v_i 在顶点 v_j 之前,则不可能出现的是
(　　)。

A. G 中有弧$<v_i,v_j>$　　　　　　　　B. G 中有一条从 v_i 到 v_j 的路径

C. G 中没有弧$<v_i,v_j>$　　　　　　　D. G 中有一条从 v_j 到 v_i 的路径

解析:顶点表示活动、弧表示活动之间的先后关系的有向图称为 AOV 网。如果一个 AOV 网没有回路,那么它的顶点能排成一个序列,使得任意弧的始点和终点依然保持先后关系,这样的序列称为拓扑序列。由拓扑序列的定义可知,在有向图 G 的拓扑序列中,若顶点 v_i 在顶点 v_j 之前,则从 v_i 到 v_j 存在一条路径,这条路径既可能经过其他顶点,也可能不经过。但从 v_j 到 v_i 一定不存在路径,否则有回路。

答案:D

【例 6.25】　下列关于求关键路径的说法中不正确的是(　　)。

A. 求关键路径是以拓扑排序为基础的

B. 一个事件的最早开始时间与以该事件为尾的弧的活动的最早开始时间相同

C. 一个事件的最迟开始时间为以该事件为尾的弧的活动的最迟开始时间与该活动的持续时间的差

D. 关键活动一定位于关键路径上

解析:顶点表示事件、弧表示活动的带权有向图称为 AOE 网。AOE 网不能有回路,而且只能有一个入度为 0 的顶点和一个出度为 0 的顶点,入度为 0 的顶点称为**源点**,出度为 0 的顶点称为**汇点**。从源点到汇点最长的带权路径称为关键路径。关键路径上的活动

称为关键活动。求关键路径要先选定一个拓扑序列。事件的最早发生时间是从源点到该顶点的最长带权路径长度。事件的最迟发生时间等于汇点的最早发生时间减去该顶点到汇点的最长带权路径长度。

答案：C

【**例 6.26**】 假设用 Dijkstra 算法求图 6.16 中从顶点 a 到其余各顶点的最短路径，按求解过程依次写出各条最短路径及其长度。

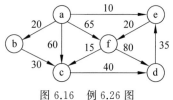

图 6.16　例 6.26 图

解析：求图 G 中从顶点 v_0 到其他顶点的最短路径的 Dijkstra 算法的基本思想是：设图 G 中有 n 个顶点，设置一个集合 U 存放已求出最短路径的顶点，V−U 是尚未确定最短路径的顶点集合，每个顶点对应一个距离值，集合 U 中顶点的距离值是从顶点 v_0 到该顶点的最短路径长度，集合 V−U 中顶点的距离值是从顶点 v_0 到该顶点的只包括集合 U 中的顶点为中间顶点的最短路径长度。初始时，集合 U 中只有顶点 v_0，顶点 v_0 对应的距离为边 (v_0, v_i) 的权值（$i=1,2,\cdots,n-1$），如果 v_0 和 v_i 之间无边直接相连，则距离为 ∞。在集合 V−U 中选择距离最小的顶点 v_{min} 加入集合 U，然后对集合 V−U 中各顶点的距离值进行修正，如果加入顶点 v_{min} 为中间顶点后使 v_0 到 v_i 的距离值比原来的距离值更小，则修改 v_i 的距离值。如此反复操作，直到从 v_0 出发可以到达的所有点都在集合 U 中为止。

初始时：U＝{a}。

第 1 次：最短路径为 a→e(a,e)，长度为 10，U＝{a,e}。

第 2 次：最短路径为 a→b(a,b)，长度为 20，U＝{a,e,b}。

第 3 次：最短路径为 a→e→f (a,e,f)，长度为 30，U＝{a,e,b,f}。

第 4 次：最短路径为 a→e→f→c (a,e,f,c)，长度为 45，U＝{a,e,b,f,c}。

第 5 次：最短路径为 a→e→f→c→d (a,e,f,c,d)，长度为 85，U＝{a,e,b,f,c,d}。

【**例 6.27**】 设图用邻接表表示，写出求从指定顶点到其余各顶点的最短路径的 Dijkstra 算法。

解析：首先用指定顶点的链表初始化存放最短路径的数组，求出具有最短路径的顶点，然后修改从指定顶点到其他尚未确定最短路径的顶点的路径，再从尚未确定最短路径的顶点中求出具有最短路径的顶点，重复上述操作，直到求出所有顶点的最短路径为止。

```
#define INFINITY 1000              /* 假设机器最大数 */
void Dijkstra(AdjList * G,int dist[],int v0)
/* AdjList 的定义见例 6.11,数组 dist 存放最短路径,v0 是源点 */
{ int i,j,u,mindis;
  int s[MAXVER];                   /* 数组 s 存放顶点是否找到最短路径的信息 */
  slink * p;
  for(i=1;i<=G->vexnum;i++)
  { dist[i]=INFINITY; s[i]=0; }  /* 初始化,INFINITY 是机器最大数 */
  s[v0]=1;
  p=G->ve[v0].first;
  while(p)                        /* 顶点的最短路径赋初值 */
```

```
  { dist[p->num]=p->weight; p=p->next;}
  for(i=1;i<G->vexnum;i++)          /* 在未确定的顶点集中选取有最短路径的顶点 u * /
  { mindis=INFINITY;                /* INFINITY 是机器最大数,代表无穷大 * /
    for(j=1;j<=G->vexnum;j++)
      if(s[j]==0&&dist[j]<mindis) {u=j;mindis=dist[j];}
    s[u]=1;                         /* 顶点 u 已找到最短路径。 * /
    p=G->ve[u].first;
    while(p)                        /* 修改从 v0 到其他顶点的最短路径 * /
    { j=p->num;
      if(s[j]==0&&dist[j]>dist[u]+p->weight) dist[j]=dist[u]+p->weight;
      p=p->next;
    }
  }
}
```

【例 6.28】 已知 n 个顶点的有向图用邻接矩阵表示,编写算法,计算每对顶点的最短路径。

解析:首先初始化最短路径数组,然后对于每一对顶点,分别用其他顶点作为中间点计算路径,其最小值即为所求。

```
#define MAXVER 20                 /* 图中最多顶点数 * /
typedef char ElemType;            /* 顶点的数据类型 * /
typedef struct
{ int vexnum;                     /* 顶点数 * /
  int arcnum;                     /* 边(或弧)数 * /
  int kind;                       /* 图的种类,0 表示无向图,1 表示有向图 * /
  ElemType vex[MAXVER];           /* 存放顶点信息的一维数组 * /
  int arc[MAXVER][MAXVER];        /* 存放边(或弧)信息的二维数组 * /
}AdjMatrix;                       /* 邻接矩阵存储结构类型 * /
void Floyd(AdjMatrix * G,AdjMatrix * dist)
/* dist[i][j]存放顶点 vi 到 vj 的最短路径长度 * /
{int i,j,k;
  for(i=0;i<G->vexnum;i++)
    for(j=0;j<G->vexnum;j++)
      dist->arc[i][j]=G->arc[i][j];   /* 初始化 * /
  for(k=0;k<G->vexnum;k++)
    for(i=0;i<G->vexnum;i++)
      for(j=0;j<G->vexnum;j++)
        if(dist->arc[i][k]+dist->arc[k][j]<dist->arc[i][j])
          dist->arc[i][j]=dist->arc[i][k]+dist->arc[k][j];
}
```

6.3 自测试题

1. 单项选择题

(1) 要连通具有 n 个顶点的有向图,至少需要(   )条弧。

  A. n−1   B. n   C. n+1   D. 2n

（2）一个有 n 个顶点的图，最多有（ ）个连通分量。

  A. 0   B. 1   C. n−1   D. n

（3）在一个有向图中，所有顶点的入度之和等于所有顶点出度之和的（ ）倍。

  A. 1/2   B. 2   C. 1   D. 4

（4）对于有向图，其邻接矩阵表示相比邻接表表示更易于进行的操作为（ ）。

  A. 求一个顶点的邻接点   B. 求一个顶点的度

  C. 深度优先遍历   D. 广度优先遍历

（5）下列关于无向图的邻接矩阵的说法中正确的是（ ）。

  A. 矩阵中非 0 元素的行数等于图中的顶点数

  B. 第 i 行上与第 i 列上非 0 元素的总和等于顶点 V_i 的度数

  C. 矩阵中的非 0 元素的个数等于图的边数

  D. 第 i 行上非 0 元素的个数和第 i 列上非 0 元素的个数一定相等

（6）连通图是指图中任意两个顶点之间（ ）。

  A. 都连通的无向图   B. 都不连通的无向图

  C. 都连通的有向图   D. 都不连通的有向图

（7）下列说法中正确的是（ ）。

  A. 一个具有 n 个顶点的无向完全图的边数为 n(n−1)

  B. 连通图的生成树是该图的一个极大连通子图

  C. 图的广度优先搜索是一个递归过程

  D. 在非连通图的遍历过程中，每调用一次深度优先搜索算法都会得到该图的一个连通分量

（8）下列说法中不正确的是（ ）。

  A. 无向图的极大连通子图称为连通分量

  B. 连通图的广度优先搜索一般采用队列暂存刚访问过的顶点

  C. 连通图的深度优先搜索一般采用栈暂存刚访问过的顶点

  D. 有向图的遍历不可采用广度优先搜索算法

（9）图 6.17 所示的带权无向图的最小生成树的权值之和为（ ）。

  A. 51   B. 52   C. 54   D. 56

（10）图 6.18 所示的有向无环图不同的拓扑序列的个数为（ ）。

  A. 1   B. 3   C. 2   D. 4

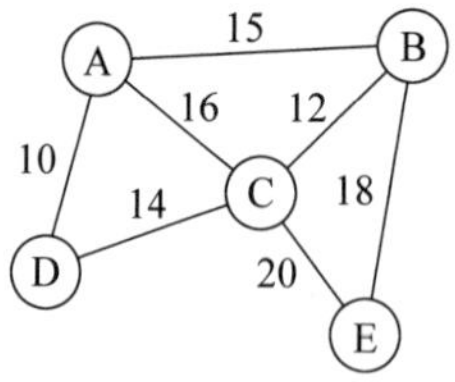

图 6.17　第（9）题图 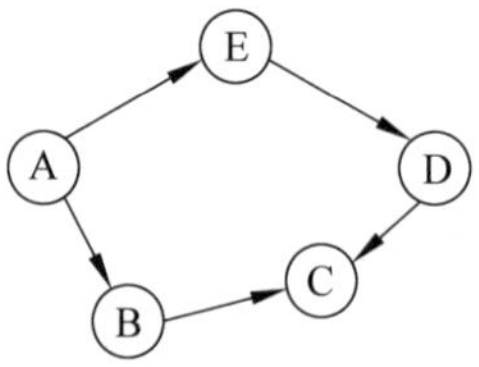   图 6.18　第（10）题图

(11) 求一个连通图中以某个顶点为根的高度最小的生成树应采用(　　)。

　　A. 深度优先搜索算法　　　　　　B. 广度优先搜索算法

　　C. 求最小生成树的 Prim 算法　　D. 拓扑排序算法

(12) 若含有 6 个顶点 a、b、c、d、e、f 的无向图的邻接矩阵如图 6.19 所示,则从顶点 a 出发进行深度优先遍历可能得到的顶点访问序列为(　　)。

$$\begin{array}{c@{\quad}c} & \begin{array}{cccccc} a & b & c & d & e & f \end{array} \\ \begin{array}{c} a \\ b \\ c \\ d \\ e \\ f \end{array} & \left[\begin{array}{cccccc} 0 & 1 & 1 & 0 & 0 & 0 \\ 1 & 0 & 1 & 1 & 0 & 0 \\ 1 & 1 & 0 & 0 & 0 & 1 \\ 0 & 1 & 0 & 0 & 0 & 0 \\ 0 & 0 & 0 & 0 & 0 & 1 \\ 0 & 0 & 1 & 0 & 1 & 0 \end{array}\right] \end{array}$$

图 6.19　第(12)题图

　　A. abcfed　　　　B. abcdef　　　　C. abfcde　　　　D. abefcd

(13) 如果无向图 G 必须进行二次广度优先搜索才能访问其所有顶点,则下列说法中不正确的是(　　)。

　　A. G 肯定不是完全图　　　　　　B. G 一定不是连通图

　　C. G 中一定有回路　　　　　　　D. G 有 2 个连通分量

(14) 以 a 为起始顶点对图 6.20 进行深度优先遍历,正确的遍历序列是(　　)。

　　A. abcdefg　　　　B. abedcgf　　　　C. abcdgef　　　　D. abefgcd

(15) 已知一个图如图 6.21 所示,从顶点 a 出发进行广度优先遍历可能得到的序列为(　　)。

　　A. acefbd　　　　B. acbdfe　　　　C. acbdef　　　　D. acdbfe

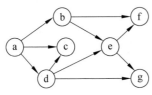

图 6.20　第(14)题图

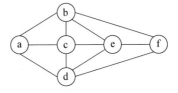

图 6.21　第(15)题图

(16) 图 6.22 所示的有向图的拓扑序列是(　　)。

　　A. cdbae　　　　B. cadbe　　　　C. cdeab　　　　D. cabde

(17) 在一个带权连通图 G 中,权值最小的边一定包含在 G 的(　　)。

　　A. 最小生成树中　　　　　　　　B. 深度优先生成树中

　　C. 广度优先生成树中　　　　　　D. 深度优先生成森林中

(18) 图 6.23 所示的有向无环图的拓扑序列的个数是(　　)。

　　A. 3　　　　　　B. 4　　　　　　C. 5　　　　　　D. 6

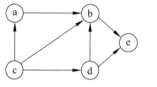

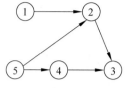

图 6.22　第(16)题图　　　　　图 6.23　第(18)题图

(19) 采用邻接表作为有向图 G 的存储结构。若 G 有 n 个结点、e 条弧，则拓扑排序的时间复杂度为（　　）。

　　　A. O(n)　　　　　　B. O(n+e)　　　　　C. O(e)　　　　　　D. O(n×e)

(20) 下列关于 AOE 网的叙述中不正确的是（　　）。

　　　A. 关键活动不按期完成就会影响整个工程的完成时间

　　　B. 任何一个关键活动提前完成，整个工程将会提前完成

　　　C. 所有的关键活动提前完成，整个工程将会提前完成

　　　D. 某些关键活动提前完成，整个工程将会提前完成

2. 正误判断题

(1) 十字链表是无向图的一种存储结构。　　　　　　　　　　　　　　　　（　　）

(2) 无向图的邻接矩阵可用一维数组存储。　　　　　　　　　　　　　　　（　　）

(3) 用邻接矩阵法存储一个图所需的存储单元数目与图的边数有关。　　　（　　）

(4) 无向图的邻接矩阵一定是对称矩阵，有向图的邻接矩阵一定是非对称矩阵。（　　）

(5) 一个有向图的邻接表和逆邻接表中结点的个数可能不相等。　　　　　（　　）

(6) 需要借助于一个队列实现深度优先遍历算法。　　　　　　　　　　　（　　）

(7) 广度优先遍历生成树描述了从起点到各顶点的最短路径。　　　　　　（　　）

(8) 任何无向图都存在生成树。　　　　　　　　　　　　　　　　　　　（　　）

(9) 不同的求最小生成树的方法最后所得到的生成树都是相同的。　　　　（　　）

(10) 带权无向图的最小生成树必是唯一的。　　　　　　　　　　　　　（　　）

(11) 若连通图上各边权值均不相同，则该图的最小生成树是唯一的。　　（　　）

(12) 在图 G 的最小生成树中，可能会有某条边的权值超过未选边的权值。（　　）

(13) 拓扑排序算法把一个无向图中的顶点排成了一个有序序列。　　　　（　　）

(14) 拓扑排序算法仅适用于有向无环图。　　　　　　　　　　　　　　（　　）

(15) 只有有向无环图才能进行拓扑排序。　　　　　　　　　　　　　　（　　）

(16) 即使有向无环图的拓扑序列唯一，也不能唯一确定该图。　　　　　（　　）

(17) AOV 网的含义是以边表示活动的网。　　　　　　　　　　　　　　（　　）

(18) AOE 网一定是有向无环图。　　　　　　　　　　　　　　　　　　（　　）

(19) 连通分量是无向图中的极小连通子图。　　　　　　　　　　　　　（　　）

(20) 在 AOE 网中，关键路径上活动的延长时间等于整个工程的延长时间。（　　）

3. 填空题

(1) 判断一个无向图是一棵树的条件是　　①　　。

（2）有向图 G 的强连通分量是指　②　。

（3）一个连通图的　③　是一个极小连通子图。

（4）在有 n 个顶点的有向图中，每个顶点的度最大可达　④　。

（5）n 个顶点的无向连通图用邻接矩阵表示时，该矩阵至少有　⑤　个非 0 元素。

（6）在图 G 的邻接表表示中，每个顶点的邻接表中所含的结点数，对于无向图来说等于该顶点的　⑥　；对于有向图来说等于该顶点的　⑦　。

（7）对于一个具有 n 个顶点和 e 条边的无向图，如果用邻接表方式表示，则表头向量的大小为　⑧　，邻接表的边结点个数为　⑨　。

（8）遍历图的过程实质上是　⑩　，图的遍历方式一般有　⑪　和　⑫　两种，两者的不同之处在于　⑬　，反映在数据结构上的差别是　⑭　。

（9）求图的最小生成树的两种算法中，　⑮　算法适合于求稀疏图的最小生成树。

（10）对于含有 n 个顶点和 e 条边的无向连通图，利用 Kruskal 算法构造最小生成树的时间复杂度为　⑯　，利用 Prim 算法构造最小生成树的时间复杂度为　⑰　。

（11）有向图 G 可拓扑排序的判别条件是　⑱　。

（12）AOV 网中的顶点表示　⑲　；AOE 网中的顶点表示　⑳　。

4. 计算操作题

（1）已知无向图 G 的邻接矩阵如图 6.24 所示。假设对其访问时每行元素必须从右到左，请画出其所有的连通分量，并写出按深度优先搜索时各连通分量的访问序列。

（2）已知一个有向图如图 6.25 所示，写出求从顶点 A 到顶点 D 的最短路径长度的过程。

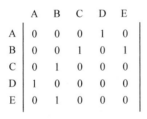

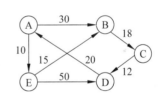

图 6.24　第（1）题图　　　　　　　　　图 6.25　第（2）题图

（3）已知无向图 G 的邻接表如图 6.26 所示，请写出其从顶点 B 开始的深度优先搜索的序列。

（4）计算如图 6.27 所示的带权无向图的最小生成树的权值之和。

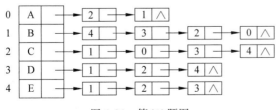

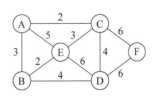

图 6.26　第（3）题图　　　　　　　　　图 6.27　第（4）题图

（5）已知无向图 G＝(V,E)，其中 V＝{A,B,C,D,E,F,G}，E＝{(A,B),(A,C),
(B,D),(B,E),(C,F),(C,G),(E,A),(F,G)}。对该图从顶点 C 开始进行遍历,去掉遍
历中未走过的边,得到生成树 G'＝(V,E')，其中 E'＝{(A,C),(C,F),(G,C),(A,B),
(A,E),(B,D)}，试问采用的是哪种遍历方法？

（6）已知有向图 G＝(V,E)，其中 V＝{A,B,C,D,E,F}，用＜a,b,d＞三元组表示弧
＜a,b＞及弧上的权 d，E＝{＜A,F,100＞,＜A,C,10＞,＜B,C,5＞,＜A,E,30＞,
＜E,F,60＞,＜D,F,10＞,＜C,D,50＞,＜E,D,20＞}，试问从源点 A 到顶点 D 的最短
路径长度是多少？

（7）已知无向图 G＝(V,E)，其中 V＝{A,B,C,D,E }，E＝{(A,B),(A,D),(A,C),
(D,C),(B,E)}。现用某一种图遍历方法从顶点 A 开始遍历图,得到的序列为 ABECD,
请给出遍历方法。

5. 算法设计题

（1）编写算法,判断以邻接表方式存储的有向图中是否存在由顶点 V_i 到顶点 V_j
$(i≠j)$ 的路径。

（2）假设有向图以邻接表方式存储,试编写删除弧 $＜V_i,V_j＞$ 的算法。

（3）编写算法,对一个采用邻接矩阵作为存储结构的图进行深度优先遍历,输出所得
的深度优先生成森林中的各条边。

6.4 实验题

（1）假设无向图以邻接表方式存储,试编写插入边 (V_i,V_j) 的算法。

（2）设有向图有 n 个顶点,用邻接表表示。编写算法,求顶点 k 的度 $(1≤k≤n)$。

（3）图 G 有 n 个顶点,利用求从某个源点到其余各点最短路径的算法思想,设计生成
图 G 的最小生成树的算法。

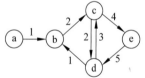

图 6.28　村庄分布图

（4）已知图 6.28 所示的图中的顶点 a、b、c、d、e 表示一
个乡的 5 个村庄,弧上的权值表示为两村之间的距离：

① 求每个村庄到其他村庄的最短距离；

② 乡内要建立一所医院,问医院设在哪个村庄才能使各
村离医院的距离较近。

（5）给出采用十字链表作为存储结构建立有向图的算法。输入＜i,j＞，其中 i,j 为顶
点编号。

6.5 思考题

（1）用邻接矩阵表示图时,矩阵元素的个数与顶点的个数是否相关？ 与边的条数是
否相关？

（2）如何对有向图中的顶点编号重新排列可使该图的邻接矩阵中所有的 1 都集中到

对角线以上?

（3）在什么情况下,Prim算法与Kruskal算法会生成不同的最小生成树?

（4）对一个图进行遍历可以得到不同的遍历序列,导致得到的遍历序列不唯一的因素有哪些?

（5）用Dijkstra算法求 v_0 到其他顶点的最短路径,若集合 $V-U$ 中距离最小的顶点为 v_{min} ,则其距离值 $l(v_{min})$ 就是从 v_0 到 v_{min} 的最短距离,请说明理由。

6.6 主教材习题解答

1. 单项选择题

（1）具有 n 个顶点的无向完全图的边数为（　　）。

　　① n　　　　　　　② n+1　　　　　　③ n−1　　　　　　④ n(n−1)/2

解答：无向完全图的任意两个顶点均有边,因此具有 n 个顶点的无向完全图的边数为

$$e = c_n^2 = n(n-1)/2$$

答案：④

（2）在任意一个有向图中,顶点的出度总和与入度总和的关系是（　　）。

　　①入度总和等于出度总和　　　　　　② 入度总和小于出度总和

　　③ 入度总和大于出度总和　　　　　　④ 不确定

解答：对于有向图来说,顶点 v 的度由两部分构成,以顶点 v 为弧尾的弧的数目称为顶点 v 的出度,以顶点 v 为弧头的弧的数目称为顶点 v 的入度。由于图中的每一条弧都有一个弧头和一个弧尾,所以弧头总数与弧尾总数相等,即入度总和等于出度总和。

答案：①

（3）下列方法中,不适用于存储有向图的是（　　）。

　　①邻接矩阵　　　　② 邻接表　　　　③ 邻接多重表　　　④ 十字链表

解答：邻接矩阵和邻接表既适用于有向图存储,也适用于无向图存储。邻接多重表只适用于无向图存储。十字链表只适用于有向图存储。

答案：③

（4）在无向图的邻接矩阵 A 中,若 A[i][j]=1,则 A[j][i]的值为（　　）。

　　① i+j　　　　　　② i−j　　　　　　③ 1　　　　　　　④ 0

解答：无向图的邻接矩阵是对称矩阵,即 A[j][i]=A[i][j]。

答案：③

（5）当用邻接表作为图的存储结构时,其深度优先遍历和广度优先遍历的时间复杂度都为（　　）。

　　① O(e)　　　　　　② O(n)　　　　　　③ O(n−e)　　　　　④ O(n+e)

解答：对于一个有 n 个顶点、e 条边(或弧)的图,当以邻接表作为存储结构时,遍历需要访问所有的 n 个顶点,查找邻接点所需的时间为 O(e)。由此可知,深度优先遍历和广度优先遍历的时间复杂度都为 O(n+e)。

答案：④

（6）有 n 个顶点的连通图 G 的最小生成树有（　　）条边。

① n−1 ② n ③ n+1 ④ 不确定

解答：一个含有 n 个顶点的连通图的生成树是一个极小连通子图，它含有图中的全部顶点，但只有构成一棵树的 n−1 条边。对于一个带权的连通图，其所有生成树中边上权值之和最小的生成树称为该图的最小生成树。

答案：①

（7）普里姆(Prim)算法的时间复杂度为（　　）。

① O(n) ② O(n²) ③ O(e) ④ O(elog₂e)

解答：设连通网的顶点数为 n，则 Prim 算法需要求 n−1 个顶点的最短路径，且求每个顶点的最短路径需要进行 n 次比较判断，因此该算法的时间复杂度为 O(n²)。

答案：②

（8）一个有向无环图的拓扑序列的个数是（　　）。

① 1 个 ② 1 个或多个 ③ 0 个 ④ 多个

解答：对于一个有向无环图，若在拓扑排序过程中出现多个入度为 0 的顶点，则可选择其中任意一个顶点，所以一个图的拓扑序列的结果可能不唯一。

答案：②

（9）在 AOE 网中，入度为 0 的顶点称为（　　）。

① 起点 ② 源点 ③ 终点 ④ 汇点

解答：若在带权的有向图中以顶点表示事件，以有向边表示活动，以边上的权值表示完成该活动的开销，则称此带权的有向图为边表示活动的网络，简称 AOE 网。AOE 网不能有回路，而且只能有一个入度为 0 的顶点和一个出度为 0 的顶点，入度为 0 的顶点称为源点，出度为 0 的顶点称为汇点。

答案：②

（10）对于有向图 G，顶点 v_i 的度是（　　）。

① 邻接矩阵中第 i 行的元素之和

② 邻接矩阵中第 i 列的元素之和

③ 邻接矩阵中第 i 行和第 i 列的元素之和

④ 邻接矩阵中第 i 行的元素之和与第 i 列的元素之和的最大值

解答：对于有向图 G，顶点 v_i 的度由两部分构成。以顶点 v_i 为弧尾的弧的数目称为顶点 v 的出度，记作 $OD(v_i)$；以顶点 v_i 为弧头的弧的数目称为顶点 v_i 的入度，记作 $ID(v_i)$。因此，顶点 v_i 的度为 $TD(v_i)=OD(v_i)+ID(v_i)$。若图 G 用邻接矩阵表示，则邻接矩阵中第 i 行的元素之和是顶点 v_i 的出度，邻接矩阵中第 i 列的元素之和是顶点 v_i 的入度。由此可知，顶点 v_i 的度是邻接矩阵第 i 行和第 i 列的元素之和。

答案：③

2. 正误判断题

（1）给定图的邻接矩阵是唯一的。　　　　　　　　　　　　　　　　　　　（　　）

解答：图的邻接矩阵 A 中的任意一个元素 A[i][j](0≤i,j＜n)表示的含义为

$$A[i][j]=\begin{cases}1\text{ 或权值} & v_i\text{ 与 }v_j\text{ 相关联（有边或弧相连）}\\0\text{ 或无穷大} & v_i\text{ 与 }v_j\text{ 无关联（无边或弧相连）}\end{cases}$$

由于 A[i][j](0≤i,j＜n)是唯一的,所以邻接矩阵 A 是唯一的。

答案：√

（2）任意无向连通图的最小生成树是唯一的。 （ ）

解答：在有相同权值的边时会生成不同的最小生成树。

答案：×

（3）任意有向无环图的拓扑序列是唯一的。 （ ）

解答：如果在拓扑排序过程中出现了多个入度为 0 的顶点,则可选择其中任意一个顶点。所以一个图的拓扑序列的结果可能不唯一。

答案：×

（4）任意 AOE 网的关键路径是唯一的。 （ ）

解答：不一定唯一。例如,图 6.29 中有(A,B,E,G,I)和(A,B,E,H,I)两条关键路径。

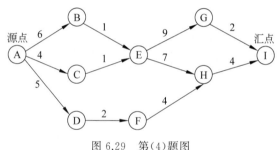

图 6.29 第(4)题图

答案：×

（5）若一个有向图的所有顶点都在其拓扑序列中,则该图中一定不存在环。 （ ）

解答：由拓扑排序的过程可知,如果一个有向图存在回路,那么回路中的顶点不能在其拓扑序列中。

答案：√

（6）若一个有向图的邻接矩阵中主对角线以下的元素均为 0,则该图的拓扑有序序列存在。 （ ）

解答：设有向图中 n 个顶点的编号为 1～n。因为有向图中不存在起点编号大于终点编号的弧,所以很容易得到 n,n−1,…,1,即是一个拓扑序列。

答案：√

（7）关键路径是从源点到汇点的最短路径。 （ ）

解答：在一个 AOE 网中,从源点到汇点最长的带权路径称为关键路径。

答案：×

（8）当有权值相同的边存在时,Prim 算法与 Kruskal 算法生成的最小生成树可能

不同。 （　）

解答： 在有相同权值的边时会生成不同的最小生成树。在这种情况下，用 Prim 算法或 Kruskal 算法也会生成不同的最小生成树。

答案： √

(9) 若 G 是一个非连通无向图，共有 28 条边，则该图至少有 9 个顶点。 （　）

解答： 若使无向图 G 非连通且顶点最少，则一个顶点为孤立顶点，其余顶点构成的子图为无向完全图。设无向完全图的顶点数为 n，则 $n(n-1)/2=28$，由此可得 $n=8$。图 G 的顶点个数为 $8+1=9$。

答案： √

(10) 有 n 个顶点的强连通图用邻接矩阵表示时，该矩阵至少有 n 个非 0 元素。

（　）

解答： 由于有 n 个顶点的强连通图至少有 n 条弧，所以用邻接矩阵表示时邻接矩阵中至少有 n 个非 0 元素。

答案： √

3. 计算操作题

(1) 给定如图 6.30 所示的带权无向图 G1。

① 画出该图的邻接表存储结构。

② 给出采用 Kruskal 算法构造最小生成树的过程。

③ 给出采用 Prim 算法构造从顶点 3 出发的最小生成树的过程。

④ 画出该图的邻接矩阵。

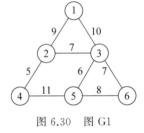

图 6.30　图 G1

解答：

① 该图的邻接表存储结构如图 6.31 所示。

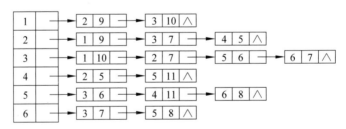

图 6.31　图 G1 的邻接表

② 采用 Kruskal 算法构造最小生成树的过程如图 6.32 所示。

③ 采用 Prim 算法构造从顶点 3 出发的最小生成树的过程如图 6.33 所示。

④ 该图的邻接矩阵如图 6.34 所示。

(2) 给定如图 6.35 所示的带权有向图 G2。

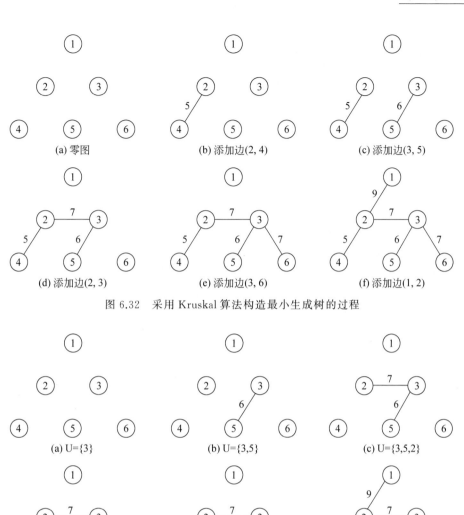

图 6.32 采用 Kruskal 算法构造最小生成树的过程

图 6.33 采用 Prim 算法构造从顶点 3 出发的最小生成树的过程

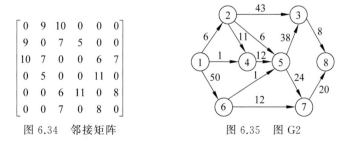

图 6.34 邻接矩阵　　　　　　　图 6.35 图 G2

① 给出从顶点 1 出发的深度优先遍历序列和广度优先遍历序列。

② 给出 G2 的所有拓扑序列。

③ 给出从顶点1到顶点8的最短路径和关键路径。

解答：

① 从顶点1出发的深度优先遍历序列为1,2,3,8,4,5,7,6。

从顶点1出发的广度优先遍历序列为1,2,4,6,3,5,7,8。

② G2的所有拓扑序列为

$$1,2,4,6,5,3,7,8$$
$$1,2,4,6,5,7,3,8$$
$$1,2,4,6,7,5,3,8$$
$$1,2,6,4,5,3,7,8$$
$$1,2,6,4,5,7,3,8$$
$$1,2,6,4,7,5,3,8$$
$$1,2,6,7,4,5,3,8$$
$$1,6,2,4,5,3,7,8$$
$$1,6,2,4,5,7,3,8$$
$$1,6,2,4,7,5,3,8$$
$$1,6,2,7,4,5,3,8$$
$$1,6,7,2,4,5,3,8$$

③ 从顶点1到顶点8的最短路径为(1,2,5,7,8)，路径长度为56。

从顶点1到顶点8的关键路径为(1,6,5,3,8)，路径长度为97。

4. 算法设计题

（1）设计一个算法，将无向图的邻接矩阵存储转换成邻接表存储。

解答： 首先建立邻接表的顶点数组，然后按行遍历邻接矩阵。遍历邻接矩阵时，若元素值不为0（或∞），则申请结点空间，新申请结点的数据域值为数组元素的列标（顶点编号），将新结点插入邻接表相应的链表。

```
void CreAdjLilt(AdjMatrix * gm,AdjList * gl)
/* AdjMatrix 的定义见例 6.28,AdjList 的定义见例 6.11 */
{ int i,j,k;
  slink * s, * p;
  gl->kind=gm->kind;                      /* 图的种类 */
  gl->vexnum=gm->vexnum;                   /* 图的顶点数 */
  gl->arcnum=gm->arcnum;                   /* 图的边(或弧)数 */
  for(k=0;k<gl->vexnum;k++)                /* 建立邻接表的顶点数组 */
  { gl->ve[k].vertex=gm->vex[k];
    gl->ve[k].first=NULL;
  }
  for(i=0;i<gm->vexnum;i++)                /* 按行遍历邻接矩阵 */
  { for(j=0;j<gm->vexnum;j++)
      if(gm->arc[i][j]==1)                 /* 有边 */
      { s=(slink *)malloc(sizeof(slink)); /* 申请空间 */
```

```
        s->num=j;
        if(gl->ve[i].first==NULL)                /* 尾插法插入 */
        { gl->ve[i].first=s;p=s;}
        else
        { p->next=s;p=s;}
    }
    p->next=NULL;                                /* 尾结点指针域置为空 */
  }
}
```

(2) 设计一个算法,将无向图的邻接表存储转换成邻接矩阵存储。

解答:首先建立邻接矩阵的顶点数组,初始化邻接矩阵,然后遍历整个邻接表。遍历邻接表时,对于每个访问结点,根据其数据域信息更新邻接矩阵中相应元素的值。

```
void CreAdjMatrix(AdjList * gl,AdjMatrix * gm)
/* AdjList 的定义见例 6.11,AdjMatrix 的定义见例 6.28 */
{ int i,j;
  slink * p;
  gm->kind=gl->kind;                         /* 图的种类 */
  gm->vexnum=gl->vexnum;                      /* 图的顶点数 */
  gm->arcnum=gl->arcnum;                      /* 图的顶点数 */
  for(i=0;i<gm->vexnum;i++)                   /* 建立邻接矩阵的顶点数组 */
    gm->vex[i]=gl->ve[i].vertex;
  for(i=0;i<gm->vexnum;i++)                   /* 初始化邻接矩阵 */
    for(j=0;j<gm->vexnum;j++)
      gm->arc[i][j]=0;
  for(i=0;i<gl->vexnum;i++)                   /* 按行遍历邻接表 */
  { p=gl->ve[i].first;
    while(p!=NULL)
    { gm->arc[i][p->num]=1;                   /* 更新邻接矩阵的相应元素值 */
      p=p->next;
    }
  }
}
```

(3) 设计一个算法,建立有向图的逆邻接表。

解答:与建立有向图的邻接表相似,不同的是弧表结点数据域为弧头顶点信息,将弧表结点插入弧头顶点对应的链表。

```
void CreGraph(AdjList * G,int n,int e,ElemType a[])
/* n 为顶点数,e 为边(或弧)数,数组 a 为顶点信息, AdjList 的定义见例 6.11 */
{ int i,j,t;slink * s;
  G->vexnum=n;
  G->arcnum=e;
  for(t=0;t<G->vexnum;t++)
```

```
    { G->ve[t].vertex=a[t];                      /*存储顶点信息*/
      G->ve[t].first=NULL;                       /*初始化边(或弧)表头指针*/
    }
    printf("输入%d条弧:\n",G->arcnum);
    for(t=0;t<G->arcnum;t++)                      /*依次输入每条边(或弧)*/
    { scanf("%d%d",&i,&j);                        /*输入边(或弧)所依附的顶点编号*/
      s=(slink *)malloc(sizeof(slink));           /*生成边(或弧)结点s*/
      s->num=i;
      s->next=G->ve[j].first;                     /*将s插入第j个边(或弧)表的表头*/
      G->ve[j].first=s;
    }
  }
```

（4）设计一个算法，根据有向图的逆邻接表生成其邻接表。

解答：首先建立邻接表的顶点数组，然后遍历整个逆邻接表。遍历逆邻接表时，为每个访问结点申请结点空间，新申请结点的数据域值为逆邻接表中访问结点所在顶点数组的下标（编号），把新结点插入邻接表相应的链表。

```
void CreAdjList(AdjList * gin,AdjList * gout)   /*AdjList的定义见例6.11*/
{ int i,j;
  slink * p,* s;
  gout->vexnum=gin->vexnum;
  gout->arcnum=gin->arcnum;
  for(i=0;i<gout->vexnum;i++)                     /*建立邻接表的顶点向量*/
  { gout->ve[i].vertex=gin->ve[i].vertex; gout->ve[i].first=NULL; }
  for(i=0;i<gout->vexnum;i++)                      /*逆邻接表转换为邻接表*/
  { p=gin->ve[i].first;                            /*取指向逆邻接表的指针*/
    while(p!=NULL)
    { j=p->num;
      s=(slink *)malloc(sizeof(slink));            /*申请结点空间*/
      s->num=i; s->next=gout->ve[j].first; gout->ve[j].first=s;
      p=p->next;                                   /*下一个邻接点*/
    }
  }
}
```

6.7 自测试题参考答案

1. 单项选择题

(1) B　　(2) D　　(3) C　　(4) B　　(5) D　　(6) A　　(7) D　　(8) D
(9) C　　(10) B　　(11) B　　(12) A　　(13) C　　(14) D　　(15) C　　(16) B
(17) A　　(18) C　　(19) B　　(20) B

2. 正误判断题

(1) ×　(2) √　(3) ×　(4) ×　(5) ×　(6) ×　(7) ×　(8) ×

(9) ×　(10) ×　(11) √　(12) √　(13) ×　(14) ×　(15) √　(16) √

(17) ×　(18) ×　(19) ×　(20) √

3. 填空题

(1) ① 有 n 个顶点,n−1 条边的无向连通图

(2) ② 有向图的极大强连通子图

(3) ③ 生成树

(4) ④ 2(n−1)

(5) ⑤ 2(n−1)

(6) ⑥ 度　　　　　　　⑦ 出度

(7) ⑧ n　　　　　　　⑨ 2e

(8) ⑩ 查找顶点的邻接点的过程　⑪ 深度优先遍历　　⑫ 广度优先遍历

　　⑬ 访问顶点的顺序不同　　⑭ 队列和栈

(9) ⑮ 克鲁斯卡尔(Kruskal)

(10) ⑯ $O(elog_2 e)$　　　　　　⑰ $O(n^2)$

(11) ⑱ 不存在环

(12) ⑲ 活动　　　　　　⑳ 事件

4. 计算操作题

(1) 有两个连通分量,如图 6.36 所示。两个连通分量的访问序列分别为 AD 和 BEC。

(2) 第 1 次:A→E(10)。

　　第 2 次:A→E→B(25)。

　　第 3 次:A→E→B→C(43)。

　　第 4 次:A→E→B→C→D(55)。

图 6.36　连通分量

(3) 从顶点 B 开始的深度优先搜索序列为 BECAD。

(4) 最小生成树的权值之和为 17。

(5) 采用的是广度优先遍历。

(6) 从源点 A 到顶点 D 的最短路径长度为 50,经过中间顶点 E。

(7) 采用的是深度优先遍历。

5. 算法设计题

(1)

```
int visited[MAXVER];                /* 顶点的访问标记数组 */
int flag=0;                         /* 是否有路径标记 */
int Judge(AdjList * g,int vi,int vj)  /* AdjList 的定义见例 6.11 */
{ int j;
  slink * p;
```

```
    visited[vi]=1;                      /* 置访问标记 */
    p=g->ve[vi].first;                  /* 取第一个邻接点的指针 */
    while(p!=NULL)
    { j=p->num;
      if(vj==j) {flag=1;return 1;}      /* vi 和 vj 有通路 */
      if(visited[j]==0) Judge(g,j,vj);
      p=p->next;
    }
    if(!flag) return 0;
}
```

（2）

```
void DeleteArc(AdjList * g,int vi,int vj)    /* AdjList 的定义见例 6.11 */
{ slink * p, * pre;
  p=g->ve[vi].first;                  /* p 用于指向删除结点,初始指向第一个结点 */
  pre=NULL;                           /* pre 用于指向删除结点的前驱结点,初始为空 */
  while(p&&p->num!=vj)                 /* 查找数据域值为 vj 的结点 */
  { pre=p; p=p->next;}
  if(p)                               /* 若找到,则删除结点并释放结点空间 */
  { if(pre==NULL) g->ve[vi].first=p->next;
    else pre->next=p->next;
    free(p);
  }
}
```

（3）

```
int visited[MAXVER];                  /* 顶点的访问标记数组 */
void DFS(AdjMatrix * G,int v)         /* AdjMatrix 的定义见例 6.28 */
{ int i;
  visited[v]=1;                       /* 置访问标记 */
  for(i=0;i<G->vexnum;i++)
    if(!visited[i]&&G->arc[v][i])     /* 从 v 的未访问过的邻接点出发 */
    { printf("<%d,%d>",v,i);          /* 输出边(或弧) */
      DFS(G,i);                       /* 继续进行深度优先搜索(递归) */
    }
}
void DFSGraph(AdjMatrix * G)          /* 深度优先遍历图 G */
{ int i;
  for(i=0;i<G->vexnum;i++)
    if(!visited[i]) DFS(G,i);
}
```

6.8　实验题参考答案

(1)

```
void InsEdge(AdjList * g,int i,int j)        /* AdjList 的定义见例 6.11 */
{ slink * p;
  p=(slink * )malloc(sizeof(slink));         /* 在第 i 个边表中插入值为 j 的结点 */
  p->num=j;
  if(g->ve[i].first==NULL)                   /* 第 i 个边表为空 */
  { p->next=NULL;g->ve[i].first=p; }
  else                                       /* 第 i 个边表不为空 */
  { p->next=g->ve[i].first;
    g->ve[i].first=p;
  }
  p=(slink * )malloc(sizeof(slink));         /* 在第 j 个边表中插入值为 i 的结点 */
  p->num=i;
  if(g->ve[j].first==NULL)                   /* 第 j 个边表为空 */
  { p->next=NULL;g->ve[j].first=p; }
  else                                       /* 第 j 个边表不为空 */
  { p->next=g->ve[j].first;
    g->ve[j].first=p;
  }
}
```

(2)

```
int CountDegree(AdjList * G,int k)           /* AdjList 的定义见例 6.11 */
{ int num=0,i;
  slink * p;
  for(i=1;i<=G->vexnum;i++)                  /* 求顶点 k 的度需要遍历整个邻接表 */
    if(i==k)                                 /* 计算顶点 k 的出度 */
    { p=G->ve[i].first;
      while(p)
      { num++; p=p->next; }
    }
    else                                     /* 计算顶点 k 的入度 */
    { p=G->ve[i].first;
      while(p)
      { if(p->num==k) num++;
        p=p->next;
      }
    }
  return num;                                /* 返回顶点 k 的入度 */
}
```

（3）

```
#define INFINITY 1000                     /* 假设机器最大数 */
void ShortPath(AdjMatrix * G,int v0)      /* AdjMatrix 的定义见例 6.28 */
{ int d[MAXVER];                          /* 数组 d 存放各顶点的最短路径 */
  int s[MAXVER] ;                         /* 数组 s 存放顶点是否找到最短路径 */
  int p[MAXVER];                          /* 数组 p 存放顶点在生成树中的双亲结点的信息 */
  int i,j,u,mindis,pre;
  for(i=0;i<G->vexnum;i++)
  { d[i]=G->arc[v0][i]; s[i]=0;
    if(d[i]<INFINITY) p[i]=v0;            /* INFINITY 是机器最大数,v0 是 i 的前驱 */
    else p[i]=-1;                         /* i 目前无前驱,数组 p 各量初始化为-1 */
  }
  s[v0]=1; d[v0]=0; p[v0]=-1;             /* 从 v0 开始求其最小生成树 */
  for(i=1;i<G->vexnum;i++)
  { mindis=INFINITY;
    for(j=0;j<G->vexnum;j++)
      if(s[j]==0&&d[j]<mindis) { u=j; mindis=d[j];}
    s[u]=1;                               /* 顶点 u 已找到最短路径 */
    for(j=0;j<G->vexnum;j++)              /* 修改 j 的最短路径及双亲 */
      if(s[j]==0&&d[j]>d[u]+G->arc[u][j])
      { d[j]=d[u]+G->arc[u][j]; p[j]=u;}
  }
  for(i=0;i<G->vexnum;i++)                /* 输出最短路径及其长度,路径是逆序输出 */
    if(i!=v0)
    { pre=p[i]; printf( "\n 最短路径长度: %d, 路径为: %d",d[i],i);
      while(pre!=-1) { printf( ",%d",pre); pre=p[pre];}   /* 回溯到根结点 */
    }
}
```

（4）

```
#define INFINITY 1000                     /* 假设机器最大数 */
void Hospital(AdjMatrix * G)              /* AdjMatrix 的定义见例 6.28 */
{ int i,j,k,m,min;
  for(k=0;k<G->vexnum;k++)                /* 求任意两个顶点之间的最短路径 */
    for(i=0;i<G->vexnum;i++)
      for(j=0;j<G->vexnum;j++)
        if(G->arc[i][k]+G->arc[k][j]<G->arc[i][j])
          G->arc[i][j]=G->arc[i][k]+G->arc[k][j];
  for(i=0;i<G->vexnum;i++)                /* 输出每个村庄到其他村庄的最短距离 */
  { for(j=0;j<G->vexnum;j++)
      printf("%6d",G->arc[i][j]);
    printf("\n");
  }
```

```
    min=INFINITY;                           /* 设定机器最大数为村庄之间距离之和的初值 */
    k=0;                                     /* k 为医院位置 */
    for(j=0;j<G->vexnum;j++)
    { m=0;
      for(i=0;i<G->vexnum;i++)
        if(i!=j) m+=G->arc[i][j];
      if(min>m) { min=m;k=j; }               /* 取顶点之间的距离之和的最小值 */
    }
    printf("医院应建在%c村庄,距离是: %d\n",G->vex[k],min);
}
```

(5)

```
#define MAXVER 20                           /* 最多顶点数 */
typedef int ElemType;                       /* 顶点的数据类型 */
struct Enode                                /* 弧结点的结构 */
{ int tailvex,headvex;                      /* 弧尾和弧头顶点的位置 */
  struct Enode * hlink;                     /* 指向弧头相同的下一条弧 */
  struct Enode * tlink;                     /* 指向弧尾相同的下一条弧 */
};
struct node                                 /* 顶点结点的结构 */
{ ElemType vertex;
  struct Enode * firstin;                   /* 指向以该顶点为弧头的第一条弧 */
  struct Enode * firstout;                  /* 指向以该顶点为弧尾的第一条弧 */
};
typedef struct node OList[MAXVER+1];/* 顶点数组,下标为 0 的单元不用 */
int CreatOrthList(OList g)
{ int i,j,k,n,e;
  struct Enode * p;
  printf("输入顶点数和弧数:");
  scanf("%d%d",&n,&e);
  for(i=1;i<=n;i++)                          /* 建立顶点向量 */
  { g[i].vertex=i;
    g[i].firstin=NULL;
    g[i].firstout=NULL;
  }
  printf("输入%d条弧:\n",e);
  for(k=1;k<=e;k++)
  { p=(struct Enode *)malloc(sizeof(struct Enode));   /* 申请结点 */
    scanf("%d%d",&i,&j);
    p->headvex=j;
    p->tailvex=i;
    p->hlink=g[j].firstin; g[j].firstin=p;
    p->tlink=g[i].firstout; g[i].firstout=p;
  }
```

```
    return n;
}
```

6.9　思考题参考答案

（1）**答**：设图的顶点个数为 n(n≥0)，则邻接矩阵元素个数为 n^2，即顶点个数的平方，与图的边数无关。

（2）**答**：按各顶点的出度进行降序排序。n 个顶点的有向图，其顶点的最大出度为 n−1，最小出度为 0。这样排序后，出度最大的顶点编号为 1，出度最小的顶点编号为 n。然后进行调整，即若存在弧<i,j>且顶点 j 的出度大于顶点 i 的出度，则把顶点 j 的编号调整到顶点 i 的编号之前。

（3）**答**：在有相同权值边时会生成不同的最小生成树。在这种情况下，用 Prim 算法或 Kruskal 算法也会生成不同的最小生成树。

（4）**答**：遍历不唯一的因素有：开始遍历的顶点不同；存储结构不同；在邻接表情况下邻接点的顺序不同。

（5）**答**：假设 $l(v_{min})$ 不是从 v_0 到 v_{min} 的最短距离，则必定存在另外一条从 v_0 到 v_{min} 的路径，其路径长度小于 $l(v_{min})$，这条路径包含一个或多个集合 V−U 中的顶点。设经过集合 V−U 中的第一个顶点是 v_x，那么 v_0 到 v_x 的距离 $l(v_x)<v_0$ 经过 v_x 到达 v_{min} 的距离 $<l(v_{min})$。这与顶点 v_{min} 是集合 V−U 中距离最小的顶点相矛盾，因此 v_{min} 的距离 $l(v_{min})$ 就是 v_0 到 v_{min} 的最短距离。

第 **7** 章 查　找

7.1 内容概述

本章主要介绍各种数据结构的查找算法。首先介绍静态表的查找,包括顺序表、有序表和索引顺序表的查找;然后介绍动态表的查找,包括二叉排序树、平衡二叉树、B 树和 B＋树;最后介绍散列表的查找。本章的知识结构如图 7.1 所示。

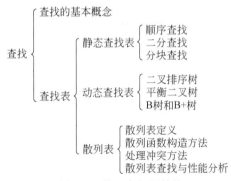

图 7.1　第 7 章知识结构

考核要求:掌握顺序查找、二分查找、分块查找的基本思想、算法实现和查找效率分析;掌握二叉排序树的建树、插入、删除和查找算法及查找效率分析;掌握平衡二叉树的构造方法;掌握散列表的构造方法、冲突处理方法和查找效率分析。

重点难点:本章的重点是顺序查找、二分查找、分块查找、二叉排序树查找以及散列表查找的基本思想和算法实现。本章的难点是二叉排序树的删除算法及 B 树的插入和删除算法。

核心考点:静态查找表和动态查找表的查找算法与性能分析,构造散列表、处理冲突和性能分析。

7.2 典型题解析

7.2.1 静态查找表

静态查找表是指在查找过程中不改变查找表的元素个数,即不进行插入与删除元素操作的查找表。考查的重点是顺序查找、二分查找、分块查找的基本思想、算法实现和查找效率分析。考查的方式包括算法实现、计算查找成功(或失败)时的平均查找长度、计算查找次数、构造二分查找判定树等。

【例7.1】 若查找每个记录的概率均相等,则在具有 n 个记录的连续顺序文件中采用顺序查找法查找一个记录,查找成功时的平均查找长度为( )。

A. (n−1)/2   B. n/2   C. (n+1)/2   D. n

解析:若查找表有 n 个记录,且采用顺序查找法查找一个记录,则在等概率情况下查找成功时的平均查找长度为

$$\text{ASL}_{\text{succ}} = \frac{1}{n} \sum_{i=1}^{n} i = \frac{1}{n} \times \frac{n(n+1)}{2} = \frac{n+1}{2}$$

若设置监视哨,则在等概率情况下查找失败时的平均查找长度为

$$\text{ASL}_{\text{fail}} = n+1$$

若不设置监视哨,则在等概率情况下查找失败时的平均查找长度为

$$\text{ASL}_{\text{fail}} = n$$

若查找表为有序表(不设置监视哨),则在等概率情况下查找成功时的平均查找长度与无序表相同,查找失败时的平均查找长度为

$$\text{ASL}_{\text{fail}} = \frac{1}{n+1} \left(\sum_{i=1}^{n} i + n \right) = \frac{n}{2} + \frac{n}{n+1}$$

答案:C

【例7.2】 采用顺序查找法,若在表头设置监视哨,则正确的查找方式通常为( )。

A. 从下标为 0 的元素开始往后查找该数据元素

B. 从下标为 1 的元素开始往后查找该数据元素

C. 从下标为 n 的元素开始往前查找该数据元素

D. 从下标为 n+1 的元素开始往前查找该数据元素

解析:若监视哨设置在表头,即下标为 0 的位置,则查找时应从下标为 n 的元素开始往前查找该数据元素。查找成功时,返回值为该数据元素的下标值;查找失败时返回 0。查找失败是指查找表中没有与待查找值相同的元素,比较到监视哨元素时与之相同而结束比较,共进行了 n+1 次比较。

答案:C

【例7.3】 能采用二分查找的线性表必须( )。

A. 以顺序方式存储,且元素按关键字有序

B. 以链式方式存储,且元素按关键字有序

C. 以顺序方式存储,且元素按关键字分块有序

D. 以链式方式存储,且元素按关键字分块有序

解析:使用二分查找时,查找表必须具备两个条件:一是查找表以顺序方式存储,二是查找表按关键字有序。

答案:A

【**例 7.4**】　给定 11 个数据元素的有序表(2,3,10,15,20,25,28,29,30,35,40),采用二分查找,请回答下列问题:

(1) 画出二分查找判定树。

(2) 查找值为 20 的元素,将依次与表中哪些元素进行比较?

(3) 查找值为 26 的元素,将依次与表中哪些元素进行比较?

(4) 求等概率情况下查找成功时的平均查找长度。

(5) 求等概率情况下查找失败时的平均查找长度。

解析:若查找表有 n 个记录,且采用二分查找法查找一个记录,则在等概率情况下查找成功时的平均查找长度为

$$ASL_{succ} = \frac{1}{n} \sum_{j=1}^{h} (n_j \times j)$$

其中,h 是二分查找判定树的高度,n_j 是二分查找判定树第 j 层上的记录结点数。

在等概率情况下查找失败时的平均查找长度为

$$ASL_{fail} = \frac{1}{n+1} \sum_{j=1}^{h} ((l_j + r_j) \times j)$$

其中,h 是二分查找判定树的高度,l_j 和 r_j 分别是二分查找判定树第 j 层上左子树为空和右子树为空的记录结点数。

(1) 有序表(2,3,10,15,20,25,28,29,30,35,40)对应的二分查找判定树如图 7.2 所示。

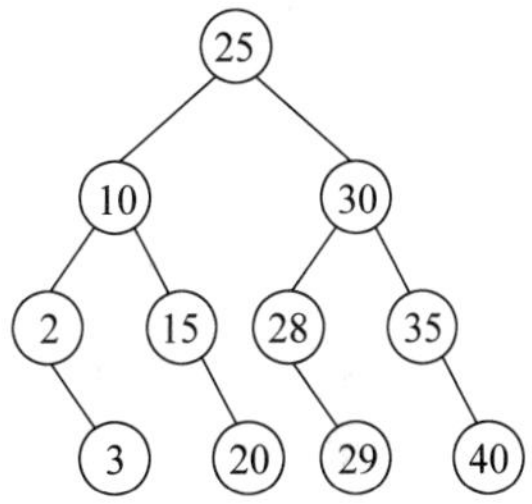

(2) 由图 7.2 可知,查找值为 20 的元素,将依次与表中的 25、10、15、20 进行比较。

(3) 由图 7.2 可知,查找值为 26 的元素,将依次与表中的 25、30、28 进行比较。

图 7.2　二分查找判定树

(4) 等概率情况下查找成功时的平均查找长度为

$$ASL_{succ} = \frac{1 \times 1 + 2 \times 2 + 3 \times 4 + 4 \times 4}{11} = \frac{33}{11} = 3$$

(5) 等概率情况下查找失败时的平均查找长度为

$$ASL_{fail} = \frac{3 \times 4 + 4 \times 8}{12} = \frac{44}{12} = \frac{11}{3}$$

【**例 7.5**】　采用分块查找时,数据的组织方式为(　　)。

A. 数据分成若干块,每块内的数据有序

B. 数据分成若干块,每块内的数据不必有序,但块之间必须有序,每块内最大(或最小)的数据组成索引块

C. 数据分成若干块,每块内的数据有序,每块内最大(或最小)的数据组成索引块

D. 数据分成若干块，每块（除最后一块外）中的数据个数需要相同

解析：分块查找又称索引顺序查找，它是顺序查找的一种改进方法。分块查找要求将查找表分成若干块，每块中的记录不一定按关键字有序，即块内无序，但前一块中的最大（或最小）关键字必须小于（或大于）其后块中的最小（或最大）关键字，即块之间有序。分块查找还要求建立一个索引表，每块对应一个索引项，索引项一般包括每块的最大（或最小）关键字及其起始位置。

答案：B

【例7.6】 设顺序存储的线性表共有123个元素，按分块查找的要求等分成3块。若对索引表采用顺序查找确定块，并在确定的块中进行顺序查找，则在查找概率相等的情况下，分块查找成功时的平均查找长度为（   ）。

A. 21   B. 23   C. 41   D. 62

解析：对于长度为123的顺序表，等分成3块，每块有41个元素。对索引表采用顺序查找确定块，在查找概率相等的情况下查找成功时的平均查找长度为

$$\text{ASL}_{\text{索引表}} = \frac{1+3}{2} = 2$$

在块内采用顺序查找，在查找概率相等的情况下查找成功时的平均查找长度为

$$\text{ASL}_{\text{块内}} = \frac{1+41}{2} = 21$$

在查找概率相等的情况下，分块查找成功时的平均查找长度为

$$\text{ASL} = \text{ASL}_{\text{索引表}} + \text{ASL}_{\text{块内}} = 2 + 21 = 23$$

答案：B

【例7.7】 对于长度为256的表，采用分块查找并用顺序查找确定块，每块的最佳长度是多少？

解析：设查找表的长度为n，块数为b，每块的元素个数为s。如果用顺序查找确定块，那么在等概率情况下查找成功时的平均查找长度为

$$\text{ASL} = \text{ASL}_{\text{索引表}} + \text{ASL}_{\text{块内}} = (b+1)/2 + (s+1)/2 = (s^2 + 2s + n)/2s$$

由上式可得出，当$s = \sqrt{n}$时，ASL取最小值$\sqrt{n} + 1$。因此当采用顺序查找确定块时，应将各块中的记录数（s）设为$\sqrt{n}$。

答案：16

【例7.8】 已知整型数组a中存放N名学生的成绩且已按升序排序，用折半查找方法统计成绩小于或等于x分的学生人数。

解析：利用折半查找方法确定最后一个成绩小于或等于x的记录位置（下标），其下标值就是满足条件的学生人数（下标为0的元素不用）。

```
int Total(int a[N+1],int x)
{ int low=1,mid,high=N;
  do
  { mid=(low+high)/2;              /*取中间元素的下标*/
    if(x>=a[mid]) low=mid+1;       /*在右半区*/
```

```
    else high=mid-1;                    /* 在左半区 */
  }while(low<high);
  if(a[low]<=x) return low;
  return low-1;
}
```

【例 7.9】 给出折半查找的递归算法,并分析算法的时间复杂度。

解析:用中间记录的关键字与给定值进行比较,若相等,则查找成功;若小于给定值,则在前半部分进行递归查找;若大于给定值,则在后半部分进行递归查找。

```
typedef int KeyType;                    /* 关键字类型 */
typedef struct
{ KeyType * elem;                       /* 查找表的基地址 */
  int length;                           /* 查找表的长度 */
}STable;                                /* 查找表的类型 */
int Search(STable * r,KeyType k,int low,int high)
{ int mid;
  if(low<=high)                         /* low 和 high 分别是查找区间的下界和上界 */
  { mid=(low+high)/2;
    if(r->elem[mid]==k) return mid;       /* 查找成功 */
    else if(r->elem[mid]<k) return(Search(r,k,mid+1,high));
        else return (Search(r,k,low,mid-1));
  }
  else return 0;                        /* 查找失败 */
}
```

折半查找成功和失败时所需比较的关键字次数都不会超过判定树的深度,算法的时间复杂度为 $O(\log_2 n)$。

7.2.2 动态查找表

动态查找表是指在查找过程中可能会改变查找表的元素个数,即可进行插入和删除操作的查找表,主要包括二叉排序树、平衡二叉树、B 树三部分。考查的重点是二叉排序树和平衡二叉树。考查的方式主要是二叉排序树的建树、插入、删除、查找算法,计算查找成功(或失败)时的平均查找长度,计算查找次数,对二叉排序树进行平衡化处理等。

【例 7.10】 分别以下列序列构造二叉排序树,与用其他三个序列所构造的结果不同的是( )。

A. (100,80,90,60,120,110,130)　　　　B. (100,120,110,130,80,60,90)

C. (100,60,80,90,120,110,130)　　　　D. (100,80,60,90,120,130,110)

解析:二叉排序树的形态与构造二叉排序树的原始值序列有关,先查找其位置再插入,新插入的结点都为叶子结点。4 个选项对应的二叉排序树的形态如图 7.3 所示。

答案:C

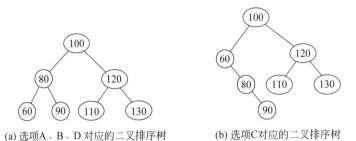

(a) 选项A、B、D 对应的二叉排序树　　　　　(b) 选项C对应的二叉排序树

图 7.3　4 个选项对应的二叉排序树的形态

【例 7.11】　在二叉排序树上查找一个记录,最坏情况下查找成功时的平均查找长度（　　）。

A. 小于顺序表的平均查找长度

B. 大于顺序表的平均查找长度

C. 与顺序表的平均查找长度相同

D. 无法与顺序表的平均查找长度比较

解析:在二叉排序树上进行查找是一个从根结点开始沿某一个分支逐层向下进行比较并判断是否相等的过程。若查找成功,则走了一条从根结点到待查记录结点的路径;若查找失败,则走了一条从根结点到某个空指针的路径。

若查找表有 n 个记录,在二叉排序树上查找一个记录,则在等概率情况下查找成功时的平均查找长度为

$$\text{ASL}_{\text{succ}} = \frac{1}{n} \sum_{j=1}^{h} (n_j \times j)$$

其中,h 是二叉排序树的高度,n_j 是二叉排序树第 j 层上的记录结点数。

在等概率情况下查找失败时的平均查找长度为

$$\text{ASL}_{\text{fail}} = \frac{1}{n+1} \sum_{j=1}^{h} ((l_j + r_j) \times j)$$

其中,h 是二叉排序树的高度,l_j 和 r_j 分别是二叉排序树第 j 层上左子树为空和右子树为空的记录结点数。

在最坏情况下,二叉排序树是通过把一个有序表的 n 个元素依次插入而生成的,此时所得的二叉树为一棵深度为 n 的单枝树,它的平均查找长度与顺序表的平均查找长度相同,平均查找长度为(n+1)/2。

答案:C

【例 7.12】　在平衡二叉树中插入一个结点后造成了不平衡,设最低的不平衡结点为 A,并已知 A 的左孩子的平衡因子为 0,右孩子的平衡因子为 1,则应做(　　)型调整以使其平衡。

A. LL　　　　　　B. LR　　　　　　C. RL　　　　　　D. RR

解析:因为 A 的左孩子的平衡因子为 0,所以新插入的结点不能在 A 的左子树上。又因为 A 的右孩子的平衡因子为 1,所以新插入的结点在 A 的右孩子的左子树上。因此

应做 RL 型调整以使其平衡。

答案：C

【例 7.13】 下列关于 m 阶 B 树的说法中错误的是(　　)。

A. 根结点至多有 m 棵子树

B. 所有叶子都在同一层次上

C. 若根结点不是叶子结点,则根结点的度至少为 m/2（m 为偶数)或 m/2+1(m 为奇数）

D. 结点内的关键字按非递减排列

解析：一棵 m 阶的 B 树或者是一棵空树,或者是满足以下要求的 m 叉树：

(1) 树中每个结点的度最大为 m；

(2) 除根结点和叶子外,其他结点的度至少为 $\lceil m/2 \rceil$；

(3) 若根结点不是叶子结点,则根结点的度至少为 2；

(4) 每个结点的结构为

n	p_0	k_1	p_1	k_2	p_2	...	k_n	p_n

其中,n 为该结点中的关键字个数,除根结点外,其他结点满足 $n \geqslant \lceil m/2 \rceil - 1$ 且 $n \leqslant m-1$；$k_i(1 \leqslant i \leqslant n)$ 是该结点的关键字,结点内的关键字按升序排列,即 $k_1 < k_2 < \cdots < k_n$；p_i $(0 \leqslant i \leqslant n)$ 是该结点的孩子结点指针,p_i 所指结点上的关键字值都大于 k_i 且小于或等于 k_{i+1},p_0 所指结点的关键字值均小于或等于 k_1,p_n 所指结点的关键字值均大于 k_n；

(5) 所有结点的平衡因子均为 0。

根据定义中的(1),选项 A 正确；根据定义中的(5),选项 B 正确；根据定义中的(3),选项 C 错误；根据定义中的(4),选项 D 正确。

答案：C

【例 7.14】 一棵二叉排序树的结构如图 7.4 所示,各结点的值从小到大依次为 1~9,请标出各结点的值。

解析：设二叉排序树中各结点的值依次为 a,b,c,d,e,f,g,h,i,如图 7.5 所示,则中序遍历序列为 bfhdaegic。由于二叉排序树的中序遍历序列是一个递增序列,且结点的值从小到大依次为 1~9,所以这棵二叉树的中序遍历序列为 123456789。由此可得 a=5,b=1,c=9,d=4,e=6,f=2,g=7,h=3,i=8。

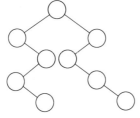

图 7.4　二叉排序树的结构

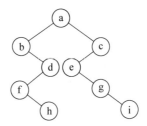

图 7.5　二叉排序树

【例 7.15】 一棵具有 m 层的平衡二叉树至少有多少个结点? 最多有多少个结点?

解析：设以 N_m 表示深度为 m 的平衡二叉树中含有的最少结点数，则

$$N_m = \begin{cases} 0 & m = 0 \\ 1 & m = 1 \\ N_{m-1} + N_{m-2} + 1 & m \geqslant 2 \end{cases}$$

当 m 层的平衡二叉树是满二叉树时，结点数达到最大值，结点数为 $2^m - 1$。

【**例 7.16**】　已知一棵二叉排序树如图 7.6 所示，请回答下列问题：

（1）画出插入元素 23 后的树结构；

（2）画出在原图中删除元素 57 后的树结构。

解析：二叉排序树中新插入的结点为叶子结点，且中序遍历序列为递增序列。由此可知，元素 23 为元素 36 的左孩子结点，插入元素 23 后的树结构如图 7.7 所示。在原图的中序遍历序列中，元素 57 的前驱元素为 49，在二叉排序树中删除元素 57，先用 49 替换 57，然后删除叶子结点 49 即可，在原图中删除元素 57 后的树结构如图 7.8 所示。

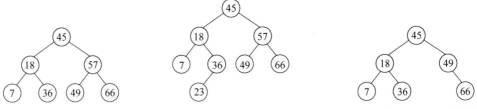

图 7.6　二叉排序树　　　图 7.7　插入元素 23 后的树结构　　图 7.8　删除元素 57 后的树结构

【**例 7.17**】　已知长度为 11 的表（7，10，18，70，41，33，60，13，21，67，45），按表中元素顺序依次插入一棵初始为空的平衡二叉排序树，画出插入完成后的平衡二叉排序树，并求其在等概率情况下查找成功和失败时的平均查找长度。

解析：在插入元素的过程中判断相应平衡因子的值，当发现不平衡结点时，根据最早发生不平衡结点与插入结点的关系确定其不平衡类型（LL，RR，RL，LR），然后进行相应的平衡调整。平衡二叉树的生成过程如图 7.9 所示。

在等概率的情况下查找成功与失败时的平均查找长度为

$$ASL_{succ} = \frac{1 \times 1 + 2 \times 2 + 3 \times 4 + 4 \times 4}{11} = \frac{33}{11} = 3$$

$$ASL_{fail} = \frac{3 \times 4 + 4 \times 8}{12} = \frac{44}{12} = \frac{11}{3}$$

【**例 7.18**】　根据二叉排序树的定义，编写一个判断给定二叉树是否为二叉排序树的算法。

解析：按照定义，二叉排序树的左右子树都是二叉排序树，根结点的值大于左子树中的所有值，小于右子树中的所有值，即根结点的值大于左子树的最大值，小于右子树的最小值。

```
typedef int KeyType;              /* 关键字类型 */
typedef struct node
{ KeyType data;                   /* 数据域 */
  struct node * left, * right;    /* 左右链域 */
```

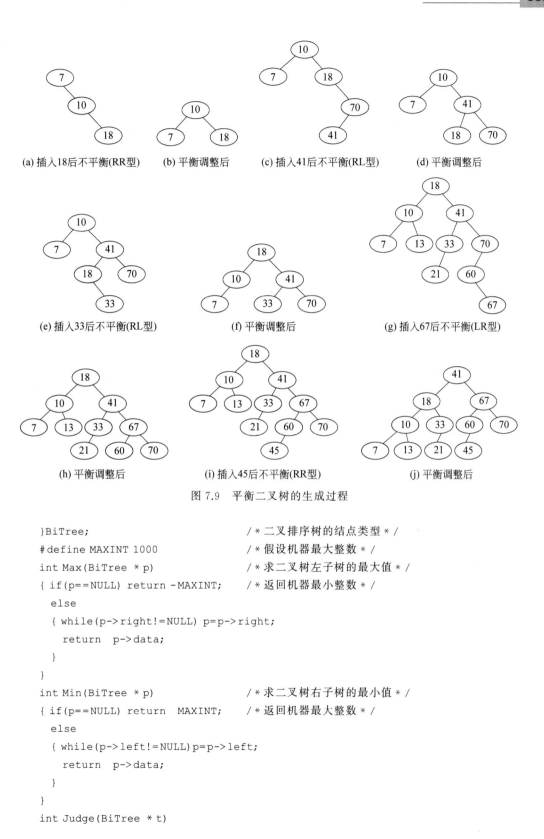

图 7.9 平衡二叉树的生成过程

```
}BiTree;                     /*二叉排序树的结点类型*/
#define MAXINT 1000          /*假设机器最大整数*/
int Max(BiTree * p)          /*求二叉树左子树的最大值*/
{ if(p==NULL) return -MAXINT;  /*返回机器最小整数*/
  else
  { while(p->right!=NULL) p=p->right;
    return  p->data;
  }
}
int Min(BiTree * p)          /*求二叉树右子树的最小值*/
{ if(p==NULL) return  MAXINT;  /*返回机器最大整数*/
  else
  { while(p->left!=NULL)p=p->left;
    return  p->data;
  }
}
int Judge(BiTree * t)
```

```
{ int m,n;
  if(t==NULL) return 1;
  if(Judge(t->left)&&Judge(t->right))    /* 若左右子树均为二叉排序树 */
  { m=Max(t->left);n=Min(t->right);      /* 左子树中的最大值和右子树中的最小值 */
    return (t->data>m&&t->data<n);
  }
  else return 0;                         /* 不是二叉排序树 */
}
```

【例 7.19】 编写算法，按从小到大的顺序输出二叉排序树中所有数据值大于 x 的结点的数据。

解析：由于二叉排序树的中序遍历序列为递增序列，因此对二叉排序树采用中序遍历，依次输出大于 x 的结点值即可。

```
void Display(BiTree * t,KeyType x)       /* BiTree 的定义见例 7.18 */
{ if(t)
  { Display(t->left,x);                  /* 递归遍历左子树 */
    if(t->data>x)
       printf("%3d",t->data);            /* 输出大于 x 的根结点值 */
    Display(t->right,x);                 /* 递归遍历右子树 */
  }
}
```

【例 7.20】 元素集合已存入整型数组 K[1..n]中，试写出依次取 K 中各值 K[i]（1≤i≤n）构造一棵二叉排序树 T 的非递归算法。

解析：二叉排序树中任意一个结点的值都大于其左子树中所有结点的值，小于其右子树中所有结点的值，且新插入的结点为叶子结点。若二叉排序树为空，则新插入的结点为根结点；否则先依据二叉排序树的性质查找插入位置，然后进行插入。

```
BiTree * CreatBST(KeyType K[],int n)          /* BiTree 的定义见例 7.18 */
{ int i;
  BiTree * t=NULL, * p, * s, * f;
  for(i=1;i<=n;i++)
  { p=t;f=NULL;
    while(p!=NULL)
       if(p->data<K[i]){ f=p;p=p->right; }    /* 查找插入位置,f 是 p 的双亲 */
       else if(p->data>K[i]){ f=p;p=p->left;}
    s=(BiTree * )malloc(sizeof(BiTree));       /* 申请结点空间 */
    s->data=K[i];s->left=NULL;s->right=NULL;
    if(f==NULL) t=s;                           /* 插入的结点是根结点 */
    else if(s->data<f->data) f->left=s;        /* 插入的结点是其双亲的左孩子 */
        else f->right=s;                       /* 插入的结点是其双亲的右孩子 */
  }
  return t;                                    /* 返回根结点指针 */
}
```

7.2.3 散列表

通过把关键字值映射到表中的一个位置访问记录,以加快查找的速度,这个映射函数称为散列函数,存放记录的表称为散列表,它不以与关键字值相等或不等的比较为基本操作,而是通过直接寻址技术进行查找。在理想情况下,无须通过任何比较就可以找到待查关键字,查找的期望时间为 O(1)。考查的重点是用除留余数法构造散列函数,用线性探测再散列、二次探测再散列和链地址法处理冲突,以及查找效率分析。考查的方式主要包括构造散列表、计算比较次数、计算存入位置、计算查找成功(或失败)时的平均查找长度以及删除、查找等算法的设计。

【例 7.21】 设有一记录的关键字集合{19,14,23,1,68,20,84,27,55,11,10,79},散列函数为 H(key)=key%13,用链地址法处理冲突,散列地址为 1 的链中有(　　)个记录。

A. 1　　　　　　B. 2　　　　　　C. 3　　　　　　D. 4

解析:散列地址为 1 的链中的记录数即为与 13 的余数为 1 的关键字数,与 13 的余数为 1 的关键字有 14、1、27、79。

答案:D

【例 7.22】 散列表的地址区间为 0~17,散列函数为 H(K)=K%17。采用线性探测法处理冲突,并将关键字序列(26,25,72,38,8,18,59)依次存储到散列表中。元素 59 存放在散列表中的地址是(　　)。

A. 8　　　　　　B. 9　　　　　　C. 10　　　　　　D. 11

解析:根据散列函数 H(K)=K % 17,第 1 次将 26 存储到地址为 9 的单元;第 2 次将 25 存储到地址为 8 的单元;第 3 次将 72 存储到地址为 4 的单元;由于 38 与 17 的余数为 4,发生冲突,因此采用线性探测再散列,第 4 次将 38 存储到地址为 5 的单元;由于 8 与 17 的余数为 8,发生冲突,因此采用线性探测再散列,第 5 次将 8 存储到地址为 10 的单元;第 6 次将 18 存储到地址为 1 的单元;由于 59 与 17 的余数为 8,发生冲突,因此采用线性探测再散列,第 7 次将 59 存储到地址为 11 的单元。

答案:D

【例 7.23】 假设有 k 个关键字互为同义词,若用线性探测法处理冲突,则要进行探查的次数至少为(　　)次。

A. k−1　　　　B. k　　　　　　C. k+1　　　　　D. k(k+1)/2

解析:对于有 k 个互为同义词的关键字序列,若用线性探测法将其第 i(1≤i≤k)个关键字存入散列表,则最少需要 i 次探查。由此可知,把这 k 个互为同义词的关键字存入散列表中需要探查的次数至少为

$$1+2+\cdots+k=k(k+1)/2$$

答案:D

【例 7.24】 设哈希表的地址范围为 0~17,散列函数为 H(K)=K%16,用线性探测再散列法处理冲突,对于关键字序列(10,24,32,17,31,30,46,47,40,63,49),试回答下列问题。

（1）画出散列表示意图。

（2）若查找关键字63，需要依次与哪些关键字比较？

（3）若查找关键字60，需要依次与哪些关键字比较？

（4）计算在等概率情况下查找成功时的平均查找长度。

（5）计算在等概率情况下查找失败时的平均查找长度。

解析：线性探测再散列法是从发生冲突的地址开始，按增量序列 $d_i = 1, 2, 3, 4, \cdots$ 依次探测下一个地址，直到找到一个空闲单元为止。若查找表有 n 个记录，散列函数为 $H(k) = k\%p$，采用线性探测再散列或二次探测再散列法处理冲突，则在等概率条件下查找成功时的平均查找长度为

$$ASL_{succ} = \frac{1}{n} \sum_{i=1}^{n} c_i$$

其中，c_i 为查找第 i 条记录的比较次数。

在等概率条件下查找失败时的平均查找长度为

$$ASL_{fail} = \frac{1}{p} \sum_{i=1}^{p} c_i$$

其中，c_i 为从散列地址 i 开始线性或二次探测，直到散列地址为空标记时的探测次数。

（1）对于给定的关键字序列，依次根据散列函数 $H(K) = K\%16$ 计算散列地址，若地址内为空，则存入关键字，否则用线性探测再散列法查找存入位置。散列表如表 7.1 所示。

表 7.1　散列表

散列地址	0	1	2	3	4	5	6	7	8	9	10	11	12	13	14	15	16	17
关键字	32	17	63	49					24	40	10				30	31	46	47

（2）若查找关键字63，先计算散列地址 $H(63) = 63\%16 = 15$，然后由表 7.1 可知，需要依次与 31、46、47、32、17、63 比较。查找成功时的比较次数如表 7.2 所示。

（3）若查找关键字60，先计算散列地址 $H(60) = 60\%16 = 12$，然后由表 7.1 可知，散列地址 12 内为空，查找失败。查找失败时的比较次数如表 7.2 所示。

表 7.2　查找成功和失败时的比较次数

散列地址	0	1	2	3	4	5	6	7	8	9	10	11	12	13	14	15	16	17
关键字	32	17	63	49					24	40	10				30	31	46	47
查找成功时的比较次数	1	1	6	3					1	2	1				1	1	3	3
查找失败时的比较次数	5	4	3	2	1	1	1	1	4	3	2	1	1	1	9	8		

（4）在等概率条件下查找成功时的平均查找长度为

$$ASL_{succ} = \frac{1+1+6+3+1+2+1+1+1+3+3}{11} = \frac{23}{11}$$

（5）在等概率条件下查找失败时的平均查找长度为

$$\text{ASL}_{\text{fail}}=\frac{5+4+3+2+1+1+1+1+4+3+2+1+1+1+9+8}{16}=\frac{47}{16}$$

【例 7.25】 设有一组关键字 $\{9,1,23,14,55,20,84,27\}$，散列函数为 $H(key)=key\%7$，表长为 10，用二次探测再散列法 $H_i=(H(key)+d_i)\%10(d_i=1^2,2^2,3^2,\cdots)$ 解决冲突。试回答下列问题。

（1）为该关键字序列构造散列表。

（2）计算在等概率情况下查找成功时的平均查找长度。

解析：二次探测再散列法是从发生冲突的地址开始，按增量序列（本题为 $d_i=1^2,2^2,3^2,\cdots$）依次探测下一个地址，直到找到一个空闲单元为止。在等概率情况下查找成功和失败时的平均查找长度的计算方法同例 7.24。

（1）对于给定的关键字序列，依次根据散列函数 $H(K)=K\%7$ 计算散列地址，若地址内为空，则存入关键字，否则用二次探测再散列法查找存入位置。散列表如表 7.3 所示。

表 7.3　散列表

散列地址	0	1	2	3	4	5	6	7	8	9
关键字	14	1	9	23	84	27	55	20		

（2）关键字 1、9、14、55 都不产生冲突，关键字 23、20 冲突后进行一次计算找到不冲突的存放位置，关键字 84 冲突后进行两次计算找到不冲突的存储位置，关键字 27 进行三次计算找到不冲突的存储位置。在等概率情况下查找成功时的平均查找长度为

$$\text{ASL}_{\text{succ}}=\frac{1+1+1+2+3+4+1+2}{8}=\frac{15}{8}$$

【例 7.26】 设哈希函数 $H(k)=3K\%11$，散列地址空间为 $0\sim10$，对关键字序列（32，13，49，24，38，21，4，12）按链地址法解决冲突。试回答下列问题。

（1）画出散列表示意图。

（2）计算在等概率情况下查找成功时的平均查找长度。

（3）计算在等概率情况下查找失败时的平均查找长度。

解析：链地址法将所有关键字为同义词的结点链接在同一个单链表中。若散列表的长度为 m，则可将散列表定义为一个由 m 个头指针组成的指针数组 $T[0..m-1]$。凡是散列地址为 i 的结点，均插入以 $T[i]$ 为头指针的单链表。T 中各分量的初值均为空指针。若查找表有 n 个记录，散列函数为 $H(k)=k\%p$，采用链地址法处理冲突，则查找成功时的平均查找长度为

$$\text{ASL}_{\text{succ}}=\frac{1}{n}\sum_{i=1}^{n}c_i$$

其中，c_i 为查找第 i 条记录的比较次数。

用链地址法处理冲突求查找失败时的平均查找长度有两种观点，一种观点认为比较次数包括与空指针的比较。此时，在等概率条件下查找失败时的平均查找长度为

$$ASL_{fail} = \frac{p+n}{p}$$

另一种观点认为只有和关键字的比较才计算比较次数，而与空指针的比较不计算。此时，在等概率条件下查找失败时的平均查找长度为

$$ASL_{fail} = \frac{n}{p}$$

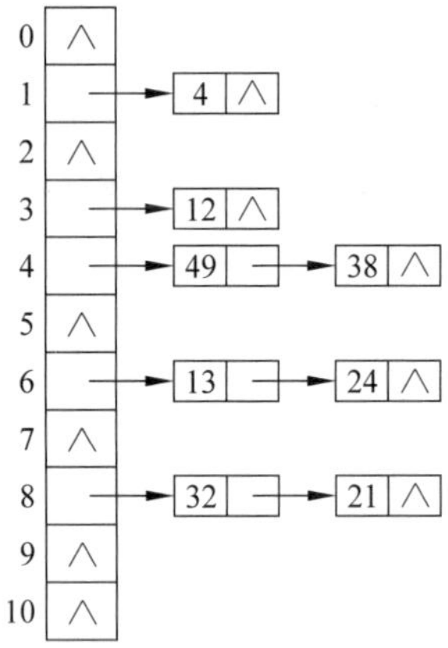

（1）关键字序列（32,13,49,24,38,21,4,12）对应的散列表如图 7.10 所示。

（2）查找 4、12、49、13、32 时均比较一次，查找 38、24、21 时均比较两次，在等概率条件下查找成功时的平均查找长度为

$$ASL_{succ} = \frac{5 \times 1 + 3 \times 2}{8} = \frac{11}{8}$$

（3）若比较次数包括与空指针的比较，则哈希地址 0、2、5、7、9、10 均比较一次失败，而哈希地址 1 和 3 均比较两次失败，其余哈希地址均为比较三次失败。因此，在等概率情况下查找失败时的平均查找长度为

$$ASL_{fail} = \frac{6 \times 1 + 2 \times 2 + 3 \times 3}{11} = \frac{19}{11}$$

图 7.10　散列表

若认为只有和关键字的比较才计算比较次数，而与空指针的比较不计算，则在等概率情况下查找失败时的平均查找长度为

$$ASL_{fail} = \frac{8}{11}$$

【例 7.27】　对于关键字集{30,15,21,40,25,26,36,37}，若查找表的装填因子为 0.8，采用线性探测再散列法解决冲突。请回答下列问题。

（1）设计散列函数。

（2）画出散列表。

解析：散列表的装填因子的定义为

α＝填入表中的元素个数/散列表的长度

α 是散列表装满程度的标志因子。由于表长是定值，α 与填入表中的元素个数呈正比，所以 α 越大，填入表中的元素较多，产生冲突的可能性就越大；α 越小，填入表中的元素较少，产生冲突的可能性就越小。开放地址法要求散列表的装填因子 α≤1，实用中 α 取值为 0.65～0.9。在链地址法中，装填因子 α 可以大于 1，但一般均取 α≤1。

实际上，散列表的平均查找长度是装填因子 α 的函数，只是不同的处理冲突的方法有不同的函数。解决这类问题时，可以根据已知原始数据个数、平均查找长度、冲突处理方法，使用相应的函数求出表长后，再确定散列函数、构建散列表。

（1）由于装填因子为 0.8，关键字有 8 个，所以表长为 8/0.8＝10。用除留余数法构造散列函数，散列函数为 H(key)＝key%7。

（2）散列表如表 7.4 所示。

表 7.4　散列表

散列地址	0	1	2	3	4	5	6	7	8	9
关键字	21	15	30	36	25	40	26	37		

【例 7.28】　已知带头结点的单链表中的关键字为整数,编写算法,将它改建为采用链地址法处理冲突的散列表。设散列表的长度为 m,散列函数为 Hash(k)=k％m。

解析:首先定义一个由 m 个头指针组成的指针数组 H[0..m−1],H 中各分量的初值均为空指针。然后遍历单链表,将所有散列地址为 i 的结点均插入以 H[i]为头指针的单链表。

```
typedef int KeyType;
typedef struct node
{ KeyType data;
  struct node * next;
}slink;                 /*结点类型定义*/
void CreHT(slink * L, slink * H[], int m)
{ int i,j;
  slink * p, * q;
  for(i=0;i<m;i++)      /*头指针数组初始化*/
    H[i]=NULL;
  p=L->next;            /*从第一个结点开始扫描单链表*/
  while(p)
  { q=p->next;
    j=p->data%m;        /*计算散列地址*/
    p->next=H[j];       /*前插法插入相应链表*/
    H[j]=p;
    p=q;
  }
  free(L);              /*释放单链表的头结点*/
}
```

【例 7.29】　写出从散列表中删除关键字为 k 的一个记录的算法,设散列函数为 H(k)=k％m,解决冲突的方法为链地址法。

解析:用链地址法解决冲突的散列表是一个指针数组,数组分量均是指向单链表的指针。首先找到关键字 k 所在的单链表,然后删除第一个数据域值为 k 的结点,删除操作与单链表中的操作类似。

```
void Delete(slink * HT[],int m,KeyType k)    /* slink 的定义见例 7.28 */
{ slink * p, * q;
  int i;
  i=k%m;                      /*用散列函数确定关键字 k 的哈希地址*/
  if(HT[i]==NULL)
  { printf("不存在\n");exit(0);}
```

```
  p=HT[i];q=p;              /*p指向当前记录(关键字),q是p的前驱*/
  while(p&&p->data!=k){q=p;p=p->next;}
  if(p==NULL){printf("不存在\n");exit(0);}
  if(p==HT[i])             /*被删除的关键字是链表中的第一个结点*/
  { HT[i]=HT[i]->next;free(p);}
  else
  { q->next=p->next;free(p);}
}
```

【例 7.30】 编写算法,在用除留余数法作为散列函数、线性探测法解决冲突的散列表中删除关键字。要求将所有可以前移的元素前移以填充被删除的空位,从而保证探测序列不致断裂。

解析：首先计算关键字的散列地址,若该地址为空,则空操作;若该地址有关键字,但与给定值不等,则用线性探测法查找给定值;若该地址有关键字且与给定值相等,则执行删除操作。为了提高算法效率,减少数据移动,将最后一个同义词前移以填充被删除关键字的位置。

```
#define MAXSIZE 20                              /*最大空间数*/
typedef int KeyType;                            /*数据元素类型*/
typedef KeyType HTable[MAXSIZE];                /*散列表*/
void HDelete(HTable HS,int m,int p,KeyType K)
{ int i,di,j;
  i=K%p;                                        /*计算关键字K的散列地址*/
  if(HS[i]==NULL) {printf("NO key\n");exit(0);}
  switch(HS[i]==K)
  { case 1: Delete(HS,m,p,i,i);break;
    case 0: di=1;j=(i+di)%m;                    /*m为表长*/
          while(HS[j]!=NULL&&HS[j]!=K&&j!=i)    /*查找关键字K*/
          { di=di+1;j=(i+di)%m;}
          if(HS[j]==K) Delete(HS,m,p,i,j);
          else {printf("不存在\n");exit(0);}
  }
}
```

在散列表 HS 中删除关键字 K,K 的散列地址是 i,因解决冲突而将其置于地址 j 中。下列函数的功能是查找关键字 K 的同义词,将其最后一个同义词移到位置 j,并将最后一个同义词的位置置为空。

```
void Delete(HTable HS,int m,int p,int i,int j)
{ int di,last,x;
  di=1;last=j;x=(j+di)%m;  /*探测地址序列,last记录K的最后一个同义词的位置*/
  while(x!=i)                               /*可能要探测一圈*/
  { if(HS[x]==NULL) break;                  /*探测到空位置,结束探测*/
    else if(HS[x]%p==i) last=x;             /*关键字K的同义词*/
    di=di+1;x=(j+di)%m;                     /*取下一个地址并探测*/
```

```
    }
    HS[j]=HS[last]; HS[last]=NULL;   /* 将散列地址 last 的关键字移到散列地址 j * /
}
```

7.3 自测试题

1. 单项选择题

(1) 在查找表中找到一个关键字值与给定值 K 相等的数据元素称为(　　)。

  A. 成功查找   B. 不成功查找   C. 插入   D. 查找

(2) 在一棵 m 阶的 B 树中,每个非叶子结点的度 S 应满足(　　)。

  A. $\lfloor \frac{m+1}{2} \rfloor \leqslant S \leqslant m$ B. $\lfloor \frac{m}{2} \rfloor \leqslant S \leqslant m$

  C. $1 \leqslant S \leqslant \lfloor \frac{m+1}{2} \rfloor$ D. $1 \leqslant S \leqslant \lfloor \frac{m}{2} \rfloor$

(3) 含 n 个关键字的二叉排序树的平均查找长度主要取决于(　　)。

  A. 关键字的个数   B. 树的形态

  C. 关键字的取值范围   D. 关键字的数据类型

(4) 在关键字序列(12,23,34,45,56,67,78,89,91)中,用二分查找法查找关键字为 45、89、12 的结点时,所需进行的比较次数分别为(　　)。

  A. 4,4,3   B. 4,3,3   C. 3,4,4   D. 3,3,4

(5) 静态查找与动态查找的根本区别在于(　　)。

  A. 逻辑结构不同   B. 施加在其上的操作不同

  C. 所包含的数据元素的类型不同 D. 存储实现不同

(6) 下列关于哈希查找的说法中正确的是(　　)。

  A. 散列函数构造得越复杂越好,因为这样随机性好,冲突少

  B. 除留余数法是所有散列函数中最好的

  C. 不存在特别好与特别坏的散列函数,要视情况而定

  D. 在散列表中删除一个元素,不管用何种方法解决冲突,都只是简单地将该元素删去即可

(7) 用 n 个关键字构造一棵二叉排序树,其最低高度为(　　)。

  A. n/2   B. n   C. $\log_2 n$ D. $\log_2 n + 1$

(8) 二叉排序树中,最小值结点的(　　)。

  A. 左指针一定为空   B. 右指针一定为空

  C. 左右指针均为空   D. 左右指针均不为空

(9) 已知一个有序表为(12,18,24,35,47,50,62,83,90,115,134),当折半查找值为 90 的元素时,经过(　　)次比较后即可查找成功。

  A. 2   B. 3   C. 4   D. 5

(10) 设散列表的表长 m=14,散列函数为 H(k)=k%11。表中已有 15、38、61、84 四

个元素，如果用线性探测法处理冲突，则元素49的存储地址是（   ）。

  A. 8   B. 3   C. 5   D. 9

（11）对于散列函数 H(key)＝key％13，被称为同义词的关键字是（   ）。

  A. 35 和 41   B. 23 和 39   C. 15 和 44   D. 25 和 51

（12）在用线性探测法处理冲突所构成的散列表上进行查找，可能要探测多个位置，在查找成功的情况下，所探测的这些位置的关键字值（   ）。

  A. 一定都是同义词   B. 一定都不是同义词

  C. 不一定都是同义词   D. 都相同

（13）散列技术中的冲突是指（   ）。

  A. 两个元素具有相同的序号

  B. 两个元素的关键字不同，而其他属性相同

  C. 数据元素过多

  D. 不同关键字的元素对应于相同的存储地址

（14）散列表的地址区间为0～17，散列函数为 H(K)＝K％17。采用线性探测法处理冲突，并将关键字序列(26,25,72,38,8,18,59)依次存储到散列表，存放元素59需要搜索的次数是（   ）。

  A. 2   B. 3   C. 4   D. 5

（15）下列查找算法中，平均查找长度与元素个数不直接相关的查找方法是（   ）。

  A. 分块查找 B. 顺序查找 C. 二分查找 D. 散列查找

2. 正误判断题

（1）在散列表中进行查找，"比较"操作一般是不可避免的。   （   ）

（2）散列函数越复杂越好，因为这样随机性好，发生冲突的概率小。 （   ）

（3）散列表的平均查找长度与处理冲突的方法无关。   （   ）

（4）用数组和单链表表示的有序表均可使用折半查找法进行查找。 （   ）

（5）折半查找法的查找速度一定比顺序查找法快 。   （   ）

（6）平衡二叉树一定是完全二叉树。   （   ）

（7）任一结点值均大于其左孩子值且小于其右孩子值的二叉树一定是二叉排序树。

   （   ）

（8）二叉排序树查找和折半查找的时间性能相同。   （   ）

（9）若二叉排序树中的关键字值互不相同，则其中的最小元素和最大元素一定是叶子结点。（   ）

（10）散列技术的查找效率主要取决于散列函数和处理冲突的方法。 （   ）

3. 计算操作题

（1）设有 5 个数据10、20、30、40、50，它们排在一个有序表中，分别计算顺序查找时等概率情况下查找成功和失败的平均查找长度，以及折半查找时等概率情况下查找成功和失败的平均查找长度。

（2）假设对有序表(3,4,5,7,24,30,42,54,63,72,87,95)进行折半查找，试回答下列

问题。

① 画出描述折半查找过程的判定树。

② 若查找元素 54，则需依次与哪些元素比较？

③ 若查找元素 90，则需依次与哪些元素比较？

④ 求等概率情况下查找成功时的平均查找长度。

（3）输入一个正整数序列 $(53,17,12,66,58,70,87,25,56,60)$，试完成下列各题。

① 按次序构造一棵二叉排序树，并求等概率情况下查找成功时的平均查找长度。

② 依此二叉排序树，如何得到一个元素从大到小排列的有序序列？

③ 画出在此二叉排序树中删除"66"后的树结构。

（4）图 7.11 是一棵正在进行插入运算的 AVL 树，关键字 70 的插入使它失去平衡，按照 AVL 树的插入方法，需要对它的结构进行调整以恢复平衡。请画出调整后的 AVL 树。

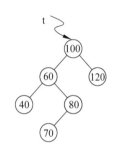

图 7.11　插入 70 后失去平衡的二叉排序树

（5）设散列表的地址范围为 $0\sim18$，散列函数为 $h(key)=key\%13$，用开放地址法解决冲突，探查序列为 $d=H(key)$，$d+1^2$，$d-1^2$，$d+2^2$，$d-2^2$，…。对于关键字序列 $(33,25,48,59,36,72,46,07,65,20)$，试回答下列问题。

① 画出散列表示意图。

② 计算装填因子。

③ 计算在等概率情况下查找成功时的平均查找长度。

（6）已知一组关键字为 $(26,36,41,38,44,15,68,12,06,51,25)$，用链地址法解决冲突。假设装填因子 $\alpha=0.75$，散列函数的形式为 $H(k)=k\%p$，试回答下列问题。

① 构造散列函数。

② 计算等概率情况下查找成功时的平均查找长度。

③ 计算等概率情况下查找失败时的平均查找长度。

4. 算法设计题

（1）已知二叉排序树中某结点指针 p，其双亲结点指针为 F，p 为 F 的左孩子。编写算法，删除 p 所指的结点。

（2）设二叉排序树的各元素值均不相同，采用二叉链表作为存储结构。编写递归算法，按递减顺序打印所有左子树为空、右子树非空的结点的数据值。

（3）设散列函数为 $H(k)=k\%p$，解决冲突的方法为线性探测再散列法。编写算法，从散列表中删除关键字为 k 的一个记录。

7.4　实验题

（1）编写算法，在单链表 L 中顺序查找关键字值为 x 的第一个结点。

（2）编写算法，在顺序表中查找关键字值为 x 的结点，若找到，则将该结点与其前驱结点（若存在）交换。

（3）编写算法，求给定结点在二叉排序树中所在的层次。

（4）已知二叉排序树 T 的结点形式为(left,data,count,right)，在树中查找值为 X 的结点。若找到，则记数(count)加1，否则作为一个新结点插入树中。插入后仍为二叉排序树，写出其非递归算法。

（5）设二叉排序树的各元素值均不相同，采用二叉链表作为存储结构，试设计非递归算法，按递减顺序打印所有左子树为空、右子树非空的结点的数据域的值。

（6）假设一棵平衡二叉树的每个结点都标明了平衡因子 bf，编写算法，求平衡二叉树的高度。

（7）已知整型数组 A 中含有 n 个整数，用除留余数法构造哈希函数，处理冲突的方法为链地址法。编写算法，利用数组 A 中的元素建立一个长度为 m 的散列表。

（8）已知一维数组 A 中存放 n 个整型数，用除留余数法构造散列函数，用线性探测再用散列法处理冲突，将其存放在一维数组 B 中。

7.5　思考题

（1）在查找算法中，监视哨的作用是什么？

（2）直接在二叉排序树中查找关键字 K 与在中序遍历输出的有序序列中查找关键字 K，二者的效率是否相同？输入关键字有序序列构造一棵二叉排序树，然后对此树进行查找，其效率如何？

（3）如何衡量散列函数的优劣？

（4）散列法的平均查找长度取决于哪些元素？

（5）顺序查找、二分查找、散列查找的时间复杂度分别为 $O(n)$、$O(\log_2 n)$ 和 $O(1)$。既然有了高效的查找方法，为什么低效的方法还没有被淘汰？

7.6　主教材习题解答

1. 单项选择题

（1）顺序查找法适用于存储结构为(　　　)的线性表。

　　① 散列存储　　　　　　　　　　② 压缩存储

　　③ 顺序存储或链式存储　　　　　④ 索引存储

解答：顺序查找的基本思想是：从表的一端开始，依次进行记录关键字和给定值的比较，如果表中某个记录的关键字与给定值相等，则查找成功；若到表的另一端后，仍然没有找到关键字与给定值相等的记录，则查找失败。由此可知，顺序查找表的存储结构为顺序表或链表。

答案：③

（2）二分查找法适用于存储结构为(　　　)，且按关键字排好序的线性表。

　　① 顺序存储　　　　　　　　　　② 链式存储

　　③ 顺序存储或链式存储　　　　　④ 索引存储

解答：二分查找法要求查找表必须顺序存储且按关键字有序。

答案：①

（3）对一组记录的关键字(25,38,63,74),采用二分法查找 25 时,需比较(　　)次。

　　① 4　　　　　　② 3　　　　　　③ 2　　　　　　④ 1

解答： 关键字序列(25,38,63,74)对应的二分查找判定树如图 7.12 所示。由二分查找判定树可知,查找 25 需要比较 2 次。

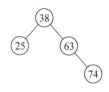

图 7.12　二分查找判定树

答案：③

（4）对于一个线性表,若既要求能够进行较快的插入和删除,又要求存储结构能够反映出数据元素之间的关系,则应该(　　)。

　　① 以顺序方式存储　　　　　　　② 以链式方式存储
　　③ 以散列方式存储　　　　　　　④ 以索引方式存储

解答： 链式存储结构能够较快地进行插入和删除操作,且能够反映出数据元素之间的关系。

答案：②

（5）设有一个已按各元素值排好序的顺序表(长度大于 2),现分别用顺序查找法和二分查找法查找与给定值 k 相等的元素,比较的次数分别是 s 和 b,在查找不成功的情况下,s 和 b 的关系是(　　)。

　　① s＝b　　　　② s＞b　　　　③ s＜b　　　　④ s≥b

解答： 设顺序表的表长为 n,用顺序查找法查找时,查找不成功时的查找长度为 n(没有监视哨,有监视哨时为 n＋1);用二分查找法查找时,查找不成功时的查找长度不会超过二分查找判定树的深度 $\lfloor \log_2 n \rfloor + 1$。当 n＞2 时,有 $n > \lfloor \log_2 n \rfloor + 1$,即 s＞b。

答案：②

（6）长度为 12 的按关键字有序的查找表采用顺序组织方式。若采用二分查找方法,则在等概率的情况下,查找失败时的 ASL 值是(　　)。

　　① 37/12　　　② 62/13　　　③ 39/12　　　④ 49/13

解答： 长度为 12 的查找表对应的二分查找判定树的树形如图 7.13 所示。在等概率的情况下,查找失败时的平均查找长度(ASL)为

$$\text{ASL}_{\text{fail}} = \frac{3 \times 3 + 4 \times 10}{13} = \frac{49}{13}$$

图 7.13　二分查找判定树

答案：④

（7）在散列函数 H(k)＝k％p 中,一般地,p 应取(　　)。

　　① 奇数　　　　② 偶数　　　　③ 素数　　　　④ 充分大的数

解答： 用除留余数法构造散列函数时,为了减少冲突,在一般情况下,p 为不大于表长 m 的质数或不包含 20 以内质因子的合数。理论研究表明,p 为不大于表长 m 且最接近于表长 m 的质数为最好。

答案：③

（8）采用开放地址法解决散列表冲突，要从此散列表中删除一个记录，正确的做法是（　　）。

　　① 将该元素所在的存储单元清空

　　② 将该元素用一个特殊的元素替代

　　③ 将与该元素有相同散列地址的后继元素顺次前移一个位置

　　④ 用与该元素有相同散列地址的最后插入表中的元素替代

解答：在使用链地址法的情况下，可以物理删除。在使用开放定址法的情况下，不能物理删除，只能作删除标记。该地址可能是该记录的同义词查找路径上的地址，物理删除就中断了查找路径，因为查找时碰到空地址就会认为是查找失败。

答案：②

（9）索引顺序表上的查找是（　　）。

　　① 先在索引表找到块　　　　　　　　② 先在块内进行顺序查找

　　③ 二分查找　　　　　　　　　　　　④ 顺序查找

解答：分块查找的思想是：首先在索引表中用折半查找（因索引表为递增有序）或顺序查找方法确定待查记录所在的块，然后在已确定的块中进行顺序查找（因块内无序）。

答案：①

（10）树表是动态查找表，（　　）属于树表。

　　① 二叉排序树　　　② 二叉树　　　　③ 满二叉树　　　　④ 完全二叉树

解答：动态查找表的表结构是在查找过程中动态生成的，如果被查找的值与查找表中记录的关键字值相等，则可能要进行删除操作，否则可能要进行插入操作。通常以树或二叉树作为动态查找表的组织形式，包括二叉排序树、平衡二叉树、B 树、B＋树等。

答案：①

（11）平衡二叉树的各结点的左右子树深度之差不能为（　　）。

　　① 1　　　　　　　② 2　　　　　　　③ −1　　　　　　④ 0

解答：每个结点的左右子树深度之差的绝对值不大于 1 的二叉树称为平衡二叉树（又称 AVL 树），即 $|H_L - H_R| \leqslant 1$，其中，H_L 为平衡二叉树的左子树深度，H_R 为平衡二叉树的右子树深度。

答案：②

（12）散列查找中，散列函数的值（　　）散列地址的范围。

　　① 在　　　　　　　② 小于　　　　　③ 无关于　　　　　④ 大于

解答：散列函数是一个映象，即将关键字的集合映射到某个地址集合上，这个地址集合的大小不能超出允许范围，即散列地址的范围。

答案：①

（13）设二叉排序树中的关键字由 1～1000 的整数构成，现要查找关键字为 363 的结点，下列关键字序列中，（　　）不可能是在二叉排序树上查找到的序列。

　　① 2,252,401,398,330,344,397,363

　　② 924,220,911,244,898,258,362,363

③ 925,202,911,240,912,245,363

④ 2,399,387,219,266,382,381,278,363

解答：二叉排序树的中序遍历是递增序列。在二叉排序树上进行查找,若查找成功,则走了一条从根记录结点到所查记录结点的路径;若查找失败,则走了一条从根记录结点到某个空指针的路径。四个选项对应的查找路径如图 7.14 所示。

4 条查找路径的中序遍历序列依次为

2,252,330,344,363,397,398,401

220,244,258,362,363,898,911,924

202,240,245,363,912,911,925

2,219,266,278,363,381,382,387

由此可知,选项③对应查找路径的中序遍历序列不是升序的。

答案：③

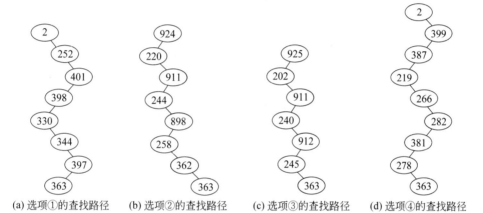

(a) 选项①的查找路径   (b) 选项②的查找路径   (c) 选项③的查找路径   (d) 选项④的查找路径

图 7.14   4 个选项的查找路径

(14) 为了有效地利用散列查找技术,主要解决的问题是(   )。

　① 找一个好的散列函数

　② 有效解决冲突

　③ 用整数表示关键字值

　④ 找一个好的散列函数,并有效解决冲突

解答：决定散列表平均查找长度的因素有构造的散列函数、采用的处理冲突的方法和装载因子的大小。

答案：④

(15) 下列关于 B 树和 B+树的叙述中,不正确的是(   )。

　① B 树和 B+树都可以用于文件的索引结构

　② B 树和 B+树都是平衡的多叉树

　③ B 树和 B+树都能有效地支持随机检索

　④ B 树和 B+树都能有效地支持顺序检索

解答：B 树又称多路平衡查找树,是一种非常有效组织和维护外存文件系统的数据结构。B+树是B树的一种变形,常用于索引文件组织。在B+树中可以采用两种查找方式,一种是从最小关键字开始进行顺序查找,另一种是从B+树的根结点开始进行随机查找。但在B树中只能从根结点开始进行随机查找。

答案:④

2. 正误判断题

(1) 二分查找可以在单链表上完成。   (   )

解答:二分查找法只适用于存储结构为顺序存储且按关键字有序的线性表。

答案:×

(2) 静态查找表和动态查找表的根本区别在于施加在其上的操作不同。   (   )

解答:若在查找过程中仅对表内数据进行查询检索和读取操作,则称这样的查找表为静态查找表。若在查找的同时对表做更新操作(如插入或删除记录),则称这样的查找表为动态查找表。

答案:√

(3) 二叉排序树是完全二叉树。   (   )

解答:二叉排序树是对结点值有要求的二叉树,即任意一个结点的值都大于其左子树上所有结点的值,又都小于其右子树上所有结点的值。完全二叉树是对树形有要求的二叉树,即除去最底层结点后的二叉树是一棵满二叉树,且最底层的结点均靠左对齐。

答案:×

(4) 散列查找不需要进行关键字的比较。   (   )

解答:理想的情况是不经过任何比较,能够根据记录的关键字和它的存储位置之间的某种确定关系直接找到这条记录的存储位置。但散列函数是压缩映像,冲突难以避免。因此,当存在冲突时,散列查找还需要进行关键字的比较。

答案:×

(5) 除留余数法是所有散列函数中最好的计算散列地址的方法。   (   )

解答:没有哪一种散列函数是最好的,在实际应用中,具体采用何种散列函数要考虑计算散列函数所需的时间、关键字的长度、散列表的大小、关键字的分布和记录的查找效率等因素。

答案:×

(6) 散列查找中的冲突是指不同关键字值的记录对应于相同的存储地址。   (   )

解答:对于两个关键字key1和key2,若key1≠key2,但H(key1)==H(key2),即两个不同的记录需要存放在同一存储位置中,这种现象称为冲突。

答案:√

(7) 二叉排序树中,最小值结点的左指针一定为空。   (   )

解答:二叉排序树的中序遍历序列是一个升序序列,序列中的最小值没有前驱,因此最小值结点没有左孩子。

答案:√

(8) 在采用线性探测法处理冲突的散列表中,所有同义词在表中一定相邻。 (   )

解答:可能在某同义词出现前,连续的空间已分配给其他关键字。

答案：×

(9) 同一组关键字,按不同的顺序排列,依次生成的二叉排序树是一样的。 (   )

解答：二叉排序树的形状与关键字的输入顺序有关。

答案：×

(10) 中序遍历二叉排序树的结点即可得到排好序的结点序列。 (   )

解答：二叉排序树的中序遍历序列是一个升序序列。

答案：√

3. 操作计算题

(1) 对于有序表 D=(6,87,155,188,220,465,505,511,586,656,670,766,897,908),下标从 0 开始,用二分查找法在 D 中查找 586,试填写表 7.5,其内容表示查找过程。

解答：具体查找过程见表 7.6。

表 7.5　查找过程

位置及关键字	初始值	第 1 趟	第 2 趟	第 3 趟
low				
high				
mid				
D[mid]				

表 7.6　具体查找过程

位置及关键字	初始值	第 1 趟	第 2 趟	第 3 趟
low	0	7	7	
high	13	13	9	
mid		6	10	8
D[mid]		505	670	586

(2) 画出对长度为 10 的有序表进行二分查找的判定树,并求等概率情况下查找成功和失败时的平均查找长度。

解答：二分查找判定树如图 7.15 所示(结点值为下标,下标从 1 开始)。

等概率情况下查找成功时的平均查找长度为

$$\text{ASL}_{\text{succ}} = \frac{1}{10}(1 \times 1 + 2 \times 2 + 3 \times 4 + 4 \times 3) = \frac{29}{10}$$

等概率情况下查找失败时的平均查找长度为

$$\text{ASL}_{\text{fail}} = \frac{1}{11}(3 \times 5 + 4 \times 6) = \frac{39}{11}$$

(3) 将序列(20,16,35,29,75,95,12)的各元素依次插入一棵初始为空的二叉排序树,试画出最后的结果,并求出等概率情况下查找成功时的平均查找长度。

解答：二叉排序树如图 7.16 所示。

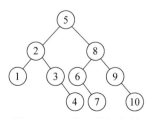

图 7.15　二分查找判定树

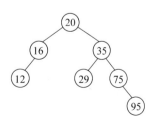

图 7.16　二叉排序树

等概率情况下查找成功时的平均查找长度为

$$\text{ASL}_{\text{succ}}=\frac{1}{7}(1\times1+2\times2+3\times3+4\times1)=\frac{16}{7}$$

（4）已知一棵二叉排序树的结构如图7.17所示，结点的值为1～8，请标出各结点的值。

解答：设二叉排序树中各结点的值依次为a、b、c、d、e、f、g、h，如图7.18所示，则中序遍历序列为dgbaehcf。由于二叉排序树的中序遍历序列是一个递增序列，且结点的值从小到大依次为1～8，所以这棵二叉树的中序遍历序列为12345678。由此可得a＝4，b＝3，c＝7，d＝1，e＝5，f＝8，g＝2，h＝6。

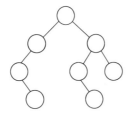
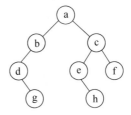

图7.17　第（4）题图　　　　　图7.18　二叉排序树

（5）可以生成如图7.19所示的二叉排序树的关键字初始排列有几种？请写出其中的任意5种。

解答：初始序列的第一个关键字为20，第二个关键字为11或25，且根结点的右子树的关键字顺序为25、22，根结点的左子树的关键字顺序为11、7、5、9或11、7、9、5。满足上述条件的全部关键字序列有30种，即关键字的初始排列有30种，下面是其中的5种。

① 20，25，11，22，7，9，5
② 20，11，7，9，25，5，22
③ 20，25，22，11，7，5，9
④ 20，11，25，22，7，5，9
⑤ 20，11，25，7，9，5，22

（6）已知一棵二叉排序树如图7.20所示，分别画出删除元素90和60后的二叉排序树。

解答：二叉排序树的中序遍历序列是升序的，删除结点后要保证二叉排序树的这一特性。在图7.20的中序遍历序列中，元素90的前驱元素为87，在二叉排序树中删除元素90，先用87替换90，然后删除叶子结点87即可。从图7.20中删除元素90后的树结构如

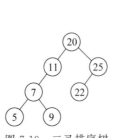
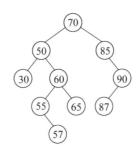

图7.19　二叉排序树　　　　　图7.20　第（6）题图

图 7.21 所示。在图 7.20 的中序遍历序列中,元素 60 的前驱元素为 57,在二叉排序树中删除元素 60,先用 57 替换 60,然后删除叶子结点 57 即可。从图 7.20 中删除元素 60 后的树结构如图 7.22 所示。

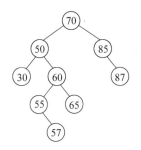

图 7.21　删除元素 90 后的二叉排序树

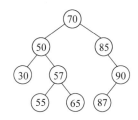

图 7.22　删除元素 60 后的二叉排序树

(7) 已知散列函数 $H(k)=k\%11$,散列表的地址空间为 $0\sim11$。对于关键字序列 $(25,16,38,47,79,82,51,39,89,151,231)$,采用线性探测再散列法处理冲突。试画出散列表,并计算等概率情况下查找成功和失败时的平均查找长度。

解答：散列表如表 7.7 所示。

表 7.7　散列表

散列地址	0	1	2	3	4	5	6	7	8	9	10	11
关键字	231	89	79	25	47	16	38	82	51	39	151	

查找 25、16、79、89、231 需要比较 1 次,查找 38、47、51 需要比较 2 次,查找 82、151 需要比较 3 次,查找 39 需要比较 4 次。等概率情况下查找成功时的平均查找长度为

$$\text{ASL}_{\text{succ}}=\frac{1}{11}(1+1+1+1+2+1+2+3+2+4+3)=\frac{21}{11}$$

等概率情况下查找失败时的平均查找长度为

$$\text{ASL}_{\text{fail}}=\frac{1}{11}(12+11+10+9+8+7+6+5+4+3+2)=7$$

(8) 假设一组记录的关键字序列为 $(19,01,23,14,55,68,11,82,36)$,设散列表的表长为 7,哈希函数为 $H(\text{key})=\text{key}\%7$,采用链地址法处理冲突。试构造散列表,并计算等概率情况下查找成功时的平均查找长度。

解答：各记录的哈希地址为 $H(19)=5,H(01)=1,H(23)=2,H(14)=0,H(55)=6,H(68)=5,H(11)=4,H(82)=5,H(36)=1$。散列表如图 7.23 所示。

等概率情况下查找成功时的平均查找长度为

$$\text{ASL}_{\text{succ}}=\frac{1}{9}(1\times6+2\times2+3\times1)=\frac{13}{9}$$

(9) 将二叉排序树 T 的先序序列中的关键字依次插入一棵空树,所得的二叉排序树 T′ 与 T 是否相同? 为什么?

解答：建立二叉排序树,每棵子树都是从上到下的建立过程。先序输出顺序为根结

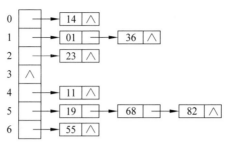

图 7.23　散列表

点、左子树、右子树，总是先输出根结点，它的每棵子树的输出顺序也是从上到下的顺序。对二叉排序树来说，用任何一种从上到下的输出序列构造二叉排序树，其形状都是相同的。

（10）已知一个含有 1000 个记录的表，关键字为中国人姓氏的拼音，请给出此表的一个哈希表设计方案，要求它在等概率情况下查找成功时的平均查找长度不超过 3。

解答：设计哈希表的步骤如下。

① 根据所选择的处理冲突的方法求出装填因子 α 的上界。

② 由 α 值设计哈希表的长度 m。

③ 根据关键字的特性和表长 m 选取合适的哈希函数。

根据以上步骤得出哈希函数。

① 若采用开放地址法的线性探测再散列处理冲突，则 $ASL \approx 1/2(1+1/(1-\alpha)) \leqslant 3$，装填因子 $\alpha \leqslant 0.8$，即 $1000/m \leqslant 0.8$，由此可得 $m \geqslant 1250$。

② 若采用链地址法处理冲突，则 $ASL \approx (1+\alpha/2) \leqslant 3$，装填因子 $\alpha \leqslant 1$，即 $1000/m \leqslant 1$，由此可得 $m \geqslant 1000$。

③ 具体的哈希函数可以采用(第一个字符＋第二个字符＋第三个字符)/3。

4. 算法设计题

（1）假设顺序查找表按关键字递增的顺序存放，编写顺序查找算法，将监视哨设置在下标高端。

解答：从表的第一个元素(下标为1)开始比较，若当前记录的关键字值小于给定值，则继续比较，否则停止比较。返回值在 1～ST－>length 之间时查找成功，返回值为 ST－>length＋1 时查找失败。

```
int Search(STable * ST,KeyType key)          /* STable 的定义见例 7.9 */
{ int i;
  ST->elem[ST->length+1]=key;               /* 设置监视哨 */
  for(i=1;ST->elem[i]<key;i++);
  if(key<ST->elem[i])
    i=ST->length+1;                         /* 不存在 */
  return i;
}
```

（2）编写判定二叉树是否为二叉排序树的算法。

解答：例 7.18 给出了根据定义判断二叉树是否是二叉排序树的一种方法。另一种方法是根据二叉排序树的中序遍历序列为增序的性质，在遍历时将当前遍历结点与其前驱结点值比较即可得出结论，为此设置全局指针变量 pre（初值为 NULL）和全局变量 flag（初值为 1）。若非二叉排序树，则置 flag 为 0。

```
int flag=1;                           / * 是否为二叉排序树的标记 * /
BiTree * pre=NULL;                    / * 指向前驱的指针 * /
void JudgeBST(BiTree * t)            / * BiTree 的定义见例 7.18 * /
{ if(t!=NULL&&flag)
  { JudgeBST(t->left);               / * 中序遍历左子树 * /
    if(pre==NULL) pre=t;             / * 中序遍历的第一个结点不必判断 * /
    else if(pre->data<t->data) pre=t; / * 前驱指针指向当前结点 * /
        else flag=0;                 / * 不是完全二叉树 * /
    JudgeBST(t->right);              / * 中序遍历右子树 * /
  }
}
```

（3）编写算法，利用二分查找法在一个有序表中插入一个元素，并保持表的有序性。

解答：先采用二分查找法找到插入元素的位置 pos，然后将位置 pos 及其之后的所有元素后移一个位置，最后将 x 存放到 pos 处。

```
void Insert(STable * r,KeyType x)    / * STable 的定义见例 7.9 * /
{ int low=1,high=r->length,mid;      / * low 和 high 是插入区间的下界和上界 * /
  int pos,i,find=0;                  / * find 用于标记是否存在值为 x 的元素 * /
  while(low<=high&&find==0)
  { mid=(low+high)/2;                / * 计算中间元素的位置 * /
    if(x<r->elem[mid]) high=mid-1;   / * 插入位置在左半区 * /
    else if(x>r->elem[mid]) low=mid+1; / * 插入位置在右半区 * /
        else { i=mid; find=1; }      / * 存在值为 x 的元素 * /
  }
  if(find) pos=mid;                  / * 确定后移元素的起始位置 * /
  else pos=low;
  for(i=r->length;i>=pos;i--)        / * 元素后移 * /
    r->elem[i+1]=r->elem[i];
  r->elem[pos]=x;                    / * 存入 * /
  r->length++;                       / * 修改表长 * /
}
```

7.7　自测试题参考答案

1. 单项选择题

（1）A　　（2）A　　（3）B　　（4）B　　（5）B　　（6）C　　（7）D　　（8）A

　　(9) A　　　(10) A　　(11) D　　(12) C　　(13) D　　(14) C　　(15) D

2. 正误判断题

　　(1) √　　(2) ×　　(3) ×　　(4) ×　　(5) ×　　(6) ×　　(7) ×　　(8) ×
　　(9) ×　　(10) √

3. 计算操作题

(1) $ASL_{顺序成功} = (1+2+3+4+5)/5 = 3$。

　　　$ASL_{顺序失败} = (1+2+3+4+5+5)/6 = 10/3$。

　　　$ASL_{折半成功} = (1+2*2+3*2)/5 = 11/5$。

　　　$ASL_{折半失败} = (2+3+3+2+3+3)/6 = 8/3$。

(2) ① 折半查找判定树如图 7.24 所示。

② 若查找元素 54，则需依次与元素 30、63、42、54 比较。

③ 若查找元素 90，则需依次与元素 30、63、87、95 比较

④ 查找成功时的平均查找长度为

$$ASL = \frac{1 \times 1 + 2 \times 2 + 3 \times 4 + 4 \times 5}{12} = \frac{37}{12}$$

(3) ① 二叉排序树如图 7.25 所示。

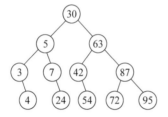
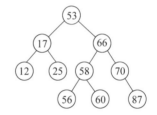

图 7.24　折半查找判定树　　　　　图 7.25　二叉排序树

在等概率情况下查找成功时的平均查找长度为

$$ASL = \frac{1 \times 1 + 2 \times 2 + 3 \times 4 + 4 \times 3}{10} = \frac{29}{10} = 2.9$$

② 对二叉排序树按右子树→根结点→左子树的方式进行遍历，就会得到一个从大到小排序的有序序列。

③ 删除"66"后的树结构如图 7.26 所示。

(4) 调整后的 AVL 树如图 7.27 所示。

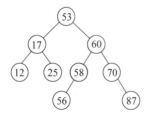
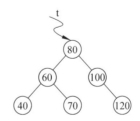

图 7.26　删除"66"后的树结构　　　　图 7.27　AVL 树

（5）

① 散列表如表 7.8 所示。

表 7.8　散列表

散列地址	0	1	2	3	4	5	6	7	8	9	10	11	12	13	14	15	16	17	18
关键字	65			07			72	33	59	48	36	46	25				20		

② 装填因子 $\alpha = 10/19$。

③ 查找 65、33、48、36、25 需要比较 1 次；查找 59 需要比较 2 次；查找 72 需要比较 3 次；查找 46 需要比较 4 次；查找 07 需要比较 5 次，查找 20 需要比较 6 次。等概率情况下查找成功时的平均查找长度为

$$ASL = \frac{1+5+3+1+2+1+1+4+1+6}{10} = \frac{25}{10} = 2.5$$

（6）

① 散列函数为 $H(k) = k \% 13$。

② 等概率情况下查找成功时的平均查找长度为

$$ASL_{succ} = 18/11$$

③ 等概率情况下查找失败时的平均查找长度为

$$ASL_{fail} = 24/13（算空指针）$$
$$ASL_{fail} = 11/13（不算空指针）$$

4. 算法设计题

（1）先用被删结点的右子树中的最小值结点代替被删结点，然后删除最小值结点。

```
void Delete(BiTree * t,BiTree * p)                  /* BiTree 的定义见例 7.18 */
{ BiTree * q, * s;
  if(!p->left){F->left=p->right;free(p);}           /* p 无左孩子 */
  else if(!p->right){F->left=p->left;free(p);}  /* p 无右孩子 */
    else                                  /* p 有左孩子和右孩子 */
    { q=p->right;s=q;              /* 用 p 右子树中的最小值代替 p 结点的值 */
      while(q->left){s=q;q=q->left ;}   /* 查找 p 右子树的中序序列的最左结点 */
      if(s==p->right)                  /* p 右子树的根结点无左孩子 */
      { p->data=s->data;p->right=s->right;free(s);}
      else
      {p->data=q->data;s->left=q->right;free(q);}
    }
}
```

（2）对二叉排序树按右子树→根结点→左子树的方式进行遍历，输出满足条件的结点值即可。

```
void DecPrint(BiTree * t)                    /* BiTree 的定义见例 7.18 */
{ if(t)
```

```
   { DecPrint(t->right);                              /* 递归遍历右子树 */
     if(!t->left&&t->right) printf("%4d",t->data);    /* 输出满足条件的结点值 */
     DecPrint(t->left);                               /* 递归遍历左子树 */
   }
}
```

（3）找到后用空标记替换即可。

```
#define MAXSIZE 20                                     /* 最大存储单元数 */
typedef int KeyType;                                   /* 数据元素类型 */
typedef KeyType HTable[MAXSIZE];                       /* 散列表数组 */
#define ADDRNULL 0                                     /* ADDRNULL 表示空标记 */
int Delete(HTable h,int n,int p,int k)                 /* n 为散列表的表长 */
{ int i,j,d;
  i=k%p;
  if(h[i]==ADDRNULL) return 0;
  if(h[i]==k) { h[i]=ADDRNULL; return 1;}
  else                                                 /* 采用线性探测再散列解决冲突 */
  { j=i;
    for(d=1;d<=n-1;d++)
    { i=(j+d)%n;
      if(h[i]==ADDRNULL) return 0;
      if(h[i]==k) { h[i]=-ADDRNULL; return 1;}        /* 用空标记替换 */
    }
  }
  return 0;
}
```

7.8 实验题参考答案

（1）

```
int Search(slink * head,KeyType x)                     /* slink 的定义见例 7.28 */
{ int i=1;
  slink * p=head->next;
  while(p!=NULL&&p->data!=x)      /* 从第一个结点开始查找数据域值为 x 的结点 */
  { p=p->next;i++; }
  if(p) return i;                 /* 找到,返回位序 */
  else return 0;                  /* 未找到,返回 0 */
}
```

（2）

```
typedef int KeyType;              /* 数据元素类型 */
typedef struct
```

```
{ KeyType * data;                    /* 存储空间的基地址 */
  int length;                        /* 顺序表的长度(已存入的元素个数) */
  int listsize;                      /* 当前存储空间的容量(能够存入的元素个数) */
}SeqList;
int Search(SeqList * Q,KeyType x)
{ int i=0;                           /* 置初始下标值为 0 */
  KeyType t;
  while(i<Q->length)
    if(Q->data[i]==x)
    { if(i>=1)
      {t=Q->data[i];Q->data[i]=Q->data[i-1];Q->data[i-1]=t;}
      return i+1;
    }
    else i++;                        /* 继续向下查找 */
  return 0;                          /* 不存在,返回 0 */
}
```

(3)

```
int Level(BiTree * t,KeyType x)      /* BiTree 的定义见例 7.18 */
{ BiTree * p=t;
  int n=0;                           /* n 用来记录层次,初始值为 0 */
  while(p!=NULL&&p->data!=x)
  { n++;                             /* 不等,层次加 1 */
    if(p->data<x) p=p->right;        /* 到右子树查找 */
    else p=p->left;                  /* 到左子树查找 */
  }
  if(p) return n+1;                  /* 找到,返回所在层次 */
  else return 0;                     /* 不存在,返回 0 */
}
```

(4)

```
typedef int KeyType;
typedef struct node
{ KeyType data;
  struct node * left, * right;
  int count;
}BiTree;
void SeaIns(BiTree * t,KeyType X)
{ BiTree * p=t, * f;
  while(p!=NULL&&p->data!=X)         /* 查找值为 X 的结点,f 指向当前结点的双亲 */
  { f=p;
    if(p->data<X) p=p->right;
    else p=p->left;
  }
```

```
    if(!p)                         /* 无值为 x 的结点,插入 */
    { p=(BiTree *)malloc(sizeof(BiTree));
      p->data=X;p->count=1; p->left=NULL;p->right=NULL;
      if(f->data>X) f->left=p;
      else f->right=p;
    }
    else  p->count++;              /* 查询成功,值域为 X 的结点的 count 增 1 */
  }
```

（5）对二叉排序树按右子树→根结点→左子树的方式进行遍历,输出满足条件的结点值即可。

```
void DecPrint(BiTree * t)          /* BiTree 的定义见例 7.18 */
{ BiTree * S[10];                  /* S 是存放二叉排序树结点指针的栈,容量足够大 */
  int top=0;                       /* top 是栈顶指针,初始值为 0 */
  while(t||top>0)
  { while(t)
    { S[++top]=t;t=t->right;}      /* 沿右分枝向下 */
    if(top>0)
    { t=S[top--];
      if(!t->left&&t->right) printf("%4d",t->data);
      t=t->left;                   /* 去左分枝 */
    }
  }
}
```

（6）因为二叉树的各结点已标明平衡因子 bf,所以从根结点开始计算树的层次。根结点的层次为 1,每下一层,层次加 1,直到层数最大的叶子结点,这就是平衡二叉树的高度。当结点的平衡因子 bf 为 0 时,任选左右一个分枝向下查找,若 bf 不为 0,则沿左(当 bf=1 时)或右(当 bf=-1 时)向下查找。

```
typedef int KeyType;
typedef struct node
{ KeyType data;                    /* 结点的数据域 */
  int bf;                          /* 结点的平衡因子 */
  struct node * left, * right;     /* 结点的左右子树指针   */
} * BiTree;
int Height(Bitree t)
{ int h=0;
  Bitree p=t;
  while(p)
  { h++;                           /* 树的高度增 1 */
    if(p->bf<0) p=p->right;        /* bf=-1,沿右分枝向下 */
    else p=p->left;                /* bf≥0,沿左分枝向下 */
  }
```

```
        return h;                               /* 平衡二叉树的高度 */
}
```

（7）

```
void CreatHT(slink * HT[],int A[],int n,int m)
/* 散列函数为 H(k)=k%p,slink 的定义见例 7.28 */
{ int i,j;
  slink * p;
  for(i=0;i<m;i++) HT[i]=NULL;                  /* 初始化头指针数组 */
  for(i=0;i<n;i++)
  { j=A[i]%m;                                   /* 计算散列地址 */
    p=(slink * )malloc(sizeof(slink));          /* 申请结点空间 */
    p->data=A[i];p->next=HT[j];HT[j]=p;         /* 将插入结点链入同义词表 */
  }
}
```

（8）

```
typedef int KeyType;                            /* 关键字类型 */
#define NULL 0                                  /* NULL 表示元素值为空 */
void CreatHT(KeyType A[],KeyType B[],int n,int m,int p)
/* n 是数组 A 中的元素个数,m 是散列表 B 的表长,散列函数为 H(k)=k%p */
{ int i,k,j;
  for(i=0;i<n;i++)
  { k=A[i]%p;                                   /* 计算散列地址 */
    if(B[k]==NULL) B[k]=A[i];                   /* 不冲突,存入 */
    else
    { j=(k+1)%m;
      while(B[j]!=NULL) j=(j+1)%m;              /* 线性探测值为空的单元 */
      B[j]=A[i];                                /* 存入 */
    }
  }
}
```

7.9　思考题参考答案

（1）**答**：监视哨的作用是避免在查找过程中每次都要检测整个表是否查找完毕,用来提高查找效率。

（2）**答**：在二叉排序树上查找关键字 K,走了一条从根结点到关键字值为 K 的结点的路径,时间复杂度是 $O(\log_2 n)$,而在中序遍历输出的序列中查找关键字 K,时间复杂度是 $O(n)$。按序输入建立的二叉排序树蜕变为单枝树,其平均查找长度是 $(n+1)/2$,时间复杂度也是 $O(n)$。

（3）**答**：评价散列函数优劣的因素有能否将关键字均匀地影射到散列空间上,有无好的解决冲突的方法,计算散列函数是否简单高效。由于散列函数是压缩映像,所以冲突难以避免。

（4）**答**：散列法的平均查找长度主要取决于散列函数、处理冲突的方法和装填因子（表中实有元素个数与表长之比）。装填因子反映了散列表的装满程度,一般取值为 0.65～0.9。

（5）**答**：时间复杂度是判断查找方法的一个重要指标,但不是唯一指标。使用何种查找方法要综合考虑。散列查找的时间复杂度为 $O(1)$,查找速度最快,但需要构建哈希函数,计算散列地址,查找时要有解决冲突的方法;二分查找的时间复杂度 $O(\log_2 n)$,需要元素有序且顺序存储,排序操作的时间开销大;顺序查找的时间复杂度为 $O(n)$,但对查找表无要求,数据有序或无序均可,在数据量较小时使用方便。

第8章 内部排序

8.1 内容概述

本章主要介绍插入排序、交换排序、选择排序、归并排序和链式基数排序五类基本的内部排序算法,包括算法的基本思想、算法实现和性能分析,并对各种算法的性能进行比较。本章的知识结构如图 8.1 所示。

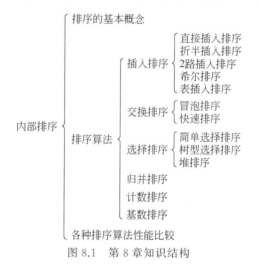

图 8.1 第 8 章知识结构

考核要求:掌握各种内部排序算法的基本思想及其特点;掌握各种内部排序算法的实现;掌握各种内部排序算法的时间复杂度、空间复杂度和稳定性;能根据各种内部排序算法的优缺点及其不同的应用场合选择合适的算法。

重点难点:本章的重点是每种内部排序算法的思想及其算法实现;本章的难点是各种内部排序算法的实现及其应用。

核心考点:各种内部排序算法的排序过程、算法实现及其性能特点、比较和选择。

8.2 典型题解析

8.2.1 排序算法思想

排序算法思想的考查方式主要有两种：一种是对于给定的序列，写出利用某种内部排序算法进行排序时第一趟、前几趟或整个过程的序列状态；另一种是对于给定的序列，根据第一趟或前几趟的序列状态判断所使用的排序方法。

【例 8.1】 一组记录的关键字为(12,38,35,25,74,50,63,90)，按 2 路归并排序方法对该序列进行一趟归并后的结果为(　　)。

    A. 12,38,25,35,50,74,63,90　　　　　　B. 12,38,35,25,74,50,63,90

    C. 12,25,35,38,50,74,63,90　　　　　　D. 12,35,38,25,63,50,74,90

解析：2 路归并排序的基本思想是将两个位置相邻的有序子序列归并为一个有序序列，不断扩大有序序列的长度，直到整个序列有序。初始时认为每一个记录都是自身有序的。给定序列的初始状态为

$$[12]\ [38]\ [35]\ [25]\ [74]\ [50]\ [63]\ [90]$$

进行一趟归并后的结果为

$$[12\quad 38]\ [25\quad 35]\ [50\quad 74]\ [63\quad 90]$$

答案：A

【例 8.2】 对关键字序列(72,87,61,23,94,16,05,58)进行堆排序，使之按关键字递减的次序排列。请写出排序过程中得到的初始堆和前三趟的序列状态。

解析：堆排序时将记录序列存储在一个一维数组中，并将该序列看成是一棵完全二叉树中的结点序列 $\{r_1, r_2, \cdots, r_n\}$，若满足要求

$$r_i \leqslant \begin{cases} r_{2i} \\ r_{2i+1} \end{cases} \quad \text{或} \quad r_i \geqslant \begin{cases} r_{2i} \\ r_{2i+1} \end{cases}$$

则称该结构为小顶堆或大顶堆。堆排序基本思想是：先建立一个大（小）顶堆，即先选择一个关键字最大（小）的记录，然后与序列中的最后一个记录交换，再对序列中的前 $n-1$ 条记录进行"筛选"，重新将它调整为一个大（小）顶堆，再将堆顶记录与第 $n-1$ 个记录交换。如此反复进行，直至所有元素都安排完为止。建初始堆时，从最后一个非叶子结点开始依次对每个结点进行"筛选"，直到根结点。重新建堆时，只对根结点进行"筛选"。升序排序时用大顶堆，降序排序时用小顶堆。根据题意，对于给定的关键字序列(72,87,61,23,94,16,05,58)，建初始小顶堆

$$(05,23,16,58,94,72,61,87)$$

交换第一个记录和最后一个记录的值，然后对前 7 个记录进行"筛选"，得到第一趟的序列状态为

$$(16,23,61,58,94,72,87,05)$$

交换第一个记录和倒数第二个记录的值，然后对前 6 个记录进行"筛选"，得到第二趟的序列状态为

$$(23,58,61,87,94,72,16,05)$$

交换第一个记录和倒数第三个记录的值,然后对前 5 个记录进行"筛选",得到第三趟的序列状态为

$$(58,72,61,87,94,23,16,05)$$

【例 8.3】　若对序列(22,86,19,49,12,30,65,35,18)进行一趟排序后得到的结果为(18,12,19,22,49,30,65,35,86),则使用的排序方法是(　　)。

　　　　A. 选择排序　　　　B. 冒泡排序　　　　C. 快速排序　　　　D. 插入排序

　　解析:由一趟排序后得到的结果可知,该序列是将初始序列中所有小于 22 的数放在它的前面,所有大于 22 的数放在它的后面,是以序列中的第一条记录(22)作为枢轴记录的一趟快速排序的结果。

　　答案:C

　　【例 8.4】　对关键字序列(56,23,78,92,88,67,19,34)进行增量为 3 的一趟希尔排序的结果为(　　)。

　　　　A. (19,23,56,34,78,67,88,92)　　　　　B. (23,56,78,66,88,92,19,34)

　　　　C. (19,23,34,56,67,78,88,92)　　　　　D. (19,23,67,56,34,78,92,88)

　　解析:希尔排序的基本思想是将整个记录序列按下标的一定增量划分成若干个子序列,对每个子序列分别进行直接插入排序,然后将增量缩小,划分子序列,分别进行直接插入排序。如此重复进行,最后对整个序列进行一次直接插入排序。根据希尔排序的基本思想,将关键字序列(56,23,78,92,88,67,19,34)分成如图 8.2 所示的 3 个子序列。对每个子序列分别进行直接插入排序,得到的序列如图 8.3 所示。

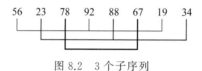
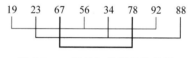

　　图 8.2　3 个子序列　　　　　　　　图 8.3　一趟希尔排序后的结果

　　答案:D

　　【例 8.5】　对关键字序列(50,34,92,19,11,68,56,41,79)进行直接插入排序,当将第 7 个关键字 56 插入当前的有序子表时,为寻找插入位置需要进行(　　)次关键字之间的比较。

　　　　A. 3　　　　　　　B. 4　　　　　　　C. 5　　　　　　　D. 6

　　解析:根据直接插入排序的思想,将第 7 个关键字 56 插入前的序列状态为

$$11,19,34,50,68,92,56,41,79$$

若将第 7 个关键字 56 插入当前有序子表(11,19,34,50,68,92),则需要依次与关键字 92、68、50 进行比较,最后把 56 插到 50 和 68 之间。

　　答案:A

8.2.2　排序算法性能

　　排序算法性能主要考查排序算法的时间复杂度、空间复杂度和稳定性。其中,时间复杂度包括最好情况、最坏情况和平均情况。

【例8.6】 用快速排序方法对含有 n 个关键字的序列进行排序,最坏情况下的时间复杂度为（　　）。

  A. $O(n)$ B. $(\log_2 n)$ C. $O(n\log_2 n)$ D. $O(n^2)$

解析：用快速排序方法对含有 n 个关键字的序列进行排序,最坏情况是初始序列已基本有序,每次划分只能减少一个记录,此时快速排序退化为冒泡排序,时间复杂度为 $O(n^2)$。

答案：D

【例8.7】 在最好和最坏情况下的时间复杂度均为 $O(n\log_2 n)$ 且稳定的排序方法是（　　）。

  A. 快速排序   B. 堆排序   C. 归并排序   D. 基数排序

解析：在给定的 4 种排序方法中,快速排序和堆排序是不稳定的,基数排序的时间复杂度是 $O(d(n+r))$。归并排序在最好和最坏情况下的时间复杂度均为 $O(n\log_2 n)$ 且是稳定的排序方法。

答案：C

【例8.8】 在待排序的关键字序列基本有序的前提下,效率最高的排序方法是（　　）。

  A. 直接插入排序   B. 快速排序   C. 简单选择排序   D. 归并排序

解析：用直接插入排序法,若初始关键字序列基本有序,则算法的时间复杂度为 $O(n)$。用快速排序法,若初始关键字序列基本有序,则算法的时间复杂度为 $O(n^2)$。用简单选择排序法,无论初始关键字序列如何,比较的次数都是 $n(n-1)/2$,时间复杂度为 $O(n^2)$。用归并排序法,无论初始关键字序列如何,递归的深度都恰好与 n 个结点的完全二叉树的深度相同,时间复杂度为 $O(n\log_2 n)$。

答案：A

【例8.9】 下列排序方法中,最好与最坏时间复杂度不相同的排序方法是（　　）。

  A. 冒泡排序   B. 简单选择排序   C. 堆排序   D. 归并排序

解析：简单选择排序的时间复杂度为 $O(n^2)$,堆排序的时间复杂度为 $O(n\log_2 n)$,归并排序的时间复杂度为 $O(n\log_2 n)$,冒泡排序的时间复杂度与关键字序列的初始状态有关,若初始序列为正序,则时间复杂度为 $O(n)$;若初始序列为反序,则时间复杂度为 $O(n^2)$。

答案：A

【例8.10】 用直接插入排序法对下列 4 个序列进行升序排序,元素比较次数最少的是（　　）。

  A. 94,32,40,90,80,46,21,69   B. 32,40,21,46,69,94,90,80

  C. 21,32,46,40,80,69,90,94   C. 90,69,80,46,21,32,94,40

解析：用直接插入排序法时,元素比较的次数取决于序列的初始状态(最大有序序列的元素个数),最大有序序列的元素越多,比较的次数越少。选项 A 中有序的元素个数为 4,选项 B 中有序的元素个数为 5,选项 C 中有序的元素个数为 7,选项 D 中有序的元素个数为 3。

答案：C

【例 8.11】 举例说明简单选择排序方法是不稳定的。

解析：例如，用简单选择排序方法将序列(49,49,27)升序排序。

初始状态：(49,49,27)。

排序结果：(27,49,49)。

【例 8.12】 在下列排序方法中，平均时间复杂度为 $O(n\log_2 n)$ 且空间性能最好的是（　　）。

  A. 快速排序 B. 堆排序 C. 归并排序 D. 基数排序

解析：4 个选项中，快速排序、堆排序和归并排序的平均时间复杂度都为 $O(n\log_2 n)$，基数排序的时间复杂度为 $O(d(n+r))$。快速排序的空间复杂度为 $O(\log_2 n)$，堆排序的空间复杂度为 $O(1)$，归并排序的空间复杂度为 $O(n)$。

答案：B

8.2.3 排序算法分析和实现

【例 8.13】 阅读下列算法，并回答下列问题。

(1) 该算法采用何种策略进行排序？

(2) 算法中 L->r[L->length+1] 的作用是什么？

```
#define MAXSIZE 20          /*记录表的最大长度*/
typedef int KeyType;        /*关键字的数据类型*/
typedef struct
{ KeyType r[MAXSIZE+1];     /*存放记录数组,r[0]闲置*/
  int length;               /*记录个数*/
}SortList;
void Sort(SortList * L)
{ int k,i;
  for(k=L->length-1;k>=1;k--)
    if(L->r[k]>L->r[k+1])
    { L->r[L->length+1]=L->r[k];
      for(i=k+1;L->r[i]<L->r[L->length+1];i++)
        L->r[i-1]=L->r[i];
      L->r[i-1]=L->r[L->length+1];
    }
}
```

解析：

(1) 该算法依次将 L->r[L->length-1],L->r[L->length-2],…,L->r[1] 插入它后面已升序排序的序列中。由此可知，该算法采用的是直接插入排序法。

(2) L->r[L->length+1] 起到监视哨的作用。在查找插入位置的过程中不用判断是否越界，从而提高查找效率。

【例 8.14】 下面是冒泡排序算法，请回答以下问题。

```
void BubbleSort(SortList * L)        /* SortList 的定义见例 8.13 */
```

```
{ int i=1,j,flag=1;
  KeyType temp;
  do
  { flag=0;
    for(j=  ①  ;j>=i+1; j--)
    if(L->r[j]<L->r[j-1])
    { temp=L->r[j-1];L->r[j-1]=L->r[j];L->r[j]=temp;
      flag=  ②  ;
    }
    ③  ;
  }
  while(  ④  );
}
```

（1）请在横线上填写适当的语句，完成该算法程序。

（2）设计标志 flag 的作用是什么？

（3）该算法中元素的最多比较次数和最多移动次数分别是多少？

（4）该算法稳定吗？

解析：

（1）该题采用的是反向冒泡排序算法。每趟排序都是从最后一个元素开始比较，第 i 趟的比较次数为 L－>length－i 次，所以①处应填 i+1。在每一趟排序时，用变量 flag 标志是否有元素交换，若有交换，则将 flag 的值置为非 0，所以②处应填 1（或其他非 0 数字）。一趟排序结束后准备进行下一趟排序，所以③处应填 i＋＋（或＋＋i，或 i＝i+1）。是否进行下一趟排序，要判断上一趟排序是否有元素交换及排序趟次是否已经完成。若上一趟排序没有元素交换或排序趟数已达到 L－>length－1 趟，则排序结束，否则进行下一趟排序，所以④处应填 flag&&i<= L－>length－1（flag 可写为 flag!＝0,i<= L－>length－1 可写为 i<L－>length）。

（2）flag 起标志作用。若未发生交换，则表明序列已有序，无须进行后面趟次的排序。

（3）若序列的初始状态为反序，则比较次数最多。假设元素数为 n，则比较次数为 $n(n-1)/2$，每次比较需要移动 3 次，最多移动次数为 $3n(n-1)/2$。

（4）冒泡排序算法是稳定的。

【例 8.15】 已知关键字序列 $(r_1, r_2, r_3, \cdots, r_{n-1})$ 是大顶堆。

（1）试写出一个算法将 $(r_1, r_2, r_3, \cdots, r_{n-1}, r_n)$ 调整为大顶堆。

（2）利用（1）的算法编写一个建大顶堆的算法。

解析：

（1）从第 n 个记录开始依次与其双亲比较，若大于双亲则交换，继而与其双亲的双亲比较，以此类推直到根为止。

假设 r[1..n－1]是大顶堆，把 r[1..n]调成大顶堆的算法如下。

```
void Adjust(SortList * L,int n)        /* SortList 的定义见例 8.13 */
```

```
{ int i,j=n;
  L->r[0]=L->r[j];                    /*暂存 r[n]*/
  for(i=n/2;i>=1;i=i/2)
    if(L->r[0]>L->r[i])               /*大于双亲*/
    { L->r[j]=L->r[i];j=i; }          /*将双亲调整到孩子结点的位置上*/
    else break;
  L->r[j]=L->r[0];                    /*r[n]定位完成*/
}
```

(2) r[1]是大顶堆,将 r[2],r[3],…,r[n]依次加入后调成大顶堆。

```
void HeapBuilder(SortList * L)
{ int i;
  for(i=2;i<=L->length;i++)
    Adjust(L,i);
}
```

【例 8.16】 已知数组 sell 中存有 n 个产品销售记录,每个产品销售记录由产品代码 dm(字符型 4 位)、产品名称 mc(字符型 10 位)、单价 dj(整型)、数量 sl(整型)、金额 je(长整型)五部分组成。其中,金额＝单价×数量。请编写函数 SortDat(),其功能是按产品代码从大到小进行排列;若产品代码相同,则按金额从大到小进行排列,最终排列结果仍存入数组 sell。

解析:使用简单选择排序法进行排序。在确定数组第 i(0≤i≤n−2)个位置上的记录时,用该位置上记录的有关关键字与其后面位置 j(i+1≤j≤n−1)上记录的相应关键字依次进行比较。若第 i 个位置上记录的产品代码小于第 j 个位置上记录的产品代码,或者第 i 个位置上记录的产品代码等于第 j 个位置上记录的产品代码且第 i 个位置上记录的金额小于第 j 个位置上记录的金额,则交换这两个记录的位置。

```
typedef struct
{ char dm[5];   /*产品代码*/
  char mc[11]; /*产品名称*/
  int dj;       /*单价*/
  int sl;       /*数量*/
  long je;      /*金额*/
}PRO;
void SortDat(PRO sell[],int n)
{ int i,j;
  PRO xy;
  for(i=0;i<n-1;i++)
    for(j=i+1;j<n;j++)
      if(strcmp(sell[i].dm,sell[j].dm)<0||strcmp(sell[i].dm,sell[j].dm)==0
        &&sell[i].je<sell[j].je)
      { xy=sell[i];sell[i]=sell[j];sell[j]=xy; }
}
```

8.3 自测试题

1. 单项选择题

（1）对下列关键字序列用快速排序法进行排序时，速度最快的是（　　）。

    A.（21,25,5,17,9,23,30）　　　　　B.（25,23,30,17,21,5,9）

    C.（21,9,17,30,25,23,5）　　　　　D.（5,9,17,21,23,25,30）

（2）下列关键字序列中，属于堆的是（　　）。

    A.（15,30,22,93,52,71）　　　　　B.（15,71,30,22,93,52）

    C.（15,52,22,93,30,71）　　　　　D.（93,30,52,22,15,71）

（3）如果在排序过程中，每次均将一个待排序的记录按关键字大小加入前面已经有序的子表的适当位置，则该排序方法称为（　　）。

    A. 插入排序　　　B. 归并排序　　　C. 冒泡排序　　　D. 堆排序

（4）对于下列四种排序方法，在排序中关键字的比较次数与记录初始状态无关的是（　　）。

    A. 直接插入排序　　B. 起泡排序　　　C. 快速排序　　　D. 归并排序

（5）希尔排序的增量序列必须是（　　）。

    A. 递增的　　　　B. 随机的　　　　C. 递减的　　　　D. 非递减的

（6）当待排序序列中的记录数较多时，速度最快的排序方法是（　　）。

    A. 冒泡排序法　　B. 快速排序法　　C. 堆排序法　　　D. 归并排序法

（7）下列排序算法中，第一趟排序后，任一元素都不能确定其最终位置的算法是（　　）。

    A. 简单选择排序　　B. 快速排序　　　C. 冒泡排序　　　D. 直接插入排序

（8）下列排序算法中，不稳定的排序是（　　）。

    A. 直接插入排序　　B. 冒泡排序　　　C. 堆排序　　　　D. 归并排序

（9）下列排序算法中，其时间复杂度和记录的初始排列无关的是（　　）。

    A. 折半插入排序　　B. 直接插入排序　　C. 快速排序　　　D. 冒泡排序

（10）若要尽可能快地完成对实型数组的排序，且要求排序是稳定的，则应选择（　　）。

    A. 快速排序　　　B. 堆排序　　　　C. 归并排序　　　D. 基数排序

2. 填空题

（1）在进行直接插入排序时，数据的比较次数与数据的初始排列___①___关；在进行直接选择排序时，数据的比较次数与数据的初始排列___②___关。

（2）第 i 趟在 n−i+1(i=1,2,…,n−1) 个记录中选取关键字值最小的记录作为有序序列的第 i 个记录，这样的排序方法称为___③___。

（3）在堆排序和快速排序中，若原始记录已基本有序，则适合选用___④___。

（4）用___⑤___排序方法对关键字序列（20,25,12,47,15,83,30,76）进行排序时，前三趟排序的结果为

第 1 趟：20,12,25,15,47,30,76,83。

第 2 趟：12,20,15,25,30,47,76,83。

第 3 趟：12,15,20,25,30,47,76,83。

(5) 在对一组关键字为(54,38,96,23,15,72,60,45,83)的记录采用简单选择排序法进行排序时,整个排序过程需要进行　⑥　趟才能够完成。

(6) 冒泡排序是一种稳定的排序方法,该排序方法的时间复杂度为　⑦　。

(7) 在插入排序和选择排序中,若原始记录已基本有序,则适合选用　⑧　。

(8) 对 n 个元素的序列进行冒泡排序时,最多需要进行　⑨　趟排序。

(9) 在插入排序、冒泡排序、快速排序和归并排序中,占用辅助空间最多的是　⑩　。

(10) 在插入排序、快速排序、堆排序和归并排序中,排序方法不稳定的有　⑪　。

3. 计算操作题

(1) 已知序列(70,83,100,65,10,32,7,9),请给出采用直接插入排序法对该序列做升序排序时的每一趟的结果。

(2) 设要将序列(Q,H,C,Y,P,A,M,S,R)按字母升序排序,请画出采用堆排序方法时建立的初始堆及第一次输出堆顶元素后筛选调整的堆。

(3) 举例分析堆排序方法是否稳定。

(4) 当将两个长度均为 n 的有序表 $A=(a_1,a_2,\cdots,a_n)$ 与 $B=(b_1,b_2,\cdots,b_n)(a_i \neq b_j, 1 \leq i,j \leq n)$ 归并为一个有序表 $C=(c_1,c_2,\cdots,c_{2n})$ 时,所需进行的元素比较次数最少为 n,最多为 2n−1。

① 假设有序表 C=(2,4,5,6,7,9),试举出两组 A 与 B 的例子,使它们在归并过程中进行的元素比较次数分别达到最少和最多。

② 写出一般情况下,使归并所需进行的元素比较次数分别达到最少和最多时,A 与 B 中的元素应满足的条件。

(5) 对 n 个元素组成的线性表进行快速排序时,所需进行的比较次数与这 n 个元素的初始状态有关。问:

① 当 n=7 时,在最好情况下需进行多少次比较?请说明理由。

② 当 n=7 时,给出一个最好情况下的初始序列的实例。

③ 当 n=7 时,在最坏情况下需进行多少次比较?请说明理由。

④ 当 n=7 时,给出一个最坏情况下的初始序列的实例。

4. 算法设计题

(1) 编写奇偶交换排序算法,其思路如下:第一趟对所有奇数的 i,将 a[i] 和 a[i+1] 进行比较,第二趟对所有偶数的 i,将 a[i] 和 a[i+1] 进行比较,每次比较时若 a[i]>a[i+1],则将二者交换。重复上述两趟过程,直至整个数组有序。

(2) 借助于快速排序的算法思想,在一组无序的记录中查找关键字值等于 key 的记录。若查找成功,则输出该记录在数组 r 中的位置及值,否则显示"not find"信息。请编写算法实现。

(3) 已知数组 aa 中存有 n(n>10) 个四位正整数,请编写函数 JsSort(),其功能是按每个数的后三位的大小进行升序排列,如果后三位的数值相等,则按原先的数值进行降序排列,然后将满足此条件的前 10 个数依次存入数组 bb。

8.4　实验题

（1）编写算法,用反向选择排序法将数组 a 中的 n 个整型数升序排序。

（2）编写算法,用归并排序法将数组 a 中的 n 个整型数降序排序。

（3）编写算法,用堆排序法将数组 a 中的 n 个整型数降序排序。

（4）已知一维数组 a 中存放 n 个数据,数据类型为

```
struct stu { int sx; int yw; };
```

编写算法,按成员 sx 升序排序,若 sx 的值相同,则按成员 yw 降序排序。

（5）编写排序算法,其思想是:第一趟比较将最小的元素放在 r[1] 中,将最大的元素放在 r[n] 中,第二趟比较将次最小的元素放在 r[2] 中,将次最大的元素放在 r[n-1] 中,依次进行下去,直到待排序列为递增序列。

（6）辅助地址表排序是不改变结点物理位置的排序。辅助地址表实际上是一组指针,用来指出结点排序后的逻辑顺序地址。设用 K[1],K[2],…,K[N] 表示 N 个结点的值,用 T[1],T[2],…,T[N] 表示辅助地址表。初始时 T[i]=i,在排序时,凡需要对结点进行交换就用它的地址进行。例如当 N=3 时,对于 K(31,11,19),则有 T(2,3,1)。试编写辅助地址表排序算法(按非递减序)。

（7）已知 L 为单链表头结点指针,编写算法,判断单链表中的数据是否为升序。

8.5　思考题

（1）在具有 n 个元素的集合中找出第 k(1≤k≤n) 个最小元素,在你所学过的排序方法中哪种方法最适合? 给出实现的思路。

（2）设有 n 个无序元素,若只想得到前 k 个最大元素并按非递减次序排序,其中 n≫k,最好采用什么排序方法? 为什么?

（3）在起泡排序过程中,有的关键字在某趟排序中可能朝着最终排序序列相反的方向移动,在快速排序过程中有没有这种现象?

（4）在堆排序、快速排序和归并排序中:

① 若只考虑存储空间,则应首先选择哪种排序方法? 其次选择哪种排序方法? 最后选择哪种排序方法?

② 若只考虑排序结果的稳定性,则应选择哪种排序方法?

③ 若只考虑平均情况下排序最快,则应选择哪种排序方法?

④ 若只考虑最坏情况下排序最快且节省内存,则应选择哪种排序方法?

（5）如何选择好的排序方法?

8.6　主教材习题解答

1. 单项选择题

（1）下列排序算法中,第一趟排序结束后,其最大或最小元素一定在其最终位置上的算法是（　　）。

　　　①归并排序　　　② 直接插入排序　　③ 快速排序　　　④ 起泡排序

解答:第一趟归并排序结束后,只是使每对相邻的元素有序,不一定将最大或最小元素存放到最终位置。第一趟直接插入排序结束后,只是将前两个元素排序,不一定将最大或最小元素存放到最终位置。第一趟快速排序结束后,只是使枢轴记录前面的元素都比它小(或大),枢轴记录后面的元素都比它大(或小),不一定将最大或最小元素存放到最终位置。第一趟起泡排序结束后,若正向升序(或降序)排序,则将最大(或最小)元素存放到最后一个位置;若反向升序(或降序)排序,则将最小(或最大)元素存放到第一个位置。

答案:④

（2）下列排序算法中,在最好情况下,时间复杂度为 $O(n)$ 的是（　　）。

　　　① 简单选择排序　　② 归并排序　　　③ 快速排序　　　④ 起泡排序

解答:简单选择排序算法与记录序列的初始状态无关,时间复杂度为 $O(n^2)$。归并排序算法与记录序列的初始状态无关,时间复杂度为 $O(n\log_2 n)$。快速排序算法与记录序列的初始状态有关,最坏情况是初始序列基本有序,时间复杂度为 $O(n^2)$,最好情况是初始序列非常均匀,时间复杂度为 $O(n\log_2 n)$。起泡排序算法与记录序列的初始状态有关,最好情况是初始序列已经有序,时间复杂度为 $O(n)$。最坏情况是初始序列是反序的,时间复杂度为 $O(n^2)$。

答案:④

（3）对于关键字序列(72,73,71,23,94,16,5,68,76,103),若用筛选法建堆,则必须从关键字值为（　　）的结点开始。

　　　① 103　　　　　② 72　　　　　③ 94　　　　　④ 23

解答:设待排序序列有 n 条记录,记录编号为 1～n。用筛选法建堆时,必须从第一个非叶子结点(编号为 n/2 的结点)开始向根结点(编号为 1 的结点)的方向根据关键字值调整建堆。本题中有 10 条记录,编号为 5 的记录关键字值是 94。

答案:③

（4）比较次数与待排序记录序列的初始状态无关的是（　　）。

　　　① 直接插入排序　② 折半插入排序　③ 快速排序　　　④ 起泡排序

解答:快速排序算法与记录序列的初始状态有关,最坏情况是初始序列基本有序,时间复杂度为 $O(n^2)$,最好情况是初始序列非常均匀,时间复杂度为 $O(n\log_2 n)$。起泡排序算法与记录序列的初始状态有关,最好情况是初始序列已经有序,时间复杂度为 $O(n)$,最坏情况是初始序列是反序的,时间复杂度为 $O(n^2)$。直接插入排序算法与记录序列的初始状态有关,最好情况是初始序列已经有序,时间复杂度为 $O(n)$,最坏情况是初始序列是反序的,时间复杂度为 $O(n^2)$。折半插入排序算法与记录序列的初始状态无关,时间复杂度为 O(n²)。

答案：②

(5) 在对 n 个记录做归并排序时,需要归并的趟数为(　　)。

① n　　　　　② $\sqrt{n}$　　　　　③ $\lceil \log_2 n \rceil$　　　　　④ $\lfloor \log_2 n \rfloor$

解答：在对 n 个记录做归并排序时,归并的趟数与 n 个结点的完全二叉树的深度相同。设完全二叉树的深度为 h,则

$$2^{h-1} < n \leqslant 2^h \tag{1}$$

对式(1)中各项取以 2 为底的对数,得

$$h - 1 < \log_2 n \leqslant h \tag{2}$$

由式(2)得

$$h = \lceil \log_2 n \rceil$$

答案：③

(6) 一组记录的关键字值为(46,79,56,38,40,84),以第一个记录为枢轴记录,利用快速排序算法得到的第一次划分结果为(　　)。

① (38,40,46,56,79,84)　　　　　② (40,38,46,79,56,84)

③ (40,38,46,56,79,84)　　　　　④ (40,38,46,84,56,79)

解答：以第一个记录为枢轴记录,第一趟排序后的结果为(40,38,46,56,79,84)。

答案：③

(7) 下列排序算法中,平均时间复杂度为 O(n$\log_2$n)的是(　　)。

①直接插入排序　　② 起泡排序　　③ 归并排序　　④ 简单选择排序

解答：直接插入排序、起泡排序和简单选择排序算法的平均时间复杂度都为 O(n²),归并排序算法的平均时间复杂度为 O(n$\log_2$n)。

答案：③

(8) 下列排序算法中,不稳定的是(　　)。

①直接插入排序　　② 起泡排序　　③ 归并排序　　④ 简单选择排序

解答：直接插入排序、起泡排序和归并排序算法都是稳定的,简单选择排序是不稳定的。例如,对于记录序列(2,2,1),用简单选择排序法进行升序排序的结果为(1,2,2)。

答案：④

(9) 下列排序算法中,平均时间复杂度和最坏时间复杂度不同的是(　　)。

①堆排序　　　　② 快速排序　　③ 简单选择排序　　④ 起泡排序

解答：堆排序算法与排序序列的初始状态无关,平均时间复杂度为 O(n$\log_2$n)。快速排序算法与记录序列的初始状态有关,最坏情况是初始序列基本有序,时间复杂度为 O(n²),平均时间复杂度为 O(n$\log_2$n)。简单选择排序算法与排序序列的初始状态无关,平均时间复杂度为 O(n²)。起泡排序算法与记录序列的初始状态有关,最坏情况是初始序列是反序的,时间复杂度为 O(n²),平均时间复杂度为 O(n²)。

答案：②

(10) 快速排序的平均时间复杂度为(　　)。

① O(n)　　　　② O($\log_2$n)　　　　③ O(n$\log_2$n)　　　　④ O(n²)

解答：在每一趟快速排序中，关键字的比较次数和移动次数均不会超过 n，时间复杂度主要取决于递归的深度，而深度与记录序列的初始状态有关。最坏情况是初始序列已基本有序，递归的深度接近于 n，算法的时间复杂度为 $T(n)=O(n^2)$，最好情况是初始序列非常均匀，递归的深度接近于 n 个结点的完全二叉树的深度，算法的时间复杂度为 $T(n)=O(nlog_2n)$。平均情况下，递归的深度为 $O(log_2^n)$，时间复杂度为 $O(nlog_2^n)$。

答案：③

2. 正误判断题

（1）对 n 个记录进行直接插入排序，其平均时间复杂度为 $O(nlog_2n)$。　　（　　）

解答：n 个记录要进行 n－1 趟插入排序，每一趟都要进行关键字的比较和记录的移动，但比较次数是不固定的。最好情况是记录已经排列有序，每一趟只需要比较一次即可找到插入记录的位置，不需要移动记录，即 $T(n)=O(n)$；最坏情况是记录是逆序存放的，每一趟都要与前面的所有关键字进行比较并移动记录，即 $T(n)=O(n^2)$。所以平均时间复杂度为 $T(n)=O(n^2)$。

答案：×

（2）堆中所有非终端结点的关键字值均小于或等于（大于或等于）左右子树结点中的关键字值。　　　　　　　　　　　　　　　　　　　　　　　　　　（　　）

解答：堆或者是空二叉树，或者是一棵满足如下特性的完全二叉树：当左子树或右子树不为空时，根结点的值小于或等于（大于或等于）左右子树根结点的值，根结点的左右子树均是堆。

答案：√

（3）快速排序算法是所有排序算法中时间性能最好的一种算法。　　（　　）

解答：快速排序算法的时间复杂度与记录序列的初始状态有关，最坏情况是初始序列已基本有序，时间复杂度为 $T(n)=O(n^2)$，最好情况是初始序列非常均匀，时间复杂度为 $T(n)=O(nlog_2n)$。快速排序算法、堆排序算法和归并排序算法的平均时间复杂度都为 $O(nlog_2n)$，所以不能说快速排序算法是所有排序算法中时间性能最好的一种算法。

答案：×

（4）对 n 个记录用选择法进行排序，最好情况下的时间复杂度为 $O(n)$。　（　　）

解答：选择排序算法与记录序列的初始状态无关，简单选择排序算法的时间复杂度为 $O(n^2)$，树形选择排序算法和堆排序算法的时间复杂度都为 $O(nlog_2n)$。

答案：×

（5）在用某个排序法进行排序时，若出现关键字值朝着与最终排序序列位置相反的方向移动，则称该算法是不稳定的。　　　　　　　　　　　　　　　　　（　　）

解答：对于有 n 个记录的序列 $\{R_1,R_2,\cdots,R_n\}$，R_i 和 R_j 的关键字相同，且排序前数据元素 R_i 在 R_j 的前面，若排序后 R_i 也在 R_j 的前面，则称所用的排序算法是稳定的；若排序后数据元素 R_i 可能在 R_j 的后面，则称所用的排序算法是不稳定的。判断排序算法是否稳定，要看排序的最终结果，而不能看中间结果。例如，用起泡排序算法对序列（4，3，3，1）进行升序排序时，第一趟的排序结果为（3，3，1，4），3 被移动到首位，朝着最终排序序列位置的相反方向移动,但最终排序结果为(1,3,3,4),起泡排序算法是稳定的。

答案：×

3. 计算操作题

有一组关键字序列(38,19,65,13,97,49,41,95,1,73),写出用下列排序法进行升序排序的每趟排序的结果。

（1）起泡排序。

（2）直接插入排序。

（3）简单选择排序。

（4）归并排序。

（5）堆排序。

解答：

（1）起泡排序。

起泡排序的基本思想是:将记录序列中的第 1 个元素与第 2 个元素进行比较,若反序,则交换两个记录的位置,再将记录序列中的第 2 个元素与第 3 个元素进行比较,若反序,则交换两个记录的位置,以此类推,直到最后两个元素完成上述操作,第一趟排序结束,使得 n 个元素的最大(或最小)元素存放到第 n 个位置。然后对前 n−1 个元素进行同样的过程,使得前 n−1 个元素的最大(或最小)元素存放到第 n−1 个位置。重复上述过程,直到某趟排序过程不出现元素位置交换,排序结束。根据起泡排序的基本思想,每趟排序的结果如下。

初始关键字序列：	38	19	65	13	97	49	41	95	1	73
第 1 趟排序结果：	19	38	13	65	49	41	95	1	73	[**97**]
第 2 趟排序结果：	19	13	38	49	41	65	1	73	[**95**	97]
第 3 趟排序结果：	13	19	38	41	49	1	65	[**73**	95	97]
第 4 趟排序结果：	13	19	38	41	1	49	[**65**	73	95	97]
第 5 趟排序结果：	13	19	38	1	41	[**49**	65	73	95	97]
第 6 趟排序结果：	13	19	1	38	[**41**	49	65	73	95	97]
第 7 趟排序结果：	13	1	19	[**38**	41	49	65	73	95	97]
第 8 趟排序结果：	1	13	[**19**	38	41	49	65	73	95	97]
第 9 趟排序结果：	1	[**13**	19	38	41	49	65	73	95	97]

（2）直接插入排序。

直接插入排序的基本思想是:将记录序列中的第一个记录看作一个有序子序列,从第二个记录起,依次插入这个有序子序列,直到最后一条记录插入这个有序子序列,排序结束。根据直接插入排序的基本思想,每趟排序的结果如下。

初始关键字序列：	[**38**]	19	65	13	97	49	41	95	1	73
第 1 趟排序结果：	[**19**	38]	65	13	97	49	41	95	1	73
第 2 趟排序结果：	[19	38	**65**]	13	97	49	41	95	1	73
第 3 趟排序结果：	[**13**	19	38	65]	97	49	41	95	1	73
第 4 趟排序结果：	[13	19	38	65	**97**]	49	41	95	1	73

| 第 5 趟排序结果： | [13 | 19 | 38 | **49** | 65 | 97] | 41 | 95 | 1 | 73 |

第 5 趟排序结果：　[13　19　38　**49**　65　97]　41　95　1　73
第 6 趟排序结果：　[13　19　38　**41**　49　65　97]　95　1　73
第 7 趟排序结果：　[13　19　38　41　49　65　**95**　97]　1　73
第 8 趟排序结果：　[**1**　13　19　38　41　49　65　95　97]　73
第 9 趟排序结果：　[1　13　19　38　41　49　65　**73**　95　97]

（3）简单选择排序。

简单选择排序的基本思想是：将记录序列中的第 1 个元素与其后面的 n−1 个元素分别进行比较，找出 n 条记录的最小（或最大）元素，并与第 1 个数据元素交换位置，再将记录序列中的第 2 个元素与其后面的 n−2 个元素分别进行比较，找出后 n−1 条记录的最小（或最大）元素，并与第 2 个数据元素交换位置。以此类推，直到次最大（或次最小）元素存放到第 n−1 个位置，排序结束。根据简单选择排序的基本思想，每趟排序的结果如下。

初始关键字序列：　38　19　65　13　97　49　41　95　1　73
第 1 趟排序结果：　[**1**　19　65　13　97　49　41　95　**38**　73
第 2 趟排序结果：　[1　**13**]　65　**19**　97　49　41　95　38　73
第 3 趟排序结果：　[1　13　**19**]　**65**　97　49　41　95　38　73
第 4 趟排序结果：　[1　13　19　**38**]　97　49　41　95　**65**　73
第 5 趟排序结果：　[1　13　19　38　**41**]　49　**97**　95　65　73
第 6 趟排序结果：　[1　13　19　38　41　**49**]　97　95　65　73
第 7 趟排序结果：　[1　13　19　38　41　49　**65**]　95　**97**　73
第 8 趟排序结果：　[1　13　19　38　41　49　65　**73**]　97　**95**
第 9 趟排序结果：　[1　13　19　38　41　49　65　73　**95**]　97

（4）归并排序。

归并排序的基本思想是：将记录序列看作 n 个有序的子序列，每个子序列的长度为 1，然后两两归并，得到 $\lceil n/2 \rceil$ 个长度为 2（若 n 为奇数，最后一个长度为 1）的有序子序列，如此重复下去，直到得到一个长度为 n 的有序子序列。根据归并排序的基本思想，每趟排序的结果如下。

初始关键字序列：　[38]　[19]　[65]　[13]　[97]　[49]　[41]　[95]　[1]　[73]
第 1 趟归并结果：　[19　38]　[13　65]　[49　97]　[41　95]　[1　73]
第 2 趟归并结果：　[13　19　38　65]　[41　49　95　97]　[1　73]
第 3 趟归并结果：　[13　19　38　41　49　65　95　97]　[1　73]
第 4 趟归并结果：　[1　13　19　38　41　49　65　73　95　97]

（5）堆排序。

堆排序的基本思想是：先建立一个大顶（小顶）堆，即先选择一个关键字为最大（或最小）的记录，然后与序列中的最后一个记录交换，再对序列中的前 n−1 条记录进行"筛选"，重新将它调整为一个大顶（或小顶）堆，再将堆顶记录和第 n−1 个记录交换。如此反复进行，直至所有记录有序为止。根据堆排序的基本思想，排序过程如图 8.4 所示。

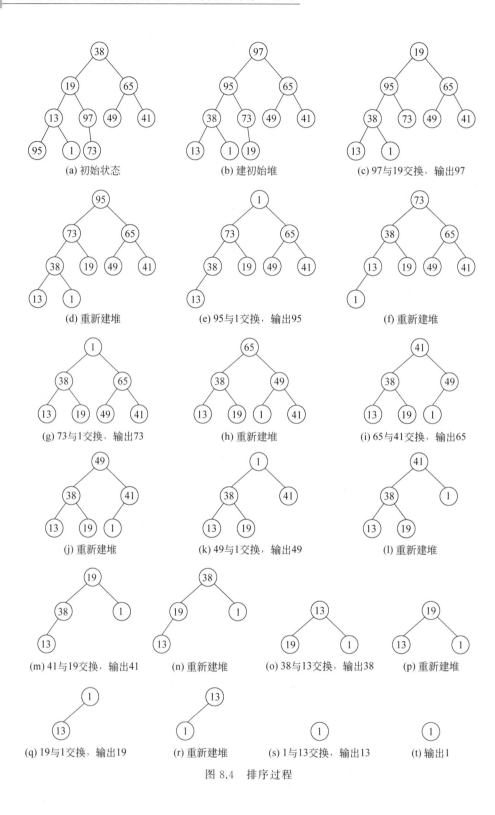

图 8.4　排序过程

4. 算法设计题

（1）编写反向起泡排序算法。

解答：从记录序列的第 n 个记录开始依次比较相邻记录的关键字，若反序，则交换位置，最后将记录序列中关键字最小（升序）的记录存放到第 1 个位置。然后对后 n−1 个记录进行同样的过程，使得后 n−1 个记录中关键字最小的记录存放到第 2 个位置。重复上述过程，直到某趟排序过程不出现记录位置交换，排序结束。

```
void BubbleSort(SortList * L)              /* SortList 的定义见例 8.13 */
{ int i,j;
  int flag=1;                             /* 用于标记是否有记录交换,初始值为真 */
  KeyType t;
  for(i=1;flag&&i<L->length;i++)          /* 排序趟数 */
  { flag=0;                               /* 置未交换标记 */
    for(j=L->length;j>i;j--)              /* 从最后一个元素开始 */
      if(L->r[j]<L->r[j-1])
      { t=L->r[j];L->r[j]=L->r[j-1];L->r[j-1]=t;     /* 交换 */
        flag=1;                           /* 置有交换标记 */
      }
  }
}
```

（2）编写双向起泡排序算法。

解答：双向起泡排序算法就是在相邻的两趟排序中，一趟将待排序记录序列中关键字最小（升序）的记录移到序列的首部，另一趟将待排序记录序列中关键字最大（升序）的记录移到序列的尾部。

```
void DoubleSort(SortList * L)
{ int i,j;
  int flag=1;                             /* 用于标记是否有记录交换,初始值为真 */
  KeyType t;
  i=1;                                    /* 用于标记待排序记录区间 */
  while(flag)
  { flag=0;                               /* 置未交换标记 */
    for(j=L->length-i+1;j>=i+1;j--)       /* 反向起泡排序 */
      if(L->r[j]<L->r[j-1])
      { t=L->r[j];L->r[j]=L->r[j-1];L->r[j-1]=t;     /* 交换 */
        flag=1;                           /* 置有交换标记 */
      }
    for(j=i+1;j<=L->length-i;j++)         /* 正向起泡排序 */
      if(L->r[j]>L->r[j+1])
      { t=L->r[j];L->r[j]=L->r[j+1];L->r[j+1]=t;     /* 交换 */
        flag=1;                           /* 置有交换标记 */
      }
    i++;
  }
}
```

（3）编写在单链表上实现简单选择排序的算法。

解答：将整个链表分为前后两部分，前部分是有序的，初始时为空，后部分是无序的，初始时为全部数据结点。设置一个指针，用于指向有序部分的最后结点（初始指向头结点），其后继则是下一趟选择排序的开始结点。从无序部分选出最小（或最大）的记录，然后将其插入有序部分的尾部。重复此操作，直到无序部分为空。

```
void SelectSort(slink * L)              /* slink 的定义见例 7.28 */
{ slink * final, * q, * r, * s;
  final=L;                              /* final 是指向有序部分最后结点的指针 */
  while(final->next!=NULL)
  { q=final->next;                      /* q 是工作指针,q->next 指向当前处理结点 */
    r=final;              /* r 是工作指针,r->next 指向此趟选择所选出的最小记录结点 */
    while(q->next!=NULL)                /* 从 final 的下一个结点开始,选择最小记录结点 */
    { if(q->next->data<r->next->data)
        r=q;
      q=q->next;
    }
    if(r!=final)
    { s=r->next;                        /* s 指向最小记录结点 */
      r->next=s->next;                  /* 摘下 s 结点 */
      s->next=final->next;              /* 将 s 结点插入 final 结点之后 */
      final->next=s;
    }
    final=final->next;                  /* final 指向刚选择的结点 */
  }
}
```

（4）编写在单链表上实现起泡排序的算法。

解答：将整个链表分为前后两部分，前部分是无序的，初始时为整个链表，后部分是有序的，初始时为空。设置一个指针，用于指向有序部分的第一个结点（初始时为NULL），其前驱是下一趟起泡排序的最后一个结点。在无序部分，依次两两比较相邻结点，若反序，则交换，最终将最大（或最小）的记录交换到最后一个结点，成为有序部分的第一个结点。重复此操作，直到无序部分为空。

```
void BubbleSort(slink * L)              /* slink 的定义见例 7.28 */
{ slink *p, *q, * first;
  KeyType t;                            /* 用于交换结点值 */
  first=NULL;                           /* 用于指向有序部分的第一个结点 */
  while(L->next->next!=first)
  { p=L->next;q=p->next;                /* 从无序部分的第一个结点开始两两比较相邻结点 */
    while(q!=first)
    { if(p->data>q->data)               /* 反序 */
        { t=p->data;p->data=q->data;q->data=t; }   /* 交换结点值 */
      p=q;q=q->next;
```

```
        }
        first=p;                          /* 加入有序部分 */
    }
}
```

（5）编写在单链表上实现直接插入排序的算法。

解答：先将单链表拆分为两个单链表，一个是有序链表，初始时为空链表；另一个是无序链表，初始时为全部数据结点。从无序链表的第一个结点开始依次将其插入有序链表即可。

```
void InsertSort(slink * L)               /* slink 的定义见例 7.28 */
{ slink * p, * q, * r, * t;
  p=L->next;                             /* p 指向待插入结点 */
  L->next=NULL;                          /* 置空链表 */
  while(p!=NULL)
  { r=L;q=L->next;                       /* 从头开始查找插入位置 */
    while(q!=NULL&&q->data<=p->data)
    { r=q;q=q->next;}
      t=p->next;                         /* 保存下一个待插入结点的地址 */
      p->next=r->next; r->next=p;        /* 插入结点 */
      p=t;
  }
}
```

（6）编写快速排序的非递归算法。

解答：在设计快速排序的非递归算法时，通常利用一个栈记录待排序区间的首尾两个端点的位置。

```
struct node
{ int low,high; };                       /* 待排序区间首尾端点的下标 */
void QuickSort(SortList * L)
{ int i,j,low,high,top;
  KeyType x;
  struct node stack[MAXSIZE];            /* 定义栈,用于保存待排序区间 */
  top=0;                                 /* 栈顶指针,初值为 0 */
  stack[top].low=1;                      /* 待排序区间入栈 */
  stack[top].high=L->length;
  top++;
  while(top!=0)                          /* 栈不为空时循环 */
  { top--;
    low=stack[top].low;                  /* 待排序区间出栈 */
    high=stack[top].high;
    i=low;j=high;
    x=L->r[i];                           /* 排序区间的首端记录为枢轴记录 */
```

```
        do
        { while(i<j&&L->r[j]>=x) j--;          /*从高端向低端扫描*/
          if(i<j)
          { L->r[i]=L->r[j];i++;}              /*相当于交换 L->r[i]和 L->r[j]*/
          while(i<j&&L->r[i]<x) i++;           /*从低端向高端扫描*/
          if(i<j)
          { L->r[j]=L->r[i];j--;}              /*相当于交换 L->r[i]和 L->r[j]*/
        }while(i!=j);
        L->r[i]=x;                             /*定位枢轴记录*/
        if(i+1<high)                           /*枢轴记录右侧区间的元素数大于 1*/
        { stack[top].low=i+1;                  /*右侧区间入栈*/
          stack[top].high=high;
          top++;
        }
        if(low<i-1)                            /*枢轴记录左侧区间的元素数大于 1*/
        { stack[top].low=low;                  /*左侧区间入栈*/
          stack[top].high=i-1;
          top++;
        }
    }
}
```

8.7 自测试题参考答案

1. 单项选择题

(1) A　　(2) A　　(3) A　　(4) D　　(5) C　　(6) B　　(7) D　　(8) C

(9) A　　(10) C

2. 填空题

(1) ① 有　　② 无　　　　　　　　(2) ③ 简单选择排序

(3) ④ 堆排序　　　　　　　　　　(4) ⑤ 冒泡

(5) ⑥ 8　　　　　　　　　　　　 (6) ⑦ $O(n^2)$

(7) ⑧ 插入排序　　　　　　　　　(8) ⑨ n−1

(9) ⑩ 归并排序　　　　　　　　　(10) ⑪ 快速排序和堆排序

3. 计算操作题

(1) 初始状态：[70],83,100,65,10,32,7,9

　　 第 1 趟：[70,83],100,65,10,32,7,9

　　 第 2 趟：[70,83,100],65,10,32,7,9

　　 第 3 趟：[65,70,83,100],10,32,7,9

　　 第 4 趟：[10,65,70,83,100],32,7,9

　　 第 5 趟：[10,32,65,70,83,100],7,9

第 6 趟：[7,10,32,65,70,83,100],9

第 7 趟：[7,9,10,32,65,70,83,100]

(2) 初始堆如图 8.5 所示。第一次输出堆顶元素后筛选调整的堆如图 8.6 所示。

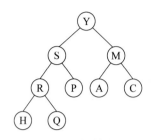

图 8.5 初始堆

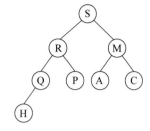

图 8.6 第一次输出堆顶元素后筛选调整的堆

(3) 堆排序方法不稳定。例如，对序列(2,1,1)进行升序排序的结果为(1,1,2)。

(4)

① 最少：A=(2,4,5)，B=(6,7,9)。

最多：A=(2,5,7)，B=(4,6,9)。

② 一般情况。

最少：$a_n < b_1$。

最多：$a_i < b_i < a_{i+1}$。

(5)

① 在最好情况下，每次划分能得到两个长度相等的子序列。如果长度 $n = 2^k - 1$，那么第一遍划分得到两个长度均为 $\lfloor n/2 \rfloor$ 的子序列，第二遍划分得到 4 个长度均为 $\lfloor n/4 \rfloor$ 的子序列，以此类推，总共进行 $k = \log_2(n+1)$ 遍划分，各子序列的长度均为 1，排序完毕。当 $n = 7$ 时，$k = 3$，第一趟需要比较 6 次，第二趟和第三趟分别对两个子序列(长度均为 3，$k = 2$)进行排序，各需要比较 2 次，共比较 10 次。

② 在最好情况下，快速排序的原始序列实例：(4,1,3,2,6,5,7)。

③ 在最坏情况下，若每次用来划分的枢轴记录的关键字具有最大值(或最小值)，那么只能得到左(或右)子序列，其长度比原长度少 1。因此，若原序列中的记录按关键字递减的次序排列，而要求排序后按递增次序排列时，快速排序的效率与冒泡排序相同，比较次数均为 $n(n-1)/2$。所以，当 $n = 7$ 时，最坏情况下的比较次数为 21 次。

④ 在最坏情况下，快速排序的初始序列实例：(7,6,5,4,3,2,1)，要求按递增排序。

4. 算法设计题

(1)

```
void Sort(int a[],int n)
{ int flag,i,t;
  do
  { flag=0;                         /* flag 用于标记上一趟排序是否有交换 */
    for(i=1;i<n;i+=2)               /* 下标为奇数的元素排序 */
      if(a[i]>a[i+1])
```

```
   { flag=1;t=a[i+1]; a[i+1]=a[i]; a[i]=t;}
   for(i=2;i<n;i+=2)                    /*下标为偶数的元素排序*/
     if(a[i]>a[i+1])
     { flag=1;t=a[i+1]; a[i+1]=a[i];a[i]=t;}
 }while(flag);
}
```

（2）

```
int Index(SortList *L,int key)         /*SortList的定义见例8.13*/
{ int i=1,j=L->length;                 /*查找区间的下界和上界*/
  while(i<j)
  { while(i<=j&&L->r[j]>key) j--;       /*从查找区间的上界开始查找*/
    if(L->r[j]==key) return j;          /*找到,返回位置*/
    else j--;                           /*修改区间上界*/
    while(i<=j&&L->r[i]<key) i++;       /*从查找区间的下界开始查找*/
    if(L->r[i]==key) return i;          /*找到,返回位置*/
    else i++;                           /*修改区间下界*/
  }
  printf("not find\n"); return -1;      /*不存在,返回-1*/
}
```

（3）

```
void JsSort(int aa[],int bb[],int n)   /*使用简单选择排序算法*/
{ int i,j,data;
  for(i=0;i<n-1;i++)
    for(j=i+1;j<n;j++)
      if(aa[i]%1000>aa[j]%1000||aa[i]%1000==aa[j]%1000&&aa[i]<aa[j])
      { data=aa[i];aa[i]=aa[j];aa[j]=data;}
  for(i=0;i<10;i++)
    bb[i]=aa[i];
}
```

8.8 实验题参考答案

（1）

```
void SelectSort(int a[],int n)
{ int i,j;
  int t;
  for(i=n-1;i>0;i--)                    /*排序趟数*/
  { for(j=i-1;j>=0;j--)                 /*每趟比较的次数*/
      if(a[i]<a[j])                     /*若逆序,则交换*/
      { t=a[i];a[i]=a[j];a[j]=t;}
```

```
    }
}
```

（2）

```
void Merge(int * a,int * b,int i,int m,int n)
{ int j2=m+1,j1=i,k=i;
  while(j1<=m&&j2<=n)
    if(a[j1]>=a[j2]) b[k++]=a[j1++];
    else b[k++]=a[j2++];
  while(j1<=m) b[k++]=a[j1++];          /*将 a[i..m]中剩余的数据复制到 b*/
  while(j2<=n) b[k++]=a[j2++];          /*将 a[m+1..n]中剩余的数据复制到 b*/
  for(k=i;k<=n;k++)                     /*将 b[i..n]复制到 a[i..n]*/
    a[k]=b[k];
}
void Msort(int * a,int * b,int s,int t)
{ int m;
  if(s==t) b[s]=a[s];
  else
  { m=(s+t)/2;                          /*将 a[s..t]平分为 a[s..m]和 a[m+1..t]*/
    Msort(a,b,s,m);                     /*递归地将 a[s..m]归并为有序的 b[s..m]*/
    Msort(a,b,m+1,t);                   /*递归地将 a[m+1..t]归并为有序的 b[m+1..t]*/
    Merge(a,b,s,m,t);                   /*归并*/
  }
}
```

（3）

```
void AdjustTree(int * a,int n,int k)    /*n 为最大下标值,k 为筛选结点下标*/
{ int i,j,t;
  i=k;
  j=2 * i;
  while(j<=n)                           /*沿关键字较大的孩子结点向下筛选*/
  { if(j<n&&a[j+1]<a[j]) j=j+1;         /*j 为 i 的孩子结点中关键字值较大的结点下标*/
    if(a[i]<a[j]) break;                /*筛选结束*/
    else
    {t=a[i];a[i]=a[j];a[j]=t;           /*将 a[j]调整到双亲结点的位置*/
      i=j;                              /*继续向下筛选*/
      j=2 * i;
    }
  }
}
void HeapSort(int * a,int n)
{ int i,t;
  for(i=n/2;i>=1;i--)                   /*建初始堆*/
    AdjustTree(a,n,i);
```

```
    for(i=n;i>=2;i--)                   /* 进行 n-1 次交换、筛选 */
    { t=a[i];a[i]=a[1];a[1]=t;          /* 交换 a[i]和 a[1]的值 */
      AdjustTree(a,i-1,1);              /* 筛选 */
    }
}
```

（4）

```
void Sort(struct stu a[],int n)        /* 使用简单选择排序算法 */
{ int i,j;
  struct stu t;
  for(i=0;i<n-1;i++)
   for(j=i+1;j<n;j++)
    if(a[i].sx>a[j].sx||(a[i].sx==a[j].sx&&a[i].yw<a[j].yw))
    { t=a[i];a[i]=a[j]; a[j]=t;}
}
```

（5）

```
void Sort(int r[],int n)               /* 对数组 a 中的 n 个整数进行升序排序 */
{ int i=1,j,max,min,t;
  while(i<n-i+1)
  { min=max=i;                         /* 初始化最小值和最大值下标 */
    for(j=i+1;j<=n-i+1;j++)            /* 在当前序列中查找最小值和最大值 */
    { if(r[j]<r[min]) min=j;
      if(r[j]>r[max]) max=j;
    }
    if(min!=i)
    { t=r[min];r[min]=r[i];r[i]=t; }   /* 最小值与当前序列的第一个元素交换 */
    if(max!=n-i+1)
      if(max==i)                       /* 最大值已交换到原最小值的位置 */
      {t=r[min];r[min]=r[n-i+1];r[n-i+1]=t;}
      else                             /* 最大值不是当前序列的第一个元素 */
      {t=r[max];r[max]=r[n-i+1]; r[n-i+1]=t;}
    i++;
  }
}
```

（6）

```
void Sort(int K[],int T[],int n)
{ int i,j,t;
  for(i=1;i<=n;i++) T[i]=i;
  for(i=1;i<n;i++)
    for(j=1;j<=n-i;j++)
    if(K[T[j]]>K[T[j+1]])
    { t=T[j];T[j]=T[j+1];T[j+1]=t; }
}
```

上述算法可以得到辅助地址表,T[i]的值是排序后 K 的第 i 个记录,要想使序列 K 有序,则要按 T 重排 K 中的各记录,算法如下。

```
void Rearrange(int K[],int T[],int n)
{ int i,j,rc,m;
  for(i=1;i<=n;i++)
    if(T[i]!=i)
    { j=i;rc=K[i];                    /*暂存记录 K[i]*/
      while(T[j]!=i)                   /*调整 K[T[j]]到 T[j]=i 为止*/
      { m=T[j];K[j]=K[m];T[j]=j; j=m;}
        K[j]=rc;T[j]=j;                /*记录 R[i]到位*/
    }
}
```

(7)

```
int Judge(slink * L)                   /* slink 的定义见例 7.28*/
{ slink * p, * q;
  if(L->next==NULL) return 1;          /*空链表*/
  p=L->next;                           /*从第一个结点开始比较相邻结点的值*/
  q=p->next;
  while(q!=NULL)
    if(p->data<=q->data)               /*正序,继续比较*/
    { p=q;q=q->next;}
    else return 0;                     /*反序,返回*/
  return 1;
}
```

8.9　思考题参考答案

(1) **答**：在具有 n 个元素的集合中查找第 k(1≤k≤n)个最小元素应使用快速排序方法。其基本思想如下：设 n 个元素的集合用一维数组表示,其第一个元素的下标为 1,最后一个元素下标为 n。以第一个元素为"枢轴",经过快速排序的一次划分,找到"枢轴"的位置 i,若 i==k,则该位置的元素即为所求；若 i>k,则在 1~i−1 继续进行快速排序的划分；若 i<k,则在 i+1~n 继续进行快速排序的划分。这种划分一直进行到 i==k 为止,第 i 个位置上的元素就是第 k(1≤k≤n)个最小元素。

(2) **答**：在内部排序方法中,一趟排序后,简单选择排序和冒泡排序可以选出一个最大(或最小)元素,并加入已有的有序子序列,但要比较 n−1 次。选出次大元素要再比较 n−2 次,其时间复杂度是 $O(n^2)$。快速排序、插入排序、归并排序、基数排序等时间性能较好的排序方法都要等到最后才能确定各元素的位置。只有堆排序在未结束全部排序前可以有部分排序结果。建立堆后,堆顶元素就是最大(或最小,视大根堆或小根堆而定)元素,然后调整堆又选出次大(小)元素。凡要求在 n 个元素中选出 k(k<<n,k>2)个最大

（或最小）元素，一般均使用堆排序，因为堆排序建堆的比较次数至多不超过 4n，对于深度为 k 的堆，在调堆算法中进行的关键字的比较次数至多为 2(k−1) 次，且辅助空间为 O(1)。

（3）**答**：起泡排序的每一趟只能将序列中最大（或最小）的关键字移到最终位置，其他关键字有可能在相互交换中朝着最终排序序列的相反方向移动。例如，对于序列(4,3,2,1)，第一趟起泡排序后为(3,2,1,4)，关键字 3 被移动到首位，朝着与最终排序序列相反的方向移动。快速排序过程中没有这种现象，因为经过一趟快速排序的划分所确定的枢轴记录的位置就是该记录的最终位置，而且所有比枢轴记录小的记录均被移到枢轴之前，所有比枢轴记录大的记录均被移到枢轴之后，即其他记录所移动的方向也和其最终的位置方向一致。

（4）**答**：①堆排序，快速排序，归并排序；②归并排序；③快速排序；④堆排序。

（5）**答**：没有哪一种排序方法是绝对好的。每种排序方法都有其优缺点，适用于不同的环境，因此在实际应用中应根据具体情况做选择。首先要考虑排序对稳定性的要求，若要求稳定，则只能在稳定方法中选择，否则可以在所有方法中选择；其次要考虑待排序记录数的大小，若 n 较大，则可在改进方法中选择，否则可在简单方法中选择；最后还要考虑其他因素。

模拟试题 A

一、单项选择题（每小题 1 分，共 10 分）

1. 设链表的结点结构为

```
struct node {int data;struct node * next; };
```

则非空单循环链表 first 的尾结点（由 p 所指向）满足（   ）。

    A. p->next==NULL   B. p==NULL

    C. p->next==first   D. p==first

2. 设有一个顺序栈 S，元素 A、B、C、D、E、F 依次进栈，如果 6 个元素的出栈顺序为 B、D、C、E、F、A，则顺序栈的容量至少应为（   ）。

    A. 3   B. 4   C. 5   D. 6

3. 在有 n 个顶点和 e 条弧的有向图的邻接矩阵中，0 元素的个数为（   ）。

    A. e   B. 2e   C. n^2-e D. n^2-2e

4. 下列关于串的叙述中不正确的是（   ）。

    A. 串是字符的有限序列

    B. 空串是由空格构成的串

    C. 模式匹配是串的一种重要运算

    D. 串既可以采用顺序存储，也可以采用链式存储

5. 用数组 data[0..m-1]作为循环队列 SQ 的存储空间，front 为队头指针，rear 为队尾指针，则执行入队操作后，其尾指针 rear 的值为（   ）。

    A. rear=rear+1   B. rear=(rear+1)%(m-1)

    C. rear=(rear-1)%m   D. rear=(rear+1)%m

6. 设有 100 个元素，用折半查找法进行查找时，在查找成功的情况下最多的比较次数是（   ）。

    A. 100   B. 50   C. 99   D. 7

7. 下列排序算法中，（   ）是稳定的排序算法。

    A. 简单选择排序   B. 折半插入排序

    C. 希尔排序   D. 快速排序

8. 广义表(a,(b,c),d,e)的表头为( )。

    A. a   B. a,(b,c)   C. (a,(b,c))   D. (a)

9. 已知一棵二叉树的先序遍历序列为 ABCDEF，中序遍历序列为 CBAEDF，则其后序遍历序列为( )。

    A. CBEFDA   B. FEDCBA   C. CBEDFA   D. 不确定

10. 图的广度优先遍历类似于二叉树的( )。

    A. 先序遍历   B. 中序遍历   C. 后序遍历   D. 层次遍历

二、判断题（正确填√，错误填×。每小题 1 分，共 10 分）

1. 用一棵树的先序序列和后序序列一定能构造出该树。   ( )

2. 单循环链表尾结点指针域的值为空。   ( )

3. 一个非空广义表的表尾一定是子表。   ( )

4. 设有 10 个值，构造哈夫曼树，则该哈夫曼树共有 20 个结点。   ( )

5. 在有 n 个结点的无向图中，若边数多于 n−1，则该图必是连通图。   ( )

6. 由于希尔排序的最后一趟与直接插入排序的过程相同，因此前者一定比后者花费的时间多。   ( )

7. 折半查找只适用于有序表，包括有序的顺序表和有序的链表。   ( )

8. 栈和队列的存储既可以是顺序方式，也可以是链式方式。   ( )

9. 一个好的哈希函数应使函数值均匀分布在存储空间的有效地址范围内，尽可能减少冲突。   ( )

10. 堆的形状是一棵完全二叉树。   ( )

三、算法分析题（每小题 5 分，共 10 分）

1. 已知 L 是一个带头结点的单链表，链表的结点类型定义为

```
typedef struct node
{int data; struct node * next;}slink;
```

写出下列算法完成的功能。

```
int Fun1(slink * la)
{ slink * p, * u, * pre;
  p=la->next;pre=p;
  while(p->next!=NULL)
  { if(p->next->data>pre->data) pre=p->next;
    p=p->next;
  }
  if(pre->data%2==0&& pre->next!=NULL)
  { u=pre->next;pre->next=u->next;free(u); }
  return pre->data;
}
```

2. 已知二叉树 T 采用链式存储结构，结点结构定义为

```
typedef struct tree
{ int data; strucr tree * lchild, * rchild; }BTree;
```

写出下列算法完成的功能。

```
void Fun2(BTree * T)
{ BTree * temp;
  if(T!=NULL)
  { if(T->lchild==NULL&&T->rchild!=NULL)
    { temp=T->lchild;T->lchild=T->rchild;T->rchild=temp; }
    Fun2(T->lchild);
    Fun2(T->rchild);
  }
}
```

四、算法填空题（每空 2 分，共 10 分）

1. 已知 Thrt 是中序线索二叉树，其结点类型定义为

```
typedef struct BiThrNode
{int data;                                /* 数据域 */
  struct BiThrNode * lchild, * rchild;    /* 左右链域 */
  int ltag,rtag;                          /* 左右链域的信息标志 */
}BiThrTree;
```

下列函数的功能是对中序线索二叉树 Thrt 进行中序前驱线索遍历。请填充函数中的空白，使函数完整。

```
void Fun3(BiThrTree * Thrt)              /* Thrt 是中序线索二叉树头结点的指针 */
{ BiThrTree * p=Thrt->rchild;
  while(p!=Thrt)
  { while(p->rtag==0)  __(1)__ ;
    printf("%d  ",p->data);
    while(p->ltag==1&&p->lchild!=Thrt)
    { p=p->lchild; printf("%d  ",p->data); }
      __(2)__ ;
  }
}
```

2. 下列函数的功能是分别统计二叉树中左右子树都不为空的结点个数 N2、只有左子树不为空的结点个数 NL、只有右子树不为空的结点个数 NR 和叶子结点个数 N0。请填充程序中的空白，使函数完整。

```
typedef struct NODE
{ int data; struct NODE * lchild, * rchild; }node;
int N2=0,NL=0,NR=0,N0=0;
void Fun4(node * t)
```

```
{ if(t->lchild!=NULL)
    if(____(3)____) N2++;
    else NL++;
  else if(____(4)____) NR++;
      else ____(5)____;
  if(t->lchild!=NULL) Fun4(t->lchild);
  if(t->rchild!=NULL) Fun4(t->rchild);
}
```

五、计算操作题（每小题 5 分，共 30 分）

1. 设二维数组 A[0..4,0..5]的每个元素占 4 字节，已知 Loc(a[0][0])＝1000，试问：

（1）A 共占多少字节？

（2）A 的终端结点 a[4][5]的起始地址是多少？

（3）按行优先存储时，a[2][5]的起始地址是多少？

（4）按列优先存储时，a[2][5]的起始地址是多少？

2. 已知有向图 G＝(K,R)，K＝{k1,k2,k3,k4,k5,k6}，R＝{<k1,k3>，<k2,k3>，<k2,k4>，<k2,k5>，<k5,k6>，<k4,k6>}，分别画出图 G 的邻接表和逆邻接表。

3. 对于任意一棵非空的二叉树 T，用 n_0 表示 T 中叶子结点的个数，用 n_2 表示 T 中左右子树都不为空的结点的个数。给出 n_0 和 n_2 满足的关系式并证明之。

4. 常用的构造哈希函数的方法有哪些？

5. 给定一个关键字序列(24,19,32,43,38,6,13,22)，完成下列操作。

（1）写出第一趟快速排序的结果。

（2）写出堆排序时所建的初始堆。

（3）写出归并排序的全过程。

6. 已知一棵二叉树的层次遍历序列为 ABCDEFGHIJ，中序遍历序列为 DBGEHJACIF，请画出此二叉树。

六、算法设计题（每小题 10 分，共 30 分）

1. 已知二叉树采用链式存储结构，其结点结构定义为

```
typedef struct NODE
{ int data; struct NODE * lchild, * rchild;}BiTree;
```

编写算法，求二叉树的宽度。所谓宽度是指二叉树结点数最多的那一层上的结点总数。

2. 已知 L 为带表头结点的双链表，其结点结构定义为

```
typedef struct dnode
{ int data;
  struct dnode * lLink, * rLink;
}DblNode;
```

编写算法，将所有结点的原有次序保持在各结点的左链域 lLink 中，利用右链域

rLink 将所有结点按照值从小到大的顺序连接起来。

3. 已知数组 a 中存放 n 个非 0 整型数,编写算法,将数组 a 中的所有负数存放到所有正数之后(要求速度最快,使用的辅助空间最少)。

模拟试题 A 参考答案

一、单项选择题

1. C   2. A   3. C   4. B   5. D   6. D   7. B   8. A   9. A   10. D

二、判断题

1. √   2. ×   3. √   4. ×   5. ×   6. ×   7. ×   8. √   9. √   10. √

三、算法分析题

1. 功能:找出最大值结点,若该数值是偶数,则将其直接后继结点删除。

2. 功能:交换二叉树中所有左子树为空、右子树不为空的结点的左右子树。

四、算法填空题

1. (1) p=p−>rchild   (2) p=p−>lchild

2. (3) t−>rchild!=NULL   (4) t−>rchild!=NULL   (5) N0++

五、计算操作题

1. (1) 120   (2) 1116   (3) 1068   (4) 1108

2. 图 G 的邻接表如图 A.1 所示,逆邻接表如图 A.2 所示。

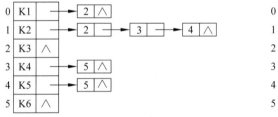
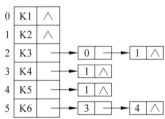

图 A.1 邻接表   图 A.2 逆邻接表

3. n_0 和 n_2 满足的关系式为 $n_0 = n_2 + 1$。

证明:设结点总数为 n,度为 1 的结点个数为 n_1,则有

$$n = n_0 + n_1 + n_2 \qquad (1)$$

二叉树中除根之外的每个结点都有唯一的一分支进入,设分支总数为 e,则有

$$e = n - 1 \qquad (2)$$

由于这些分支不是度为 1 的结点射出的分支,就是度为 2 的结点射出的分支,所以有

$$e = n_1 + 2n_2 \qquad (3)$$

由式(2)和式(3)得

$$n - 1 = n_1 + 2n_2 \qquad (4)$$

由式(1)和式(4)得

$$1 = n_0 - n_2$$

即
$$n_0 = n_2 + 1$$

证毕。

4.（1）直接定址法　　　　（2）数字分析法　　　　（3）平方取中法
　　（4）折叠法　　　　　　（5）随机数法　　　　　（4）除留余数法

5.（1）快速排序第一趟的结果：22,19,13,6,24,38,43,32。
　　（2）初始大顶堆：43,38,32,22,24,6,13,19。
　　（3）2路并归过程如下。
　　　　　第一趟：19,24,32,43,6,38,13,22。
　　　　　第二趟：19,24,32,43,6,13,22,38。
　　　　　第三趟：6,13,19,22,24,32,38,43。

6. 二叉树如图 A.3 所示。

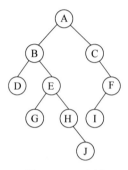

图 A.3　二叉树

六、算法设计题

1.

```
#define MAXSIZE 10              /*假设二叉树最多的层数*/
int Width(BiTree * T)
{ static int n[MAXSIZE];        /*存放各层的结点数*/
  static int i=1;
  static int max=0;             /*最大宽度*/
  if(T)
  { if(i==1)                    /*访问根结点*/
    { n[i]++;                   /*第1层结点数加1*/
      i++;                      /*到第2层*/
      if(T->lchild) n[i]++;     /*若有左孩子,则该层加1*/
      if(T->rchild) n[i]++;     /*若有右孩子,则该层加1*/
    }
    else                        /*访问子树结点*/
    { i++;                      /*下一层的结点数*/
      if(T->lchild) n[i]++;
      if(T->rchild) n[i]++;
```

```
    }
    if(max<n[i]) max=n[i];        /* 取出最大值 */
    Width(T->lchild);             /* 遍历左子树 */
    i--;                          /* 往上退一层 */
    Width(T->rchild);             /* 遍历右子树 */
  }
  return max;
}
```

2.

```
void Sort(DbNode * L)            /* 使用反向起泡排序算法 */
{ DbNode * p, * q, * end;
  int r;
  end=NULL;                      /* 有序部分的尾指针,初始值为 NULL */
  p=L->rLink;
  while(L->rLink->rLink!=end)
  { p=L->rLink;q=p->rLink;       /* 从无序部分的尾结点开始两两比较相邻结点数据域的值 */
    while(q!=end)
    { if(p->data>q->data)        /* 若反序, 则交换 */
      { r=p->data;p->data=q->data;q->data=r; }
      p=q;q=q->rLink;
    }
    end=p;                       /* 修改有序部分的尾结点指针 */
  }
}
```

3.

```
void Move(int a[],int n)
{ int i=0,j=n-1;
  int temp;
  while(i<j)
  { while(i<j&&a[i]>0) i++;      /* 从前向后找负数 */
    while(i<j&&a[j]<0) j--;      /* 从后向前找正数 */
    if(i<j)
    { temp=a[i];a[i]=a[j];a[j]=temp; }   /* 交换 */
  }
}
```

附录 **B** 模拟试题 **B**

一、单项选择题(每小题 1 分,共 10 分)

1. 顺序存储结构的特点是( )。

  A. 逻辑上相邻的数据元素在存储地址上也一定相邻

  B. 逻辑上相邻的数据元素在存储地址上不一定相邻

  C. 只能实现顺序存取元素的操作

  D. 只能实现随机存取元素的操作

2. 若从任一结点出发均可访问链表中的每一个结点,则该链表为( )。

  A. 单链表   B. 双链表   C. 链栈   D. 链队列

3. 设输入序列为 6、3、5、9、2,则借助于栈可能得到的输出序列为( )。

  A. 2、6、5、9、3 B. 5、3、6、2、9 C. 6、9、2、3、5 D. 9、6、5、3、2

4. 已知数组 A[−2..5,4..8]按列存储,其中,元素 A[0][6]的起始地址为 100,每个元素占 4 字节,则元素 A[4][7]的起始地址为( )。

  A. 184   B. 180   C. 148   D. 144

5. 广义表的存储结构为( )。

  A. 顺序存储结构   B. 链式存储结构

  C. 单链表存储结构   D. 十字链表存储结构

6. 已知一棵有向树的度为 4,且孩子结点有顺序关系,则该树为( )。

  A. 四叉树   B. 四元树   C. 四元有序树 D. 四元位置树

7. 简单路径就是在路径中( )的路径。

  A. 顶点不重复出现   B. 边不重复出现

  C. 起始点不重合   D. 起始点重合

8. 邻接表和逆邻接表都是表示有向图的存储结构,下列叙述中正确的是( )。

  A. 邻接表中的结点数大于逆邻表中的结点数

  B. 邻接表中的结点数等于逆邻表中的结点数

  C. 邻接表中的结点数小于逆邻表中的结点数

  D. 邻接表中的结点数与逆邻表中的结点数无法比较多少

9. 在哈希表中，常用的构造哈希函数的方法为（　　　）。

　　A. 开放地址法　　　　　　　　　　　B. 直接定址法

　　C. 链地址法　　　　　　　　　　　　D. 线性探测再散列法

10. 时间复杂度在最好情况下可以达到 O(n) 的排序方法为（　　　）。

　　A. 起泡排序　　　B. 简单选择排序　　　C. 堆排序　　　　　D. 折半插入排序

二、判断题（正确填√，错误填×。**每小题 1 分，共 10 分**）

1. 所有结点的平衡因子都为 0 的平衡二叉树是满二叉树。　　　　　　　　　（　　）

2. 算法与程序的主要区别在于算法的有穷性特征。　　　　　　　　　　　　（　　）

3. 完全二叉树中不存在度为 1 的结点。　　　　　　　　　　　　　　　　　（　　）

4. 邻接多重表是有向图的一种链式存储结构。　　　　　　　　　　　　　　（　　）

5. 带权无向图的最小生成树是唯一的。　　　　　　　　　　　　　　　　　（　　）

6. 一棵树的顶点数和边数的差值是 1。　　　　　　　　　　　　　　　　　（　　）

7. 哈希表的平均查找长度与装填因子的大小无关。　　　　　　　　　　　　（　　）

8. 序列(101,88,46,70,34,39,45,58,66,10)是堆。　　　　　　　　　　　　　（　　）

9. 当待排序记录已经有序时，快速排序的执行时间最少。　　　　　　　　　（　　）

10. KMP 算法的特点是在模式匹配时指示目标串的指针不会变小。　　　　　（　　）

三、算法分析题（每小题 5 分，共 10 分）

1. 已知 L 是一个带头结点的单链表，其结点类型定义为

```
typedef struct node
{int data; struct node * next; }slink;
```

写出下列函数完成的功能。

```
void Fun1(slink * L)
{ slink * r, * p, * q;
  r=L;p=L->next;
  while(p!=NULL)
    if(p->data<10) {q=p;p=p->next;free(q);}
    else {r->next=p;r=p;p=p->next;}
  r->next=NULL;
}
```

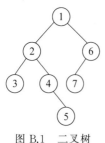

图 B.1　二叉树

2. 二叉树采用二叉链表表示，其结点类型定义为

```
typedef struct Node
{ int data;
  struct Node * lchild, * rchild;
}BitNode;
```

对于图 B.1 所示的二叉树，写出运行下列函数后的输出结果。

void Fun2(BitNode * T)　　　　　　　　　　/ * T 指向二叉链表的根结点 * /

```
{ stack S;
  BitNode * p;
  InitStack(&S);                      /* 初始化栈 S 为空栈 */
  Push(&S,T);                         /* T 入栈 */
  while(!EmptyStack(&S))              /* 栈 S 不为空 */
  { p=Pop(&S);                        /* 栈顶元素出栈 */
    while(p)
    { printf("%d  ",p->data);
      if(p->rchild) Push(&S,p->rchild); /* p->rchild 入栈 */
      p=p->lchild;
    }
  }
}
```

四、算法填空题（每空 2 分，共 10 分）

1. 已知 L 是一个带头结点的单链表，其结点类型定义为

```
typedef struct node
{int data;struct node * next;} slink;
```

链表结点数据域 data 的值都大于 0。下列函数的功能是将 L 拆分成两个带头结点的单链表，其中一个链表数据域的值为奇数，另一个链表数据域的值为偶数。请填充函数中的空白，使函数完整。

```
slink * Fun3(slink * L)
{ slink * E, * p, * q, * pre;
  p=L->next; q=L;
  E=(slink *)malloc(sizeof(slink));
  E->next=NULL;
  pre=E;
  while(   (1)   )
  { while(p!=NULL&&p->data%2!=0)
    { q->next=p;q=p;p=p->next; }
    if(   (2)   )
    {pre->next=p;pre=p;p=p->next; }
  }
  pre->next=NULL;
    (3)  ;
  return E;
}
```

2. 已知 Thrt 是中序线索二叉树，其结点类型定义为

```
typedef struct BiThrNode
{ int data;                          /* 数据域 */
  struct BiThrNode * lchild, * rchild;   /* 左右链域 */
```

```
    int ltag,rtag;                          /* 左右链域的信息标志 */
}BiThrTree;
```

下列函数的功能是对中序线索二叉树 Thrt 进行中序后继线索遍历。请填充函数中的空白,使函数完整。

```
void Fun4(BiThrTree * Thrt)                 /* Thrt 是中序线索二叉树头结点的指针 */
{ BiThrTree * p=Thrt->lchild;
  while(p!=Thrt)
  { while(p->ltag==0)    (4)  ;
    printf("%d  ",p->data);
    while(p->rtag==1&&p->rchild!=Thrt)
    { p=p->rchild;printf("%d  ",p->data);}
      (5)  ;
  }
}
```

五、计算操作题（每小题 5 分,共 30 分）

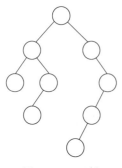

图 B.2　二叉树

1. 已知一棵二叉树的形状如图 B.2 所示,其对应的森林的后序遍历序列为 CBEDAFIGH,试将结点字母信息填到二叉树的对应结点上。

2. 举例说明,仅已知一棵二叉树的后序遍历序列和先序遍历序列不能唯一确定这棵二叉树。

3. 已知关键字序列(70,83,100,65,10,32),给出用折半插入排序法进行升序排序的每趟排序的结果。

4. 画出对长度为 13 的有序表进行二分查找的一棵判定树,并求其在等概率情况下查找成功时的平均查找长度,以及查找失败时需要对关键字进行的最多比较次数。

5. 设有关键字序列(25,40,33,47,12,66,72,87,94,22,5,58),散列表长度为 12,散列函数为 $H(k)=k\%11$,用链地址法处理冲突。请画出散列表,并求其在等概率情况下查找成功和失败时的平均查找长度。

6. 已知有向图 $G=(V,E)$,其中,$V=\{a,b,c,d,e\}$,$E=\{<a,b>,<a,c>,<a,d>,<b,c>,<d,c>,<b,e>,<c,e>,<d,e>\}$。请给出图 G 的邻接矩阵和所有的拓扑序列。

六、算法设计题（每小题 10 分,共 30 分）

1. 已知 L 是一个带头结点的链表,其结点类型定义为

```
typedef struct node
{ int data;
  struct node * next;
  struct node * prior;
} dlink;
```

next 存放后继结点的地址,prior 的值均为空(NULL)。设计一个算法,先将此链表修改为双向循环链表,然后用最快的方法将其逆置。

2. 已知三元组表的类型说明为

```
typedef struct
{ int i;                          /*行标*/
  int j;                          /*列标*/
  int e;                          /*非 0 元素值*/
}TupleType;
typedef struct
{ int rownum;                     /*行数*/
  int colnum;                     /*列数*/
  int nznum;                      /*非 0 元素的个数*/
  TupleType data[100];           /*三元组表*/
}Table;
```

设计一个算法,将用三元组表结构存储的稀疏矩阵转置。

3. 已知一棵二叉树以顺序结构存储,设计一个算法,计算其任一结点所在的层次。

模拟试题 B 参考答案

一、单项选择题

1. A 2. B 3. B 4. C 5. B 6. C 7. A 8. B 9. B 10. A

二、正误判断题

1. √ 2. √ 3. × 4. × 5. × 6. √ 7. × 8. √ 9. × 10. √

三、算法分析题

1. 功能:将单链表 L 中所有值小于 10 的结点删除。

2. 输出结果:1 2 3 4 5 6 7(非递归先序遍历二叉链表 T)。

四、算法填空题

1. (1) p 或 p!=NULL   (2) p 或 p!=NULL   (3) q->next=NULL

2. (4) p=p->lchild   (5) p=p->rchild

五、计算操作题

1. 对树的后序遍历等同于对其对应的二叉树的中序遍历,二叉树中各结点的值如图 B.3 所示。

2. 图 B.4 中的两棵树的先序遍历序列都为 ABC,后序遍历序列都为 CBA。

3. 初始关键字序列:[70],83,100,65,10,32。

　　第 1 趟排序结果:[70,83],100,65,10,32。

　　第 2 趟排序结果:[70,83,100],65,10,32。

　　第 3 趟排序结果:[65,70,83,100],10,32。

　　第 4 趟排序结果:[10,65,70,83,100],32。

第5趟排序结果：[10,32,65,70,83,100]。

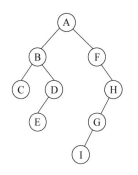

图 B.3　添加结点字母信息
　　　　的二叉树

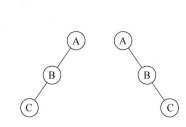

图 B.4　先序遍历序列和后序遍历序列
　　　　分别相同的两棵二叉树

4. 长度为13的有序表的二分查找判定树如图 B.5 所示。

在等概率情况下，查找成功时的平均查找长度为

$$ASL_{succ} = (1 \times 1 + 2 \times 2 + 3 \times 4 + 4 \times 6)/13 = 41/13$$

二分查找判定树的深度为4，查找失败时需要对关键字进行的最多比较次数为4。

5. 散列表如图 B.6 所示。

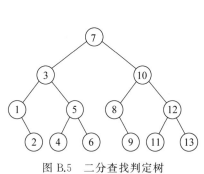

图 B.5　二分查找判定树

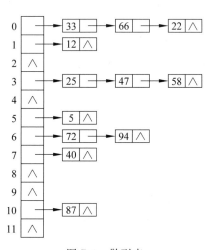

图 B.6　散列表

在等概率的情况下，查找成功时的平均查找长度为

$$ASL_{succ} = (1 \times 7 + 2 \times 3 + 3 \times 2)/12 = 19/12$$

在等概率的情况下，查找失败时的平均查找长度为

$$ASL_{fail} = (12 + 11)/11 = 3（算空指针）$$

$$ASL_{fail} = 12/11（不算空指针）$$

6. 邻接矩阵为

$$\begin{bmatrix} 0 & 1 & 1 & 1 & 0 \\ 0 & 0 & 1 & 0 & 1 \\ 0 & 0 & 0 & 0 & 1 \\ 0 & 0 & 1 & 0 & 1 \\ 0 & 0 & 0 & 0 & 0 \end{bmatrix}$$

拓扑序列为 abdce，adbce。

六、算法设计题

1.

```
void Turn(dlink * L)
{ dlink * p, * pre;int t;
  pre=L;p=L->next;
  while(p!=NULL)
  { p->prior=pre;pre=p;p=p->next; }   /*结点的prior域指向其前驱*/
  L->prior=pre;                        /*头结点的前驱域指向尾结点*/
  pre->next=L;                         /*尾结点的后继域指向头结点*/
  p=L->next;
  while(p!=pre&&pre->next!=p)           /*交换对称结点数据域值*/
  {t=p->data;p->data=pre->data;pre->data=t;p=p->next;pre=pre->prior;}
}
```

2.

```
void Turn(Table * M,Table * T)
{ int a,b,q=0;
  T->rownum=M->colnum;                 /*转置后的行数*/
  T->colnum=M->rownum;                 /*转置后的列数*/
  T->nznum=M->nznum;                   /*非0元素的个数*/
  if(T->nznum!=0)
  { for(a=0;a<M->colnum;a++)           /*将非0元素的信息按列序存入T->data*/
     for(b=0;b<M->nznum;b++)
       if(M->data[b].j==a)
       { T->data[q].i=M->data[b].j;
         T->data[q].j=M->data[b].i;
         T->data[q].e=M->data[b].e;
         q++;
       }
  }
}
```

3.

```
#define MAXSIZE 100                    /*存储空间最大容量*/
typedef char ElemType;                 /*结点值类型*/
#define VirNode '0'                    /*虚结点值*/
```

```
typedef ElemType SeqTree[MAXSIZE];    /* SeqTree[0]存放对应的满二叉树的结点总数 */
int Level(SeqTree bt,ElemType x)
{ int i,j,m;
  i=1;m=0;                            /* m 记录 x 所在的层次 */
  while(i<=bt[0])
  { m++;                              /* 层次加 1 */
    for(j=i;j<2*i;j++)                /* 在当前层查找 */
      if(bt[j]==x) return m;          /* 找到,返回层次 */
    i=2*i;                            /* 到下一层查找 */
  }
  return -1;                          /* 不存在 */
}
```

附录 C

模拟试题 C

一、单项选择题(每小题 1 分,共 10 分)

1. 对于一个线性表,若要求既能进行较快的插入和删除,又能反映出数据元素之间的关系,则应该(   )。

    A. 以顺序方式存储   B. 以链式方式存储

    C. 以散列方式存储   D. 以索引方式存储

2. 在双链表存储结构中,删除 p 所指的结点的指针操作为(   )。

    A. p->prior->next=p->next;

       p->next->prior=p->prior;

    B. p->prior=p->prior->prior;

       p->prior->next=p;

    C. p->next->prior=p;

       p->next=p->next->next;

    D. p->next=p->prior->prior;

       p->prior=p->next->next;

3. 已知广义表 L=((x,y,z),a,(u,t,w)),运用函数 head 和 tail 取出 L 中原子项 t 的运算是(   )。

    A. head(tail(head(tail(tail(L))))))

    B. tail(head(head(tail(L))))

    C. head(tail(head(tail(L))))

    D. head(tail(tail(L)))

4. 稳定的排序方法是(   )。

    A. 直接插入排序和快速排序   B. 折半插入排序和堆排序

    C. 归并排序和冒泡排序   D. 树形选择排序和希尔排序

5. 对线性表进行二分查找时,要求线性表必须(   )。

    A. 采用顺序存储

    B. 采用链式存储且数据元素有序

    C. 采用链式存储

    D. 采用顺序存储且数据元素有序

6. 设以 abcdef 的次序进栈，在进栈操作时允许退栈操作，则得不到的序列为（　　　）。

A. fedcba B. bcafed C. dcefba D. cabdef

7. 假设以数组 A[0..m−1]存放循环队列的元素，其头尾指针分别为 front 和 rear，则当前队列中的元素个数为（　　　）。

A. （rear−front＋m)％m B. rear−front＋1

C. rear−front−1 D. rear−front

8. 数组 A[0..4,−3..−1,5..7]中含有的元素个数为（　　　）。

A. 55 B. 45 C. 36 D. 16

9. 设有两个串 p 和 q，其中 q 是 p 的子串，求 q 在 p 中首次出现的位置的操作称为（　　　）。

A. 求子串 B. 串连接 C. 串匹配 D. 求串长

10. 有 n 个结点的完全有向图含有弧的数目为（　　　）。

A. n^2 B. n(n＋1) C. n/2 D. n(n−1)

二、判断题（正确填√，错误填×。每小题 1 分，共 10 分）

1. 在带头结点的单链表中，头指针指向链表中的第一个数据结点。（　　　）

2. 栈和队列的主要区别是插入和删除操作的限定不同。（　　　）

3. 若一个广义表的表尾为空表，则此广义表一定是空表。（　　　）

4. 高度为 h 的二叉树中的叶子结点的数目最多为 2^{h-1}。（　　　）

5. 将一棵树转换成二叉树后，根结点没有左子树。（　　　）

6. 后序遍历森林等价于中序遍历该森林对应的二叉树。（　　　）

7. 使用深度优先遍历可以判断一个有向图是否有回路。（　　　）

8. 在图的应用中，拓扑排序研究的是工程能否顺利进行。（　　　）

9. 在二叉排序树中，关键字最大的结点一定没有右孩子。（　　　）

10. 快速排序在任何情况下均可得到最快的排序效果。（　　　）

三、算法分析题（每小题 5 分，共 10 分）

1. 已知 L 是一个带头结点的单链表，其结点类型定义为

```
typedef struct node
{int data;struct node * next;}slink;
```

写出下列函数完成的功能。

```
int Fun1(slink * L)
{ slink * p, * q;
  if(L->next==NULL) return 1;
  p=L->next;
  q=p->next;
  while(q!=NULL)
    if(p->data>=q->data)
    { p=q;q=q->next;}
```

```
    else return 0;
  return 1;
}
```

2. 已知 T 是一个二叉链表,结点类型定义为

```
typedef struct Node
{int data;struct Node * lchild, * rchild;}BitNode;
```

写出下列函数完成的功能。

```
int Fun2(BitNode * T)
{ int n=0;
  if(T!=NULL)
  { if(T->lchild!=NULL&&T->rchild==NULL) n++;
    n+=Fun2(T->lchild);
    n+=Fun2(T->rchild);
  }
  return n;
}
```

四、算法填空题(每空 2 分,共 10 分)

1. 已知 Thrt 是先序线索二叉树,其结点类型定义为

```
typedef struct node
{ int data;                          /* 数据域 */
  struct node * lchild, * rchild;    /* 左右链域 */
  int ltag,rtag;                     /* 左右链域的信息标志 */
}BiThrTree;
```

下列函数的功能是对先序线索二叉树 Thrt 进行先序后继线索遍历,请填充函数中的空白,使函数完整。

```
void Fun3(BiThrTree * Thrt)         /* Thrt 是先序线索二叉树头结点的指针 */
{ BiThrTree * p=Thrt->lchild;
  while(p!=Thrt)
  { while(p->ltag==0)
    { printf("%d  ",p->data);    (1)    ;}
    printf("%d  ",p->data);
      (2)    ;
    while(p->rtag==1&&p->rchild!=Thrt)
    { printf("%d  ",p->data);    (3)    ;}
  }
}
```

2. 已知 L 是一个带头结点的单链表,其结点类型定义为

```
typedef struct node
```

```
{ int data; struct node * next;}slink;
```

下列函数的功能是使用前插法将单链表 L 逆置，请填充函数中的空白，使函数完整。

```
void Fun4(slink * L)
{ slink * p, * q;
  p=      (4)      ;
  L->next=NULL;
  while(p!=NULL)
  { q=p;
    p=      (5)      ;
    q->next=L->next;
    L->next=q;
  }
}
```

五、计算操作题（每小题 5 分，共 30 分）

1. 已知一棵二叉树的后序遍历序列和中序遍历序列分别为 FBCGIEJDAH 和 BFGCHIEADJ，画出这棵二叉树。

2. 已知一棵度为 m 的树中有 n_1 个度为 1 的结点，n_2 个度为 2 的结点，……，n_m 个度为 m 的结点，问该树中有多少个叶子结点？

3. 已知有向图 G=(V,E)，其中，V={a,b,c,d,e,f}，E={<a,e>,<b,a>,<b,d>,<c,b>,<c,f>,<d,c>, <d,e>,<d,f>,<e,a>,<f,a>,<f,b>}，请回答下列问题。

（1）画出对应的邻接矩阵。

（2）写出从顶点 b 开始的深度优先遍历序列。

（3）写出从顶点 b 开始的广度优先遍历序列。

4. 已知一个带权无向图如图 C.1 所示，画出使用 Kruskal 算法求得的最小生成树。

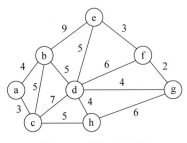

图 C.1　带权无向图

5. 根据二叉排序树的插入算法，对于关键字集合(6,9,10,2,1,5)，画出二叉排序树的建树及平衡化过程。

6. 设散列表的长度为 11，散列函数为 H(k)=k%11，给定关键字序列为(8,25,34,12,57,31,73,38,44,66,21)，试用线性探测再散列处理冲突的方法填写表 C.1。

表 C.1　散列表

0	1	2	3	4	5	6	7	8	9	10

六、算法设计题（每小题 **10** 分，共 **30** 分）

1. 已知 L 是一个带头结点的单链表，其结点类型定义为

```
typedef struct node
{int data;struct node * next;}slink;
```

编写算法，将单链表 L 中所有 data 值大于 0 的结点删除。

2. 已知 T 是一个二叉链表，其结点类型定义为

```
typedef struct Node
{ int data; struct Node * lchild, * rchild; }BitNode;
```

编写算法，非递归中序遍历（输出）二叉链表 T。

3. 编写算法，使用折半插入排序法将数组 a 中的 n 个整型数升序排序。

模拟试题 C 参考答案

一、单项选择题

1. B　　2. A　　3. A　　4. C　　5. D　　6. D　　7. A　　8. B　　9. C　　10. D

二、判断题

1. ×　　2. √　　3. ×　　4. √　　5. ×　　6. √　　7. √　　8. √　　9. √　　10. ×

三、算法分析题

1. 判断单链表中的数据是否为降序排列。

2. 统计二叉树中只有左孩子的结点个数。

四、算法填空题

1.（1）p＝p－>lchild　　　　（2）p＝p－>rchild　　　　（3）p＝p－>rchild

2.（4）L－>next　　　　（5）p－>next

五、计算操作题

1. 二叉树如图 C.2 所示。

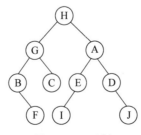

图 C.2　二叉树

2.**解**：设该树中的叶子数为 n_0，总结点数为 n，则

$$n = n_0 + n_1 + \cdots + n_m \tag{1}$$

除根结点外，每个结点都有唯一的一个分支指向它，设分支总数为 e，则有

$$e = n - 1 \tag{2}$$

由于这些分支都是度为 1 的结点、度为 2 的结点、……、度为 m 的结点射出的，所以有

$$e = n_1 + 2n_2 + \cdots + mn_m \tag{3}$$

由式（2）和式（3）得

$$n - 1 = n_1 + 2n_2 + \cdots + mn_m \tag{4}$$

由式（1）和式（4）得

$$n_0 = 1 + n_2 + 2n_3 + \cdots + (m-1)n_m$$

3.

（1）邻接矩阵为

$$
\begin{array}{c c c c c c c}
 & a & b & c & d & e & f \\
a & \left[\begin{array}{cccccc} 0 & 0 & 0 & 0 & 1 & 0 \\ \right. \\
b & 1 & 0 & 0 & 1 & 0 & 0 \\
c & 0 & 1 & 0 & 0 & 0 & 1 \\
d & 0 & 0 & 1 & 0 & 1 & 1 \\
e & 1 & 0 & 0 & 0 & 0 & 0 \\
f & \left. 1 & 1 & 0 & 0 & 0 & 0 \right]
\end{array}
$$

（2）从顶点 b 开始的深度优先遍历序列为 baedcf。

（3）从顶点 b 开始的广度优先遍历序列为 badecf。

4.最小生成树如图 C.3 所示（最小生成树不唯一）。

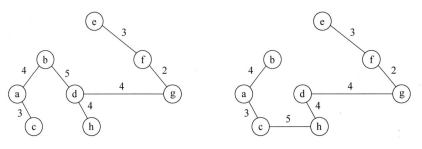

(a) 取边(b,d)时的最小生成树   (b) 取边(c,h)时的最小生成树

图 C.3　最小生成树

5.二叉排序树的建树及平衡化过程如图 C.4 所示。

6.填写结果如表 C.2 所示。

表 C.2　散列表结果

0	1	2	3	4	5	6	7	8	9	10
44	34	12	25	57	38	66	73	8	31	21

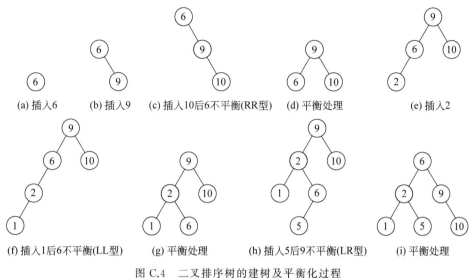

图 C.4　二叉排序树的建树及平衡化过程

六、算法设计题

1.

```
void Delete(slink * L)
{ slink * r, * p, * q;    /* 3个工作指针,p指向当前结点,r指向 p 的前驱,q指向被删除结点 */
  r=L;p=L->next;                      /* 从第一个数据结点开始遍历链表 */
  while(p!=NULL)
    if(p->data>0)                     /* 当前结点值大于 0 */
    {q=p;p=p->next;free(q);}          /* 删除 */
    else {r->next=p;r=p;p=p->next;}   /* 指针后移 */
  r->next=NULL;                       /* 尾结点指针域置为空 */
}
```

2.

```
#define MAXSIZE 20                    /* 二叉树最多结点数 */
void InOrder(BitTree * T)
{ BitTree * S[MAXSIZE];
  BitTree * p;
  int top=0;                          /* 栈顶指针,初始值为 0 */
  p=T;                                /* p 指向根结点 */
  while(p||top!=0)                     /* 当 p 为空且栈为空时算法结束 */
  { while(p)                           /* 沿左指针走,沿途经过的结点指针进栈 */
    { S[top++]=p;
      p=p->lchild;
    }
    p=S[--top];                        /* 左指针为空时弹栈并访问该结点 */
    printf("%d ",p->data);
```

```
    p=p->rchild;                              /* 跳到右子树上继续进行遍历 */
  }
}
```

3.

```
void BiInsertSort(int a[],int n)
{ int i,j,low,high,mid;
  for(i=2;i<=n;++i)                           /* 排序趟数 */
  { a[0]=a[i];                                /* 将待插入数据 r[i]暂存到 0 号单元 */
    low=1; high=i-1;
    while(low<=high)                          /* 在 a[low..high]中折半查找插入位置 */
    { mid=(low+high)/2;
      if(a[0]<a[mid])
        high=mid-1;                           /* 插入位置在左半区 */
      else low=mid+1;                         /* 插入位置在右半区 */
    }
    for(j=i-1;j>=high+1;--j)                   /* 插入位置及其后的数据顺序后移 */
      a[j+1]=a[j];
    a[high+1]=a[0];                           /* 将 r[i]存入空出的位置 */
  }
}
```

附录 **D** 课程设计题目

一、多项式运算

1. 问题描述

从键盘输入一元多项式 $f(x) = a_0 + a_1 x + a_2 x^2 + a_3 x^3 + \cdots + a_n x^n$ 的系数和指数，然后进行一元多项式运算。

2. 基本要求

(1) 能够实现一元多项式相加。

(2) 能够实现一元多项式相减。

(3) 能够计算一元多项式在 x 处的值。

(4) 能够计算一元多项式的导数。

二、八皇后问题

1. 问题描述

在 8×8 的棋盘上放置 8 个皇后，使其不能互相攻击，即任意两个皇后都不能处于同一行、同一列、同一斜线上。

2. 基本要求

(1) 使用递归和非递归两种方法实现。

(2) 打印所有可能的摆放方法。

三、迷宫问题

1. 问题描述

把一只老鼠从一个无顶盖的大盒子的入口赶进迷宫，迷宫中设置很多隔壁，在前进方向上形成了多处障碍，在迷宫的唯一出口放置了一块奶酪，吸引老鼠在迷宫中寻找通路以到达出口，测试算法的迷宫如图 D.1 所示。

2. 基本要求

(1) 使用递归和非递归两种算法实现。

(2) 老鼠能够记住已经走过的路，不会走重复的路径。

四、车厢重排问题

1. 问题描述

一列货车共有 n 节车厢，每节车厢都有自己的编号，编号范围为 1～n。

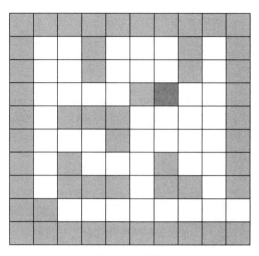

图 D.1　迷宫

给定任意次序的车厢，通过转轨站将车厢编号按顺序重新排成 1～n。转轨站共有 k 个缓冲轨，缓冲轨位于入轨和出轨之间。开始时，车厢从入轨进入缓冲轨，经过缓冲轨的重排后，按 1～n 的顺序进入出轨。

2. 基本要求

缓冲轨按照先进先出方式将任意次序的车厢进行重排，输出每个缓冲轨中的车厢编号。

五、停车场管理

1. 问题描述

设有一个可以停放 n 辆汽车的狭长的停车场，只有一个大门可以供车辆进出。车辆按到达停车场时间的早晚依次从停车场最里面向大门口处停放（最先到达的第一辆车停放在停车场的最里面）。如果停车场已放满 n 辆车，则后来的车辆只能在停车场大门外的便道上等候。一旦停车场内有车开走，则排在便道上的第一辆车就进入停车场。停车场内如有某辆车要开走，在它之后进入停车场的车都必须先退出停车场为它让路，待其开出停车场后，这些车辆再按照原来的次序进场。每辆车在离开停车场时都应根据它在停车场内停留的时间长短缴费。如果停留在便道上的车未进入停车场就要离去，允许其离去，不收停车费，并保持在便道上等待的车辆的次序。编制程序模拟该停车场的管理。

2. 基本要求

（1）汽车的输入信息包括到达/离去的标识、汽车牌照号码、到达/离去的时间。

（2）对于不合理的输入信息应给出适当的提示信息。

六、哈夫曼编/解码器

1. 问题描述

从键盘输入任意长度的字符串，利用二叉树结构实现哈夫曼编/解码器。

2. 基本要求

（1）能够对输入的字符串进行统计，统计每个字符的频度并建立哈夫曼树。

（2）利用已经建立的哈夫曼树进行编码，并将每个字符的编码输出。

（3）根据编码表对输入的字符串进行编码，并将编码后的字符串输出。

（4）利用已经建立的哈夫曼树对编码后的字符串进行译码，并输出译码结果。

（5）以直观的方式打印哈夫曼树。

七、公园导游系统

1. 问题描述

给出一张某公园的导游图，游客通过终端询问从某一景点到另一景点的最短路径，能显示游客从公园大门进入，不重复地游览各景点，最后回到公园大门的路线。如果这样的路线有多条，须全部显示。

2. 基本要求

（1）将导游图作为无向图，顶点表示公园的各个景点，边表示各景点之间的路线，边上的权值表示距离。

（2）将导游图信息存入一个文件，程序运行时可自动读取该文件建立相关数据结构。

（3）显示路线时，同时显示路线长度。

八、个人图书管理系统

1. 问题描述

对个人图书进行管理，用文件存储书籍的各种信息，包括书号、书名、作者名、价格和购买日期。

2. 基本要求

（1）提供查询功能，按照书名或作者名查找需要的书籍。

（2）提供插入、删除与更新功能。

（3）提供排序功能，按照某种需要对所有书籍进行排序，并按排序后的结果进行显示。

九、通讯录管理系统

1. 问题描述

利用线性表实现通讯录管理。通讯录的信息包括编号、姓名、性别、电话和地址。

2. 基本要求

（1）提供通讯录的建立、增加、删除、修改、查询等功能。

（2）能够根据用户输入的命令选择不同的操作。

（3）能够保存每次更新的数据。

（4）能够进行通讯录分类，如班级类、好友类、黑名单等。

十、算数表达式求值

1. 问题描述

从试题库文件中读取 n 个中缀算数表达式，表达式涉及带括号的加、减、乘、除混合运算，计算表达式的值。

2. 基本要求

（1）能够对输入的表达式做出判断，如表达式有误，能给出适当的提示。

（2）能够保留历史分数，并给出与历史分数比较后的评价。

参 考 文 献

[1] 秦玉平,马靖善.数据结构(C语言版)[M].4版.北京:清华大学出版社,2021.

[2] 严蔚敏,吴伟民.数据结构(C语言版)[M].北京:清华大学出版社,1997.

[3] 李春葆.数据结构考研指导[M].北京:清华大学出版社,2003.

[4] 徐塞虹,顾懋冉.数据结构考研指导[M].北京:北京邮电大学出版社,2001.

[5] 前沿考研研究室.计算机专业研究生入学考试全真题解[M].北京:人民邮电出版社,2001.

[6] 何军,胡元义.数据结构 500 题[M].北京:人民邮电出版社,2003.

[7] 邹华跃.数据结构导论自考应试指导[M].南京:南京大学出版社.2000.

[8] 叶立文.名校考研专业课真题分析[M].北京:中国人民大学出版社,2001.

[9] 王卫东.数据结构考研全真试题与解答[M].西安:西安电子科技大学出版社,2001.

[10] 李春葆,张植民,肖忠付.数据结构程序设计题典[M].北京:清华大学出版社,2002.

[11] 李春葆.数据结构习题与解析(C语言篇)[M].北京:清华大学出版社,2019.

[12] 黄扬铭.数据结构[M].北京:科学出版社,2001.

[13] 徐士良.实用数据结构[M].北京:清华大学出版社,2000.

[14] 黄水松,董红斌.数据结构与算法习题解析[M].北京:电子工业出版社,1996.

[15] 唐宁九,游洪跃,朱宏.数据结构与算法(C++版)[M].北京:清华大学出版社,2009.

[16] 王红梅,皮德常.数据结构——从概念到C实现[M].北京:清华大学出版社,2017.

[17] 邓文华.数据结构(C语言版)[M].5版.北京:清华大学出版社,2018.

[18] 传智播客.数据结构与算法——C语言版[M].北京:清华大学出版社,2019.

图书资源支持

感谢您一直以来对清华版图书的支持和爱护。为了配合本书的使用，本书提供配套的资源，有需求的读者请扫描下方的"书圈"微信公众号二维码，在图书专区下载，也可以拨打电话或发送电子邮件咨询。

如果您在使用本书的过程中遇到了什么问题，或者有相关图书出版计划，也请您发邮件告诉我们，以便我们更好地为您服务。

我们的联系方式：

地　　址：北京市海淀区双清路学研大厦 A 座 714

邮　　编：100084

电　　话：010-83470236　　010-83470237

客服邮箱：2301891038@qq.com

QQ：2301891038（请写明您的单位和姓名）

资源下载：关注公众号"书圈"下载配套资源。

资源下载、样书申请

书 圈

图书案例

清华计算机学堂

观看课程直播